超值版

Photoshop CC 入门与提高

龙马高新教育 编著

人民邮电出版社
北京

图书在版编目（CIP）数据

Photoshop CC入门与提高 ：超值版 / 龙马高新教育编著. -- 北京 ：人民邮电出版社，2017.4（2020.8重印）
ISBN 978-7-115-45072-2

Ⅰ. ①P… Ⅱ. ①龙… Ⅲ. ①图象处理软件 Ⅳ. ①TP391.41

中国版本图书馆CIP数据核字(2017)第035930号

内 容 提 要

本书通过精选案例引导读者深入学习，系统地介绍了 Photoshop CC 的相关知识和应用技巧。

全书共 14 章。第 1 章主要介绍 Photoshop CC 的基础知识；第 2～5 章主要介绍 Photoshop CC 的基本操作，包括图像的操作、抠图方法、图像的绘制与修饰以及图层等；第 6～9 章主要介绍 Photoshop CC 的高级应用方法，包括蒙版、通道、路径、矢量工具、文字设计以及滤镜等；第 10～13 章通过实战案例，介绍 Photoshop 在文字设计、照片处理、平面设计以及视觉创意中的应用；第 14 章主要介绍 Photoshop 的实战秘技，包括 Photoshop CC 的自动化处理、外挂滤镜、笔刷、纹理以及在手机中应用 Photoshop 的方法等。

本书附赠的 DVD 多媒体教学光盘中，包含了与图书内容同步的教学录像及所有案例的配套素材和结果文件。此外，还赠送了大量相关学习内容的教学录像及扩展学习电子书等。

本书不仅适合 Photoshop CC 的初、中级用户学习使用，也可以作为各类院校相关专业学生和平面设计培训班学员的教材或辅导用书。

◆ 编　　著　龙马高新教育
责任编辑　张　翼
责任印制　彭志环

◆ 人民邮电出版社出版发行　　北京市丰台区成寿寺路 11 号
邮编　100164　　电子邮件　315@ptpress.com.cn
网址　http://www.ptpress.com.cn
北京捷迅佳彩印刷有限公司印刷

◆ 开本：700×1000　1/16
印张：15
字数：350 千字　　2017 年 4 月第 1 版
印数：7 101– 7 700 册　　2020 年 8 月北京第 11 次印刷

定价：29.80 元（附光盘）

读者服务热线：(010)81055410　印装质量热线：(010)81055316
反盗版热线：(010)81055315
广告经营许可证：京东市监广登字 20170147 号

前言 PREFACE

随着信息化的不断普及，计算机已经成为人们工作、学习和日常生活中不可或缺的工具，而计算机的操作水平也成为衡量一个人综合素质的重要标准之一。为满足广大读者的实际应用需要，我们针对不同学习对象的接受能力，总结了多位计算机高手、国家重点学科教授及计算机教育专家的经验，精心编写了这套“入门与提高”系列图书。本套图书面市后深受读者喜爱，为此我们特别推出了对应的单色超值版，以便满足更多读者的学习需求。

写作特色

从零开始，循序渐进

无论读者是否从事平面设计相关行业的工作，是否接触过 Photoshop CC，都能从本书中找到最佳的学习起点，循序渐进地完成学习过程。

紧贴实际，案例教学

全书内容均以实例为主线，在此基础上适当扩展知识点，真正实现学以致用。

紧凑排版，图文并茂

紧凑排版既美观大方又能够突出重点、难点。所有实例的每一步操作均配有对应的插图和注释，以便读者在学习过程中能够直观、清晰地看到操作过程和效果，提高学习效率。

单双混排，超大容量

本书采用单、双栏混排的形式，大大扩充了信息容量，从而在有限的篇幅中为读者奉送了更多的知识和实战案例。

独家秘技，扩展学习

本书在每章的最后，以“高手私房菜”的形式为读者提炼了各种高级操作技巧，为知识点的扩展应用提供了思路。

书盘结合，互动教学

本书配套的多媒体教学光盘内容与书中知识紧密结合并互相补充。在多媒体光盘中，我们仿真工作、生活中的真实场景，通过互动教学帮助读者体验实际应用环境，从而全面理解知识点的运用方法。

光盘特点

8 小时全程同步教学录像

光盘涵盖本书所有知识点的同步教学录像，详细讲解每个实战案例的操作过程及关键步骤，帮助读者更轻松地掌握书中所有的知识内容和操作技巧。

超值学习资源大放送

除了与图书内容同步的教学录像外，光盘中还赠送了大量相关学习内容的教学录像、扩展学习电子书及本书所有案例的配套素材和结果文件等，以方便读者扩展学习。

配套光盘运行方法

（1）将光盘放入光驱中，几秒钟后系统会弹出【自动播放】对话框。

（2）单击【打开文件夹以查看文件】链接以打开光盘文件夹，用鼠标右键单击光盘文件夹中的

MyBook.exe文件，并在弹出的快捷菜单中选择【以管理员身份运行】菜单项，打开【用户账户控制】对话框，单击【是】按钮，光盘即可自动播放。

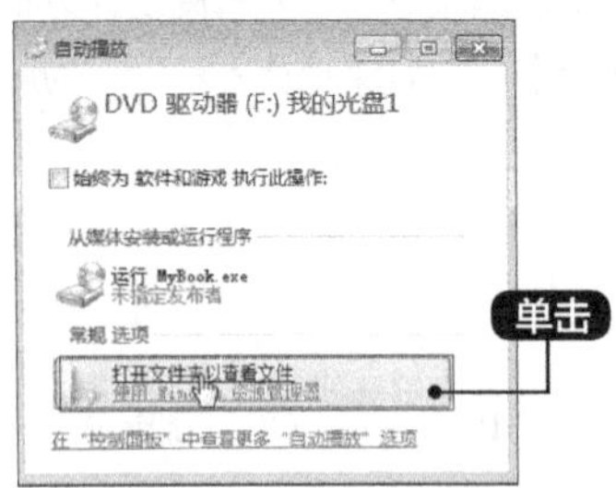

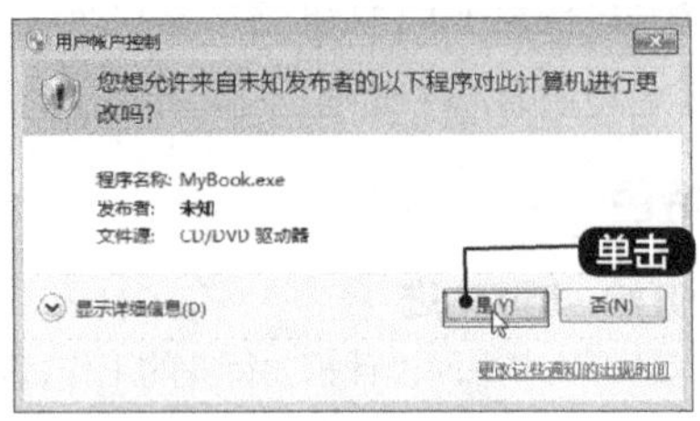

（3）光盘运行后会首先播放片头动画，之后进入光盘的主界面，其中包括【课堂再现】、【龙马高新教育 APP 下载】、【支持网站】3 个学习通道和【素材文件】、【结果文件】、【赠送资源】、【帮助文件】、【退出光盘】5 个功能按钮。

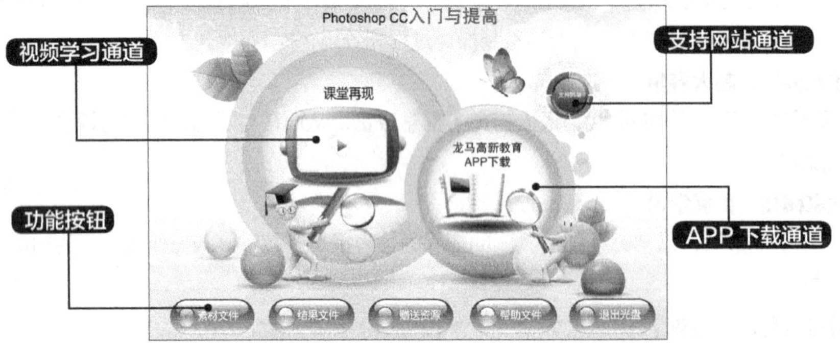

（4）单击【课堂再现】按钮，进入多媒体同步教学录像界面。在左侧的章号按钮上单击鼠标左键，在弹出的快捷菜单上单击要播放的节名，即可开始播放相应的教学录像。

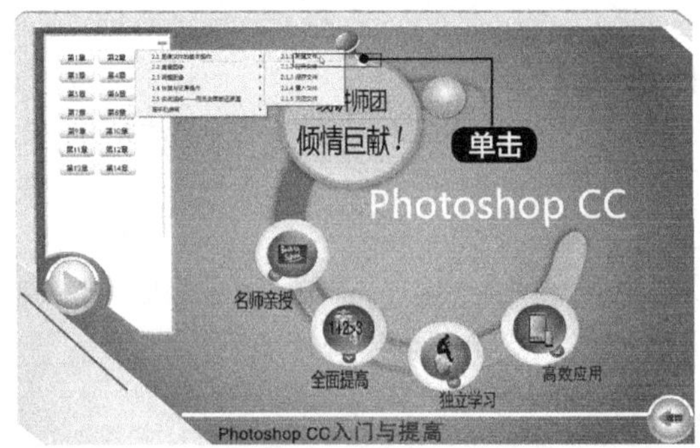

（5）单击【龙马高新教育 APP 下载】按钮，在打开的文件夹中包含有龙马高新教育 APP 的安装程序，可以使用 360 手机助手、应用宝将程序安装到手机中，也可以将安装程序传输到手机中进行安装。

（6）单击【支持网站】按钮，用户可以访问龙马高新教育的支持网站，在网站中进行交流学习。

（7）单击【素材文件】、【结果文件】、【赠送资源】按钮，可以查看对应的文件和学习资源。

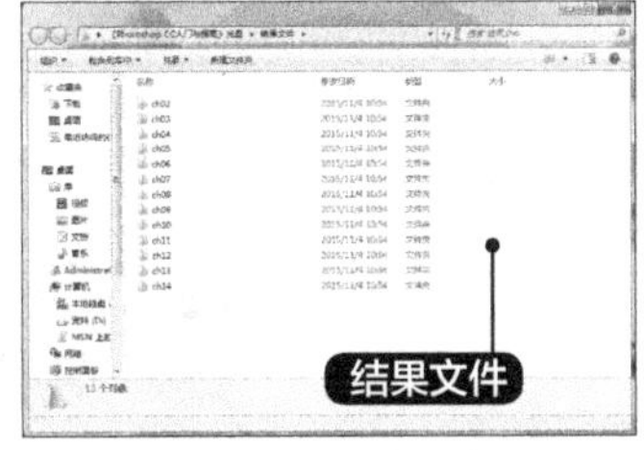

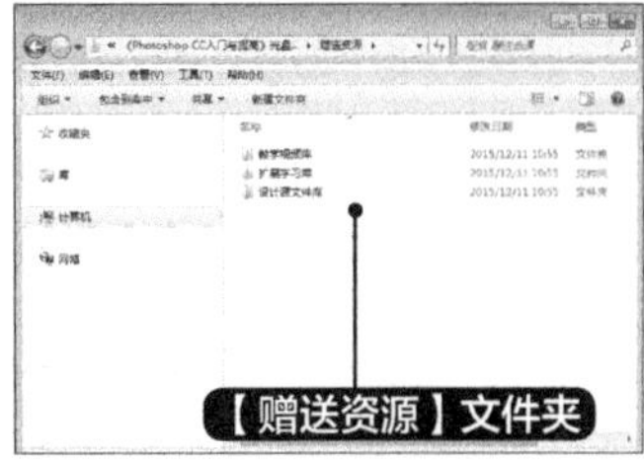

（8）单击【帮助文件】按钮，可以打开“光盘使用说明.pdf”文档，该说明文档详细介绍了光盘在电脑上的运行环境和运行方法。

（9）单击【退出光盘】按钮，即可退出本光盘系统。

龙马高新教育 APP 使用说明

（1）下载、安装并打开龙马高新教育 APP，可以直接使用手机号码注册并登录。在【个人信息】界面，用户可以订阅图书类型、查看问题及添加的收藏、与好友交流、管理离线缓存、反馈意见并更新应用等。

（2）在首页界面单击顶部的【全部图书】按钮，在弹出的下拉列表中可查看订阅的图书类型，在上方搜索框中可以搜索图书。

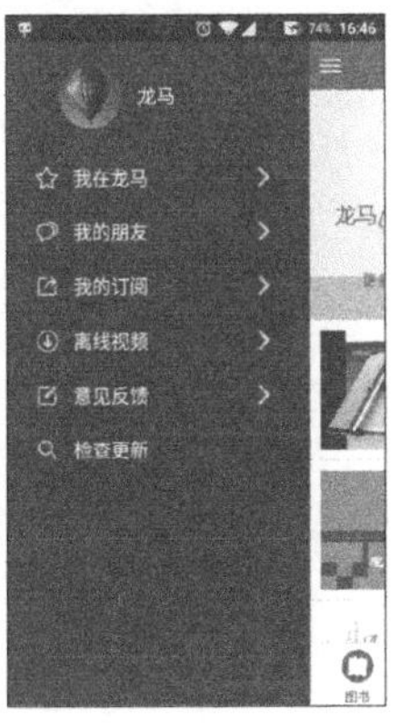

（3）进入图书详细页面，单击要学习的内容即可播放视频。此外，还可以发表评论、收藏图书并离线下载视频文件等。

（4）首页底部包含 4 个栏目：在【图书】栏目中可以显示并选择图书，在【问同学】栏目中可以与同学讨论问题，在【问专家】栏目中可以向专家咨询，在【晒作品】栏目中可以分享自己的作品。

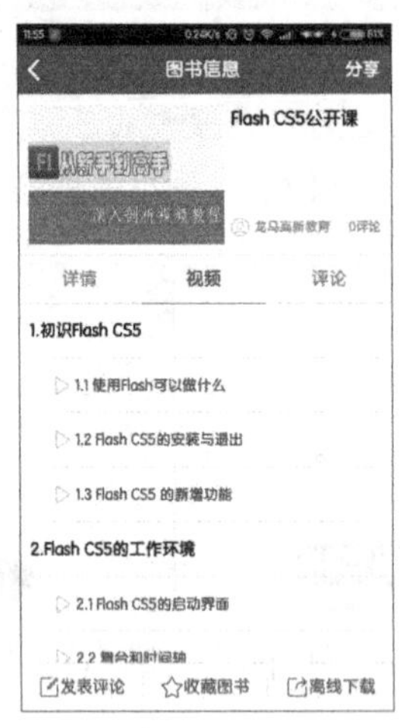

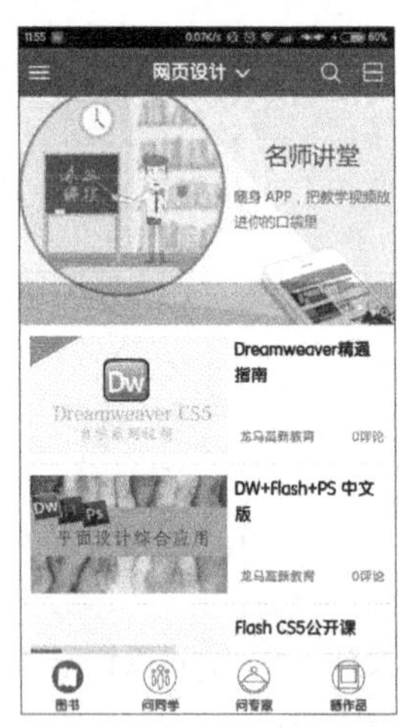

创作团队

本书由龙马高新教育编著，参与本书编写、资料整理、多媒体开发及程序调试的人员有孔万里、周奎奎、张任、张田田、尚梦娟、李彩红、尹宗都、王果、陈小杰、左琨、邓艳丽、崔姝怡、侯蕾、左花苹、刘锦源、普宁、王常吉、师鸣若、钟宏伟、陈川、刘子威、徐永俊、朱涛和张允等。

在本书的编写过程中，我们竭尽所能地将最好的内容呈现给读者，但也难免有疏漏和不妥之处，敬请广大读者不吝指正。读者在学习过程中有任何疑问或建议，可发送电子邮件至 zhangyi@ptpress.com.cn。

编者

目录 CONTENTS

第 1 章 认识Photoshop CC

本章视频教学时间 20 分钟

第 2 章 图像的基本操作

本章视频教学时间 31 分钟

第 3 章 抠图

本章视频教学时间 36 分钟

第 4 章 图像的绘制与修饰

本章视频教学时间 35 分钟

第 5 章 图层

本章视频教学时间 34 分钟

第 6 章 蒙版与通道

本章视频教学时间 24 分钟

第 7 章 路径和矢量工具

本章视频教学时间 24 分钟

第 8 章 文字设计

本章视频教学时间
26 分钟

第 9 章 滤镜的使用

本章视频教学时间
52 分钟

第 10 章 综合实战——文字设计

本章视频教学时间
16 分钟

第 11 章 综合实战——照片处理

本章视频教学时间
14 分钟

第 12 章 综合实战——平面设计

本章视频教学时间
26 分钟

第 13 章 综合实战——视觉创意

本章视频教学时间 22 分钟

第 14 章 实战秘技

本章视频教学时间 13 分钟

DVD 光盘赠送资源

扩展学习库

- Photoshop CC 常用快捷键查询手册
- Photoshop CC 常用技巧查询手册
- 颜色代码查询表
- 网页配色方案速查表
- 颜色英文名称查询表
- 会声会影软件应用电子书

教学视频库

- 5 小时 Photoshop 经典创意设计案例教学录像
- 13 小时 Dreamweaver CC 教学录像
- 5 小时 Flash CC 教学录像
- 9 小时 3ds Max 教学录像

设计源文件库

- 500 个经典 Photoshop 设计案例效果图
- 30 个精选 CorelDRAW 职业案例设计源文件

配套资源库

- 本书所有案例的素材和结果文件

第1章 认识Photoshop CC

重点导读

本章视频教学时间：20分钟 

Photoshop CC是图形图像处理的专业软件，是优秀设计师的必备工具之一。Photoshop不仅为图形图像设计提供了一个更加广阔的发展空间，而且在图像处理中还有化腐朽为神奇的功能。

学习效果图

1.1 Photoshop CC简介

本节视频教学时间 / 1分钟

Adobe Photoshop，简称“PS”，是一个由Adobe Systems开发和发行的图像处理软件。Photoshop主要处理由像素所构成的数字图像。使用Photoshop众多的编修与绘图工具，可以更有效地进行图片编辑工作。2003年，Adobe将Adobe Photoshop 8更名为Adobe Photoshop CS。2013年，Adobe公司推出了最新版本的Photoshop CC，自此，Adobe Photoshop CS6成为了Adobe Photoshop CS系列的最后一个版本。

Adobe Photoshop CC专门针对摄影师新增了条件动作、智能锐化、智能放大采样、扩展智能对象支持、相机震动减弱等功能。Photoshop CC是Adobe决定放弃Creative Suite而把主要精力放在Creative Cloud 业务之后推出的最新版PS软件，相比老版本Photoshop CS4、Photoshop CS5、Photoshop CS6等，Photoshop CC给了用户更多的自由、速度和性能。

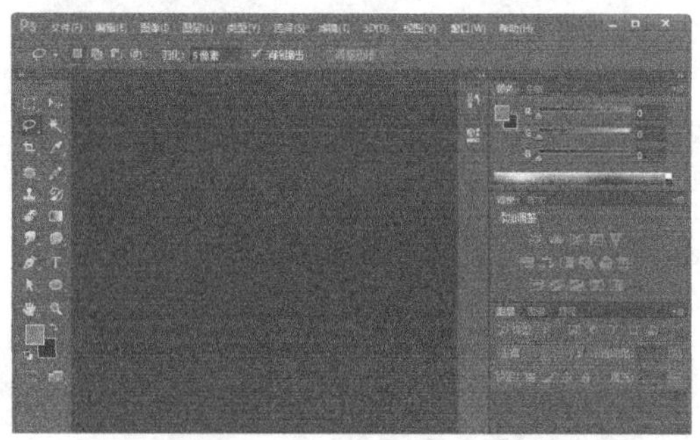

Photoshop作为专业的图形图像处理软件，是许多从事平面设计工作人员的必备工具。它在广告公司、制版公司、输出中心、印刷厂、图形图像处理公司、婚纱影楼以及网页设计类的公司使用广泛，主要应用于平面设计、界面设计、插画设计、网页设计、绘画与数码艺术、数码摄影后期处理、动画设计、文字特效、服装设计、建筑效果图后期修饰、绘制或处理三维帖图以及图标制作等领域。

1.2 安装与启动Photoshop CC

本节视频教学时间 / 2分钟

在学习Photoshop CC之前首先要安装Photoshop CC软件。下面介绍在Windows 7系统中安装、启动与退出Photoshop CC的方法。

1.2.1 对计算机的配置要求

在Windows系统中运行Photoshop CC的配置要求如下。

CPU	Intel Pentium 4 或 AMD Athlon 64 处理器 (2GHz 或更快)
内存	1GB内存（推荐4GB或更大的内存）
硬盘	2.5GB可用硬盘空间，安装期间需要额外可用空间（无法安装在可移动存储设备上）
系统要求	支持Windows Vista\7\8\8.1\10操作系统（不支持Windows XP）
显示器和显存	1024×768以上分辨率的显示器，512MB的显存（建议使用1GB以上）
网络	需要连接网络并完成注册，才能启用软件、验证会员并获得线上服务

在Mac OS系统中运行Photoshop CC的配置要求如下。

CPU	多核心 Intel 处理器，支持64 位
内存	1GB内存（推荐4GB或更大的内存）
硬盘	3.2GB可用硬盘空间，安装期间需要额外可用空间（无法安装在使用区分大小写的文件系统的磁盘区或可抽换存储装置上）
操作系统	Mac OS X v10.7以上系统版本
显示器	1024×768以上分辨率的显示器，512MB的显存（建议使用1GB以上）
网络	需要连接网络并完成注册，才能启用软件、验证会员并获得线上服务

1.2.2 安装Photoshop CC

Photoshop CC是专业的设计软件，其安装方法比较简单，具体的安装步骤如下。

1 Adobe安装程序

在光驱中放入安装盘，双击安装文件图标

，弹出【Adobe安装程序】对话框。

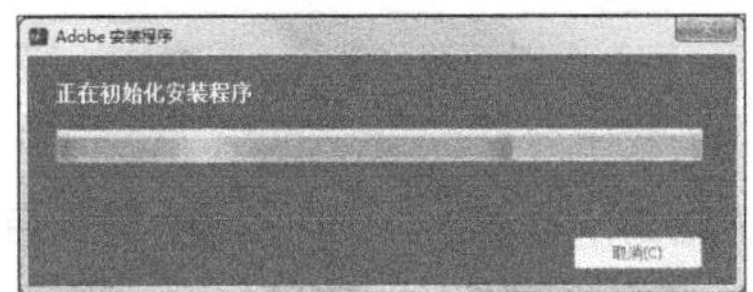

2 单击【安装】按钮

初始化结束后，进入【Adobe Photoshop CC欢迎】界面。在【欢迎】界面中单击【安装】按钮。

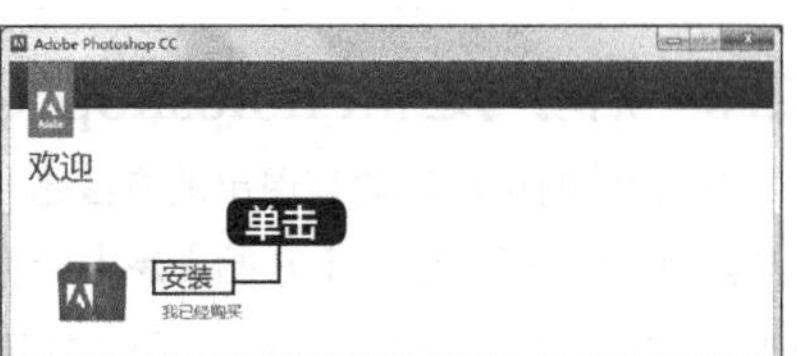

3 登录ID

进入【需要登录】界面。登录需要用户的Adobe ID，如果用户没有，需要注册一个。

4 接受协议

单击【登录】按钮，进入【Adobe 软件许可协议】界面，单击【接受】按钮。

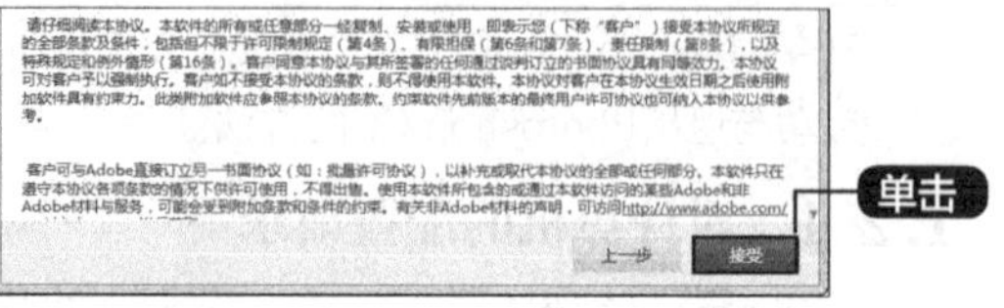

5 输入序列号

进入【序列号】界面。在下面的空白框内输入用户的序列号。

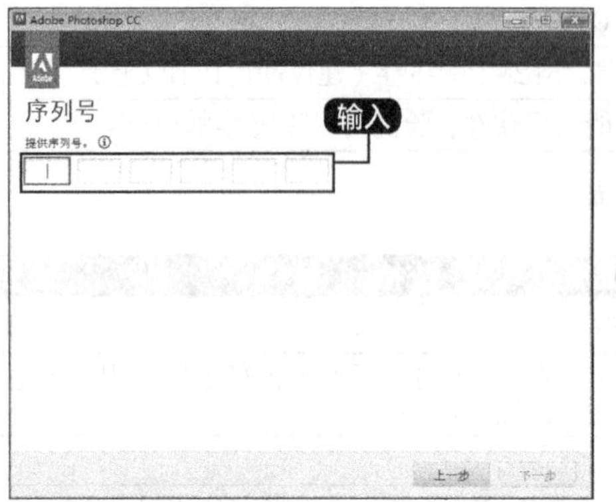

6 选择安装

进入【选项】界面，在其中选择需要安装的Photoshop CC，用户还可以根据需要选择需要安装的Photoshop CC的位置。

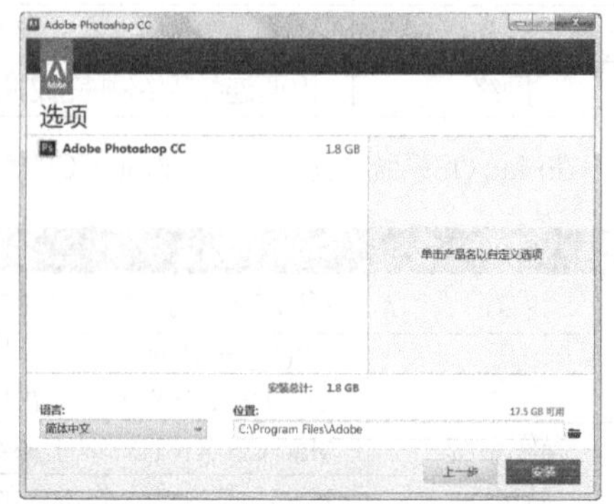

7 安装进度

单击【安装】按钮，进入【安装】进度界面。

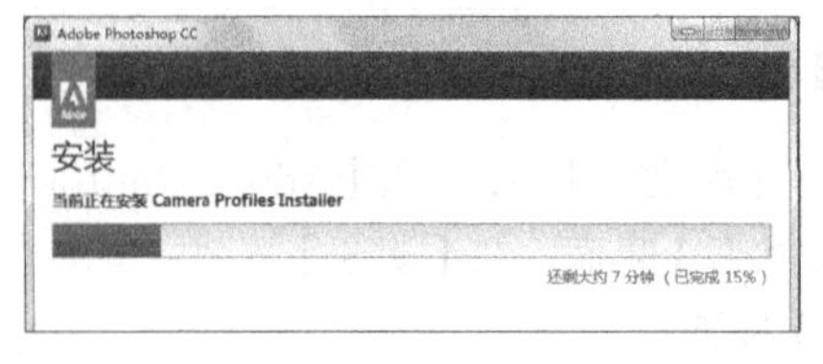

8 安装成功

安装完成后，进入【安装完成】界面，单击【关闭】按钮，Photoshop CC即安装成功。

1.2.3 启动与退出Photoshop CC

掌握软件的正确启动与退出的方法是学习软件应用的必要条件。Photoshop CC软件的启动方法与其他软件相同，选择【开始】➤【所有程序】命令，在弹出的菜单中单击相应的软件名即可。要关闭软件，只需单击Photoshop CC窗口标题栏右侧的 X 按钮即可。

1. 启动Photoshop CC

启动Photoshop CC的方法有3种。

(1) 从【开始】按钮启动Photoshop CC

选择【开始】➤【所有程序】➤【Adobe Photoshop CC】菜单命令，即可启动Photoshop CC程序。

(2) 直接双击桌面快捷方式图标启动Photoshop CC

安装Photoshop CC时，安装向导会自动地在桌面上添加一个Photoshop CC的快捷方式图标；用户直接双击桌面上的Photoshop CC快捷方式图标，即可启动Photoshop CC。

(3) 在Windows资源管理器中双击Photoshop CC的文档文件

2. 退出Photoshop CC

退出Photoshop CC的方法有4种。

(1) 通过【文件】菜单退出Photoshop CC

选择Photoshop CC菜单栏中的【文件】➤【退出】菜单命令。

(2) 通过标题栏退出Photoshop CC

单击Photoshop CC标题栏左侧的图标，在弹出的下拉菜单中选择【关闭】命令。

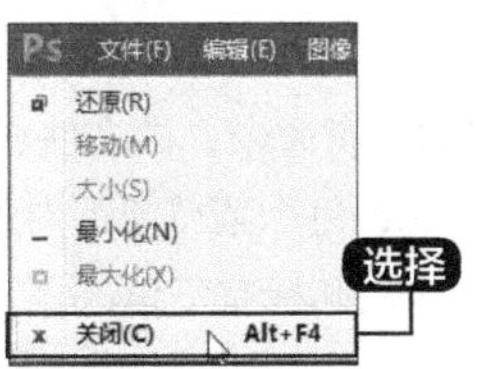

(3) 通过【关闭】按钮退出Photoshop CC

单击Photoshop CC界面右上角的【关闭】按钮退出Photoshop CC。此时若用户的文件没有保存，程序会弹出一个对话框提示用户是否需要保存；若用户的文件已经保存过，程序则会直接关闭。

(4) 利用快捷键退出Photoshop CC

按【Alt+F4】组合键退出Photoshop CC。此时若用户的文件没有保存，程序会弹出一个对话框提示用户是否保存。

1.3 Photoshop CC的工作界面

本节视频教学时间 / 11分钟

启动Photoshop CC后，便可进入Photoshop CC的工作界面，在它的工作界面中包含标题栏、菜单栏、工具箱、工具选项栏、面板、图像窗口和状态栏等内容。

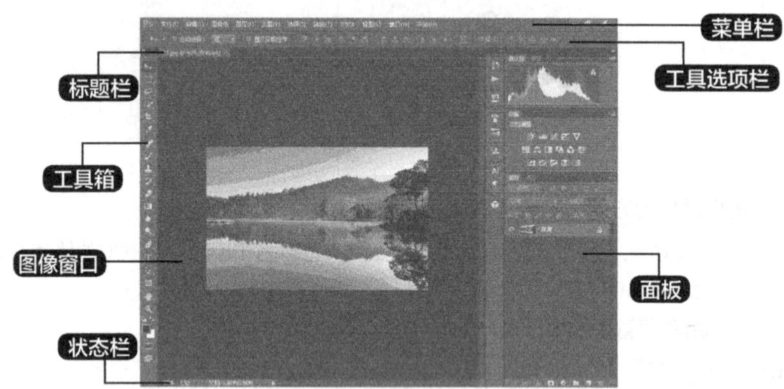

1.3.1 标题栏

标题栏：显示了文档的名称、文件格式、窗口缩放比例和色彩模式等信息。如果文档中包含多个图层，则标题栏中还会显示当前图层的名称。

01.jpg @ 66.7%(RGB/8#) ×

1.3.2 菜单栏

菜单栏包含了Photoshop CC中的所有命令，由文件、编辑、图像、图层、类型、选择、滤镜、分析、视图、窗口和帮助菜单项组成，每个菜单项下内置了多个菜单命令，通过这些命令可以对图像进行各种编辑处理。有的菜单命令右侧标有三角符号，表示该菜单命令下还有子菜单。

菜单栏上的菜单是按主题进行组织的。

(1)【文件】菜单包括用于处理文件的基本操作命令，如新建、保存、退出等。

(2)【编辑】菜单包括用于进行基本编辑操作的命令，如填充、自动混合图层、定义图案等。

(3)【图像】菜单包括用于处理画布图像的命令，如模式、调整、图像大小等。

(4)【图层】菜单包括用于处理图层的命令，如新建、图层样式、合并图层等。

(5)【类型】菜单包括用于处理文本操作的命令，如消除锯齿、栅格化文字图层、文字变形等。

(6)【选择】菜单包括用于处理选区的命令，如修改、变换选区、载入选区等。

(7)【滤镜】菜单包括用于处理滤镜效果的命令，如滤镜库、风格化、模糊等。

(8)【3D】菜单包括用于处理和合并现有的3D对象、创建新的3D对象、编辑和创建3D纹理，以及组合3D对象与2D图像的命令。

(9)【视图】菜单包括一些基本的视图编辑命令，如放大、打印尺寸、标尺等。

(10)【窗口】菜单包括一些基本的面板启用命令。

(11)【帮助】菜单包括一些获取帮助的命令。

1.3.3 工具箱

默认情况下，工具箱将出现在屏幕左侧。可通过拖移工具箱的标题栏来移动它，也可以通过选择【窗口】➤【工具】菜单命令，显示或隐藏工具箱。

工具箱中的某些工具在上下文相关工具选项栏中有对应的选项。通过这些工具，可以进行文字输入、选择、绘画、绘制、取样、编辑、移动、注释和查看图像等操作。通过工具箱中的工具，还可以更改前景色/背景色以及在不同的模式下工作。

可以展开某些工具以查看它们后面的隐藏工具。工具图标右下角的小三角表示存在隐藏工具。

将鼠标指针放在任何工具上，用户可以查看有关该工具的信息。工具的名称将出现在指针下面的工具提示中。某些工具提示包含指向有关该工具的附加信息的链接。工具箱如图所示。

1.3.4 工具选项栏

大多数工具的选项都会在选中该工具的状态下在选项栏中显示，选中【钢笔】时的选项栏如下图所示。

选项栏与工具相关，并且会随所选工具的不同而变化。选项栏中的一些设置（例如绘画模式和不透明度）对于许多工具都是通用的，但是有些设置则专用于某个工具（例如用于铅笔工具的【自动抹掉】设置）。

1.3.5 图像窗口

图像窗口用于显示所编辑的图像文件，以便进行浏览、描绘和编辑等操作。在图像窗口的标题栏上，可以查看该图像文件的名称、显示比例和色彩模式等。

1.3.6 面板

面板用来设置颜色、工具参数，以及执行编辑命令。我们可以在【窗口】菜单中选择需要的面板将其打开。默认情况下，面板以选项卡的形式成组出现，并停靠在窗口右侧。我们可以根据需要打开、关闭或者自由组合面板。在面板选项卡中，单击一个面板的名称，即可显示面板中的选项。

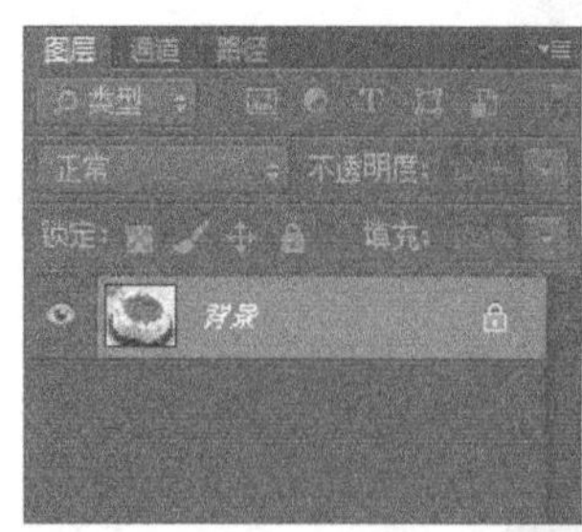

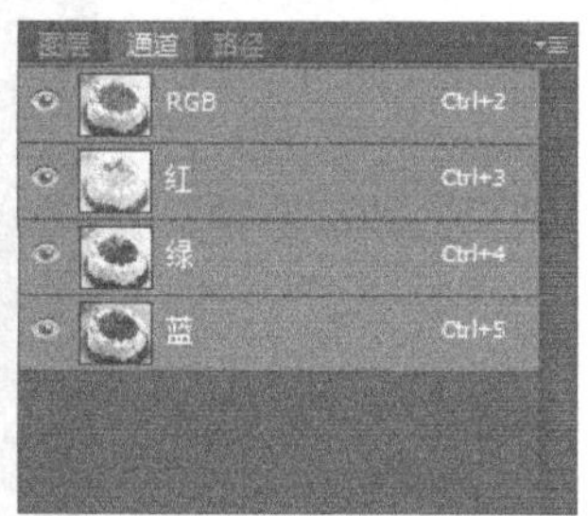

1.3.7 状态栏

状态栏位于图像窗口的底部，它可以显示文档窗口的缩放比例、文档大小、当前使用的工具等信息。

100%　文档:597.7K/597.7K

单击状态栏上的黑色右三角可以弹出一个选项菜单，包括文档大小、文档尺寸、测量比例、暂存盘大小等。当选择该选项时，状态栏上就会显示相应的信息。例如选择【文档大小】后，状态栏上就会显示相应的文档大小信息。

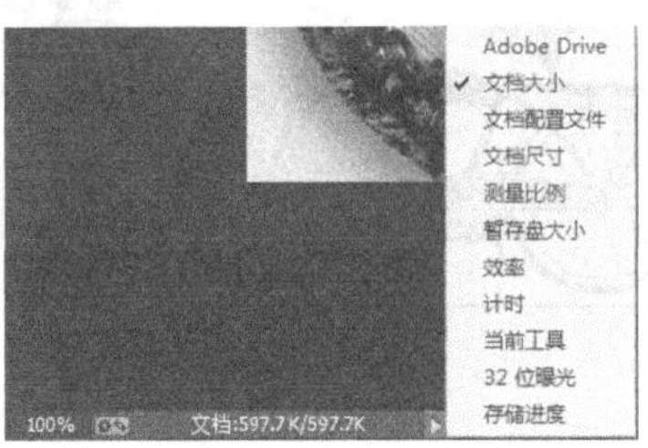

1.4 图像处理的基本知识

本节视频教学时间 / 2分钟

计算机图形主要分为两类，一类是位图图像，另一类是矢量图像。Photoshop是典型的位图软件，但也包含矢量功能，可以创建矢量图形和路径。了解两类图像间的差异对于创建、编辑和导入图片是非常有益的。

1.4.1 位图与矢量图

位图图像在技术上称为栅格图像，它由网格上的点组成，这些点称为像素。 在处理位图图像时，所编辑的是像素，而不是对象或形状。 位图图像是连续色调图像（如照片或数字绘画）最常用的电子媒介，因为它们可以表现阴影和颜色的细微层次。

在屏幕上缩放位图图像时，它们可能会丢失细节，因为位图图像与分辨率有关，它们包含固定数量的像素，并且为每个像素分配了特定的位置和颜色值。 如果在打印位图图像时采用的分辨率过低，位图图像可能会呈锯齿状，因为此时增加了每个像素的大小。

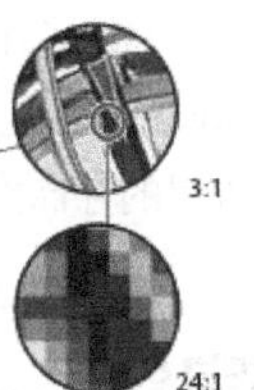

矢量图，也称为面向对象的图像或绘图图像，在数学上定义为一系列由线连接的点。矢量文件中的图形元素称为对象。每个对象都是一个自成一体的实体，它具有颜色、形状、轮廓、大小和屏幕位置等属性。

矢量图是根据几何特性来绘制图形，矢量可以是一个点或一条线，矢量图只能靠软件生成，文件占用内在空间较小，因为这种类型的图像文件包含独立的分离图像，可以自由无限制地重新组合。它的特点是放大后图像不会失真，和分辨率无关，适用于图形设计、文字设计和一些标志设计、版式设计等。

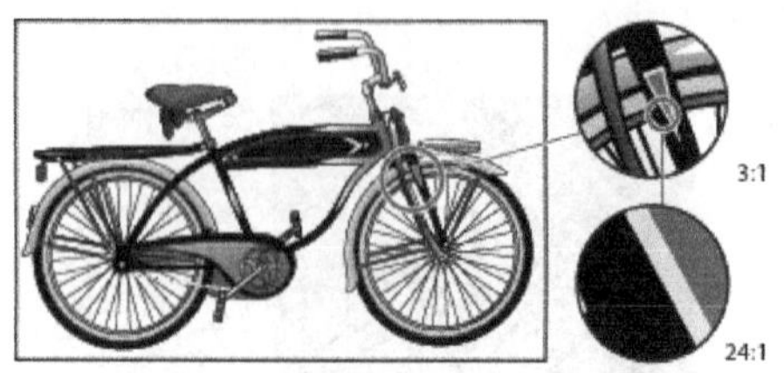

1.4.2 像素

像素是构成数码影像的基本单元，通常以像素每英寸（pixels per inch，缩写为ppi）为单位来表示影像分辨率的大小。

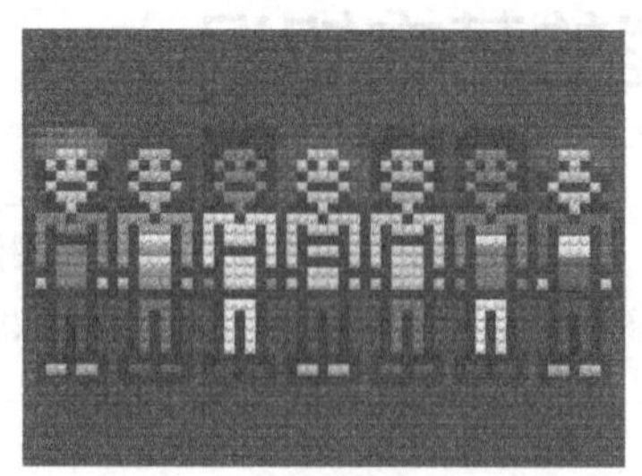

例如“300×300ppi”分辨率，即表示水平方向与垂直方向上每英寸长度上的像素数都是300，也可表示为1平方英寸内有9万（300×300）像素。

1.4.3 分辨率

分辨率是屏幕图像的精密度，是指显示器所能显示的像素的多少。由于屏幕上的点、线和面都是由像素组成的，显示器可显示的像素越多，画面就越精细，同样的屏幕区域内能显示的信息也越多，所以分辨率是非常重要的性能指标之一。可以把整个图像想象成是一个大型的棋盘，而分辨率的表示方式就是所有经线和纬线交叉点的数目。

分辨率决定了位图图像细节的精细程度。

通常情况下，图像的分辨率越高，所包含的像素就越多，图像就越清晰，印刷的质量也就越好。同时，它也会增加文件占用的存储空间。

1.5 实战演练——自定义工具快捷键

本节视频教学时间 / 1分钟 

在Photoshop CC中为用户预设了很多工具和菜单命令的键盘快捷键，在进行图像处理操作时，用户可以根据自己的习惯，自定义方便自己使用的快捷键。

1 键盘快捷键和菜单

执行【编辑】➤【键盘快捷键】命令，弹出【键盘快捷键和菜单】对话框。

2 设置

在【键盘快捷键和菜单】对话框中选取【键盘快捷键】选项卡，在【组】下拉列表中选择一组快捷键。从【快捷键用于】下拉列表中选取一种快捷键类型。选择【应用程序菜单】选项，允许为菜单栏中的项目自定义快捷键；选择【调板菜单】选项，允许为调板菜单中的项目自定义快捷键；选择【工具】选项，允许为工具箱中的工具自定义快捷键。

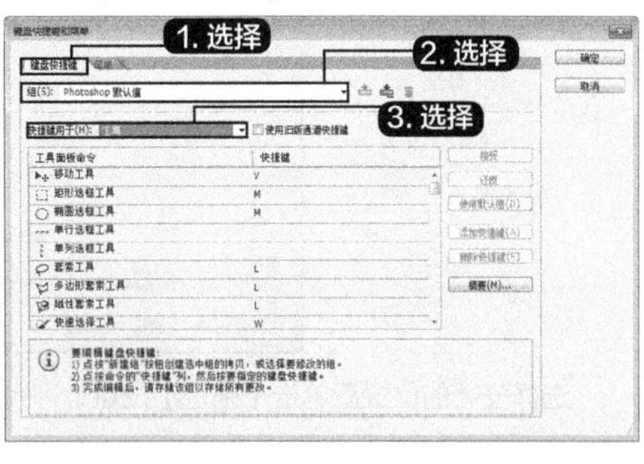

3 单击要修改的快捷键

在下拉列表框中的“快捷键”列中，单击要修改的快捷键选项，此时将出现文字编辑框。

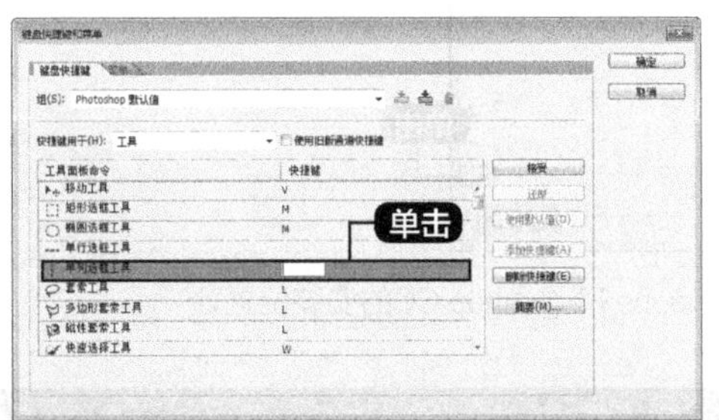

4 输入新的快捷键

在文字编辑框中输入新的快捷键，然后单击【接受】按钮，将快捷键分配给新的命令或工具，并删除以前分配的快捷键。在完成以上操作后，单击【确定】按钮，关闭该对话框。

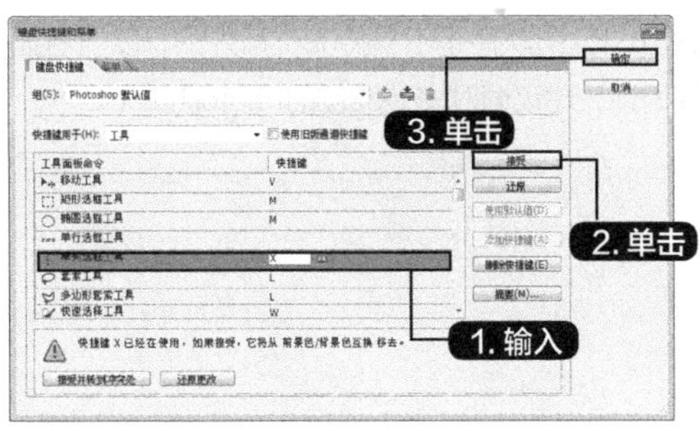

5 自定义工作区

执行【窗口】➤【工作区】➤【新建工作区】命令，在弹出的【新建工作区】对话框中为自定义的工作区命名，并勾选【键盘快捷键】复选框。然后单击【存储】按钮，即可将修改后的工作区存储。

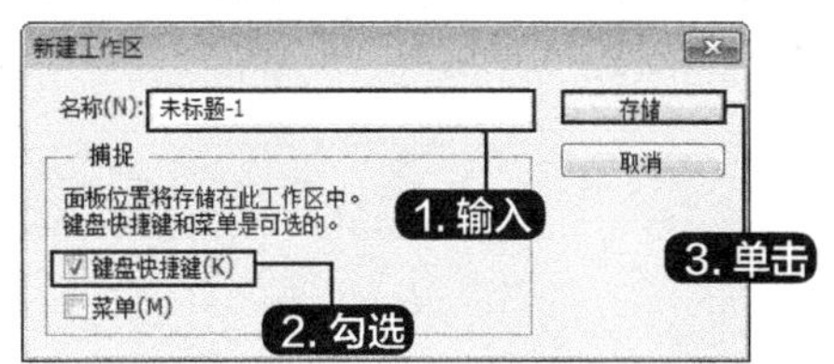

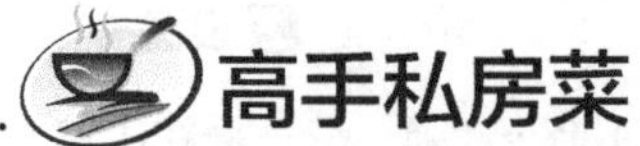

高手私房菜

技巧1：如何更改安装位置

在安装 Adobe Photoshop CC软件时，系统会选择默认位置进行安装。我们也可以更改安装的位置。当安装界面进入【选项】界面时，单击【更改】按钮，可以更改安装的位置。

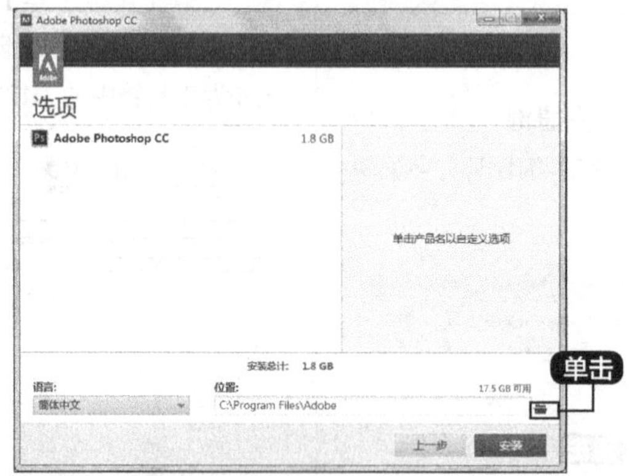

选择安装的位置后单击【确定】按钮，即可更改Adobe Photoshop CC的安装位置。

技巧2：32位和64位版本的区别

32位和64位指的是计算机一次处理数据的位数，即系统的位数。64位系统相比32位系统有更快的处理速度和更大的寻址范围（32位系统最大识别3.25GB内存，64位系统可以识别100多GB的内存）。随着硬件和软件的发展，原有的32位系统已经无法满足大型程序的运行了，因为它们需要更大的内存去加载相关的插件和存放更多的数据文件。64位系统的处理速度和内存支持都要比32位系统好。

在Photoshop CC中，处理高分辨率图片的时候，64位比32位有着明显的优势，启动也比32位快很多。需要注意的是，64位软件只能安装在64位系统，而且64位的软件是不支持32位插件的，以前老插件大多不支持64位的版本。所以需要经常用到很多插件的话，建议同时安装32位的Photoshop CC。

第2章 图像的基本操作

重点导读

本章视频教学时间：31分钟

Photoshop CC是一款很强大的图像处理软件，使用Photoshop CC不仅能对原有的图片进行加工处理，还能制作新的图片。

学习效果图

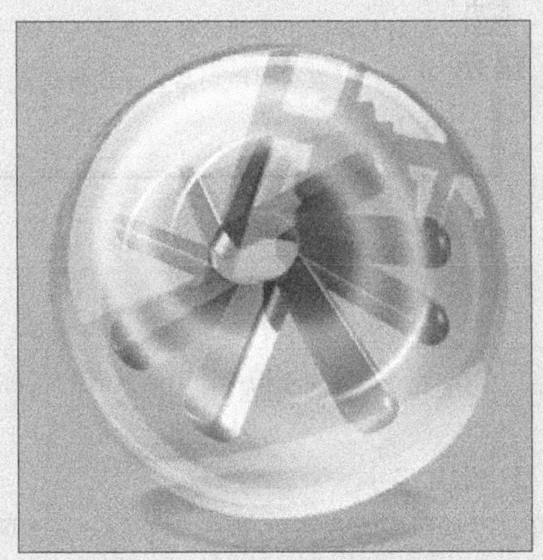

2.1 图像文件的基本操作

本节视频教学时间 / 9分钟 

学习如何在Photoshop CC中进行图形、图像文件的基本操作。

2.1.1 新建文件

新建文件是Photoshop CC中的一项基本操作，具体操作步骤如下。

1 选择新建

选择【文件】➤【新建】菜单命令。

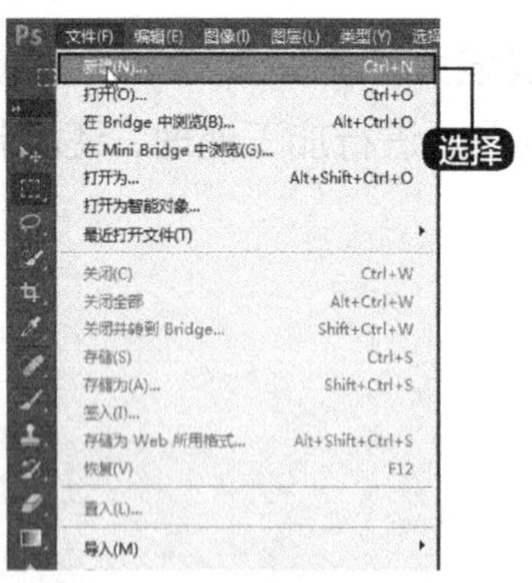

2 设置预设

弹出【新建】对话框，单击【预设】后的下拉按钮，在弹出的下拉列表中选择【自定】选项。

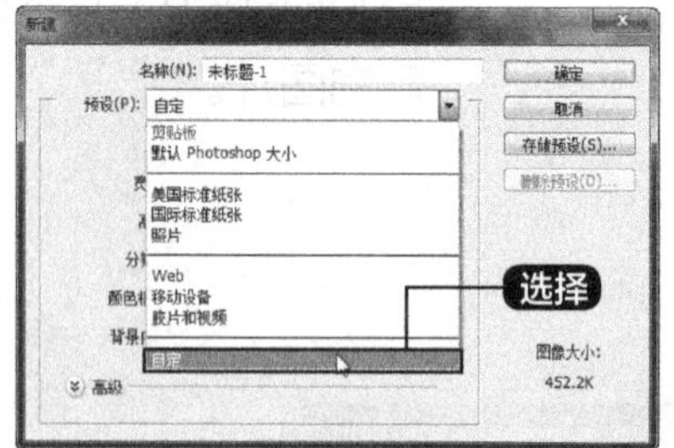

3 设置参数

在【新建】对话框中设置相关参数。

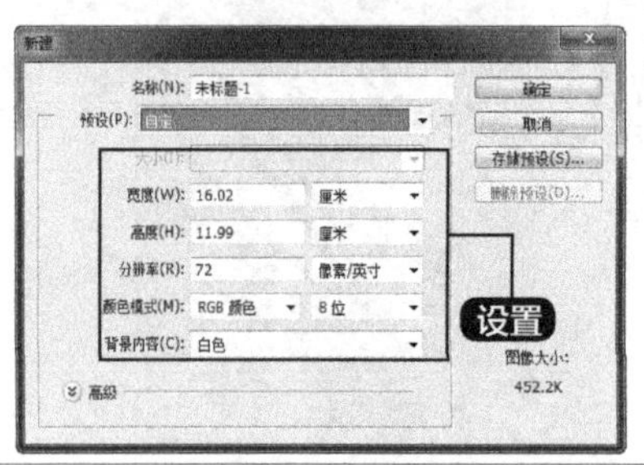

提示

在制作网页图像的时候一般是用【像素】作单位，在制作印刷品的时候则是用【厘米】作单位。

(1)【名称】文本框：用于填写新建文件的名称。【未标题-1】是Photoshop默认的名称，可以将其改为其他名称。

(2)【预设】下拉列表：用于提供预设文件尺寸及自定义尺寸。

(3)【宽度】设置框：用于设置新建文件的宽度，默认以像素为宽度单位，也可以选择英寸、厘米、毫米、点、派卡和列等为单位。

(4)【高度】设置框：用于设置新建文件的高度，单位同宽度。

(5)【分辨率】设置框：用于设置新建文件的分辨率。默认的分辨率单位为像素 / 英寸，也可以选择像素/厘米为单位。

(6)【颜色模式】下拉列表：用于设置新建文件的模式，包括位图、灰度、RGB颜色、CMYK颜色和Lab颜色等。

(7)【背景内容】下拉列表：用于选择新建文件的背景内容，包括白色、背景色和透明3种。

- 白色：白色背景。
- 背景色：以所设定的背景色（相对于前景色）为新建文件的背景。
- 透明：透明的背景（以灰色与白色交错的格子表示）。

2.1.2 打开文件

常用的打开文件的方法有6种，如使用【打开】命令、【打开为】命令、【在Bridge中浏览】命令打开文件，通过快捷方式打开文件，打开最近使用过的文件，作为智能对象打开。

1. 用【打开】命令打开文件

使用Photoshop CC“打开”命令打开文件详细步骤如下。

1 选择文件

选择【文件】➤【打开】菜单命令，打开【打开】对话框。一般情况下【文件类型】默认为【所有格式】，也可以选择某种特定的文件格式，然后在大量的文件中进行筛选。

2 预览图像

单击【打开】对话框中的【显示预览窗格】菜单图标，可以选择以预览图的形式来显示图像。

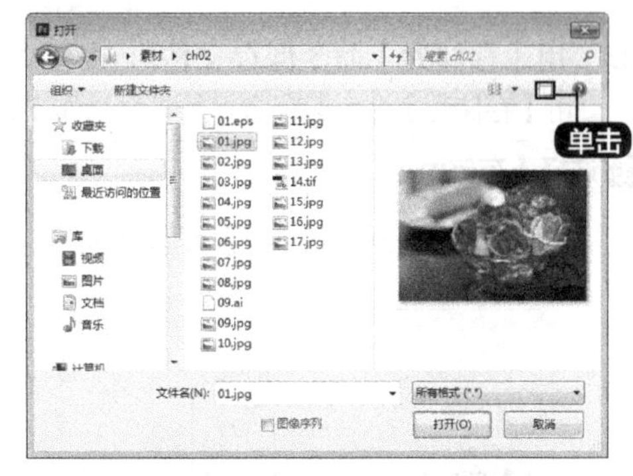

3 双击打开文件

选中要打开的文件，然后单击 打开(O) 按钮或者直接双击文件即可打开文件。

2. 用【打开为】命令打开文件

当需要打开一些没有后缀名的图形文件时（通常这些文件的格式是未知的），就要用到【打开为】命令。选择【文件】➤【打开为】菜单命令，打开【打开】对话框，具体操作同【打开】命令。

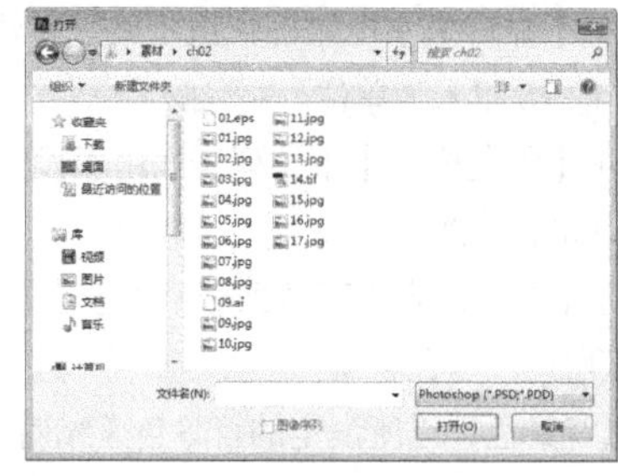

2.1.3 保存文件

保存文件的方法有几种，最常用的有两种，如用【存储】命令保存文件、用【存储为】命令保存文件等。

1. 用【存储】命令保存文件

选择【文件】➤【存储】菜单命令，可用原有的格式存储正在编辑的文件。

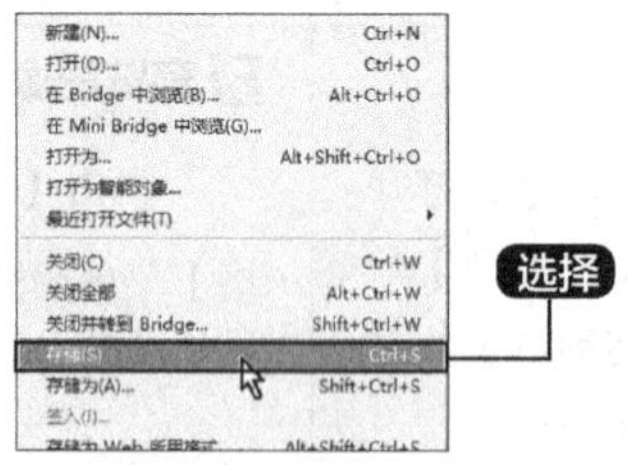

2. 用【存储为】命令保存文件

用【存储为】命令保存文件的具体操作步骤如下。

1 选择【存储为】

选择【文件】➤【存储为】菜单命令。

2 保存

在弹出的【另存为】对话框中输入文件名、选择文件类型后，单击【保存】按钮。

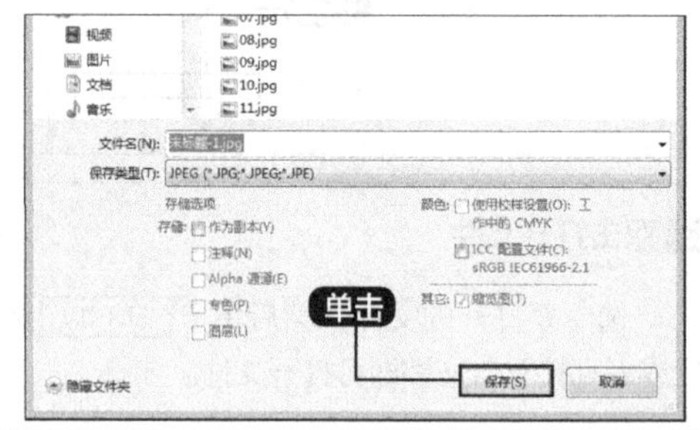

2.1.4 置入文件

使用【打开】菜单命令，打开的各个图像之间是独立的，如果想让图像导入到另外一个图像上，需要使用【置入】菜单命令。

1. 置入EPS格式文件

置入EPS格式文件的详细步骤如下。

1 打开素材

打开随书光盘中的“素材\ch02\01.jpg”文件。

2 置入素材

选择【文件】➤【置入】菜单命令，弹出【置入】对话框。选择随书光盘中的“素材\ch02\01.eps”文件，然后单击【置入】按钮。

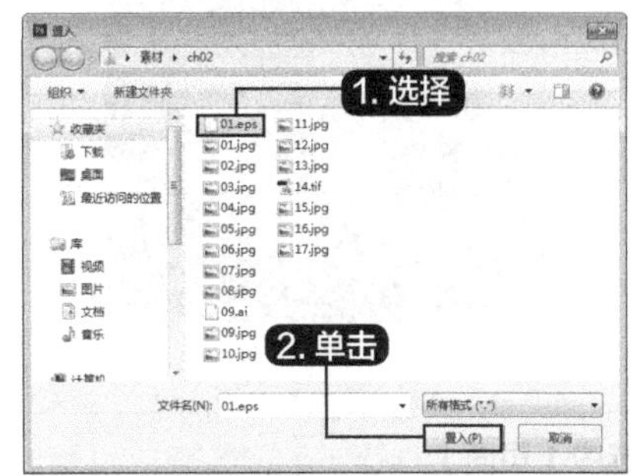

3 置入图像

图像被置入到图01上，并在四周显示控制线。

4 旋转图像

将鼠标指针放在置入图像的控制线上，当变成旋转箭头时，按住鼠标左键不放即可旋转图像。

5 等比例缩放

将鼠标指针放在置入图像的控制线上，当变成双向箭头时，按住鼠标左键不放即可等比例缩放图像。设置完成后，单击【Enter】键即可完成设置。

2. 置入AI格式文件

置入AI格式文件的操作方法和置入EPS文件的操作方法基本一样，下面通过一个实例来介绍置入AI格式文件的具体步骤。

1 打开素材

打开随书光盘中的“素材\ch02\01.jpg”文件。

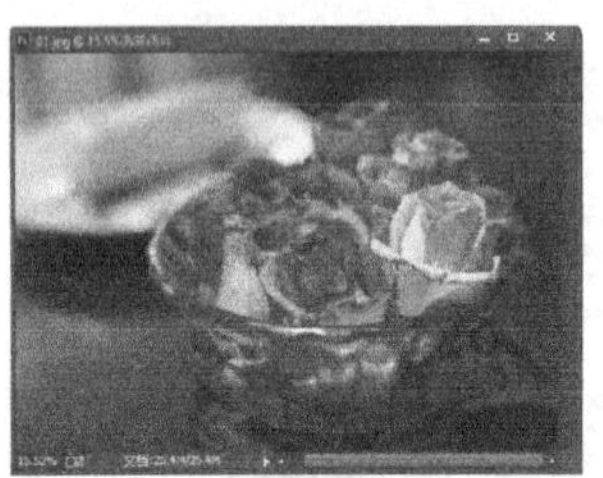

2 置入

选择【文件】➤【置入】菜单命令，弹出【置入】对话框。选择随书光盘中的“素材\ch02\09.ai”文件，然后单击【置入】按钮。

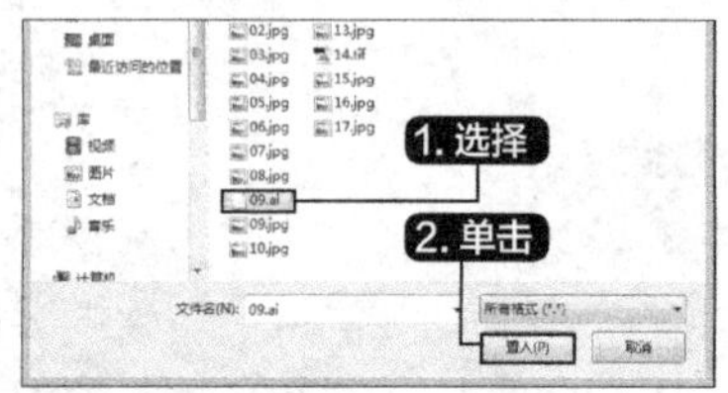

3 选中【页面】

在弹出的【置入PDF】对话框中单击选中【页面】单选项，单击【确定】按钮。

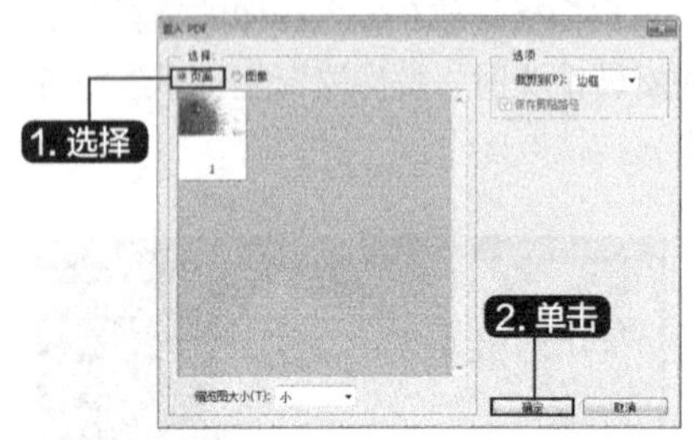

4 置入图像

图像被置入到图01上，并在四周显示控制线。

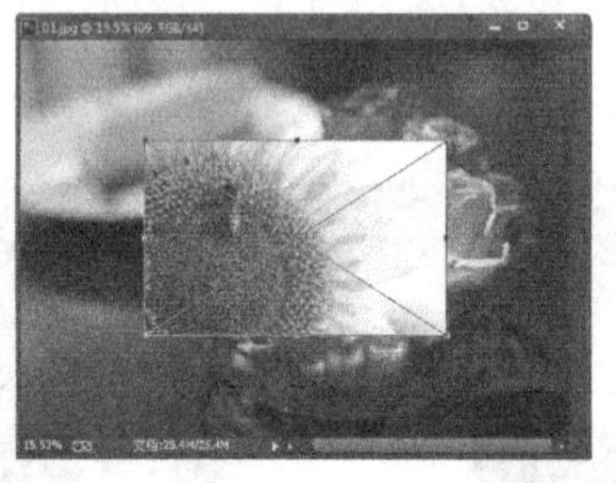

5 旋转图像

将鼠标指针放在置入图像的控制线上，当变成旋转箭头时，按住鼠标左键不放即可旋转图像。

6 等比例缩放

将鼠标指针放在置入图像的控制线上，当变成双向箭头时，按住鼠标左键不放即可等比例缩放图像。设置完成后，单击【Enter】键即可。

2.1.5 关闭文件

关闭文件的方法有以下3种。

方法1

选择【文件】➤【关闭】菜单命令，即可关闭正在编辑的文件。

方法2

单击编辑窗口上方的【关闭】按钮，即可关闭正在编辑的文件。

方法3

在标题栏上单击鼠标右键，在弹出的快捷菜单中选择【关闭】菜单命令，如果关闭所有打开的文件，可以选择【关闭全部】菜单命令。

2.2 查看图像

本节视频教学时间 / 5分钟

图像文件的基本操作在图像的编辑过程中，会频繁地在图像的整体和局部之间来回切换，通过对整体的把握和对局部的修改来达到最终的完美效果。Photoshop CC提供了一系列的图像查看命令，可以方便地完成这些操作。

2.2.1 使用【导航器】查看

选择【窗口】➤【导航器】菜单命令，可以查看局部图像。

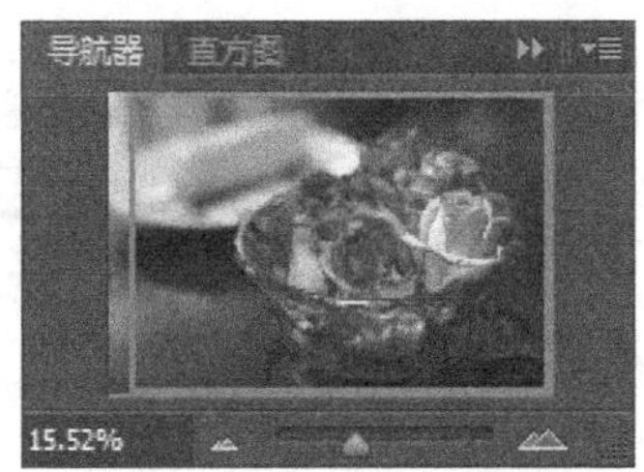

单击导航器中的缩小图标可以缩小图像，单击放大图标可以放大图像，也可以在左下角的位置直接输入缩放的数值。在导航器缩略窗口中使用抓手工具可以改变图像的局部区域。

2.2.2 使用【缩放工具】查看

使用【缩放工具】 可以实现对图像的缩放查看。使用缩放工具拖曳出想要放大的区域即可对局部区域进行放大。

提示

按【Ctrl++】组合键以画布为中心放大图像；按【Ctrl+－】组合键以画布为中心缩小图像；按【Ctrl+0】组合键以满画布显示图像，即图像窗口充满整个工作区域。

2.2.3 使用【抓手工具】查看

当图像放大到窗口中只能够显示局部图像的时候，如果需要查看图像中的某一部分，方法有3种：使用【抓手工具】 ；在使用【抓手工具】以外的工具时，按住空格键的同时拖曳鼠标可以将所要显示的部分图像在图像窗口中显示出来；也可以拖曳水平滚动条和垂直滚动条来查看图像。下图所示为使用【抓手工具】查看部分图像。

2.2.4 画布旋转查看

单击【旋转视图工具】可平稳地旋转画布，以便以所需的任意角度进行无损查看。

1 设置首选项

选择【编辑】➤【首选项】➤【性能】菜单命令，在弹出的【首选项】对话框中的【图形处理器设置】选项中勾选【使用图形处理器】复选框，然后单击【确定】按钮。

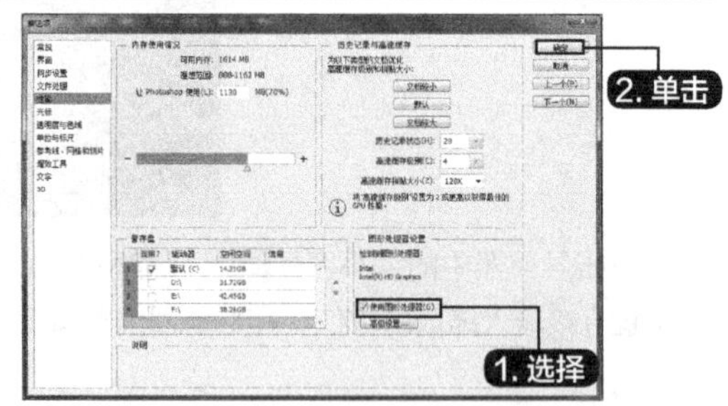

2 打开素材

打开随书光盘中的“素材\ch02\02.jpg”文件。

3 单击【旋转】按钮

在工具栏上单击【旋转视图工具】，然后在图像上单击即可出现旋转图标。

4 移动鼠标

将鼠标指针放在旋转图标上，移动指针即可实现图像的旋转。

5 绘制选区

选择工具箱中的【矩形选框工具】，在图像中拖曳绘制选区，可以看出绘制选区的角度与图像旋转的角度是一致的。

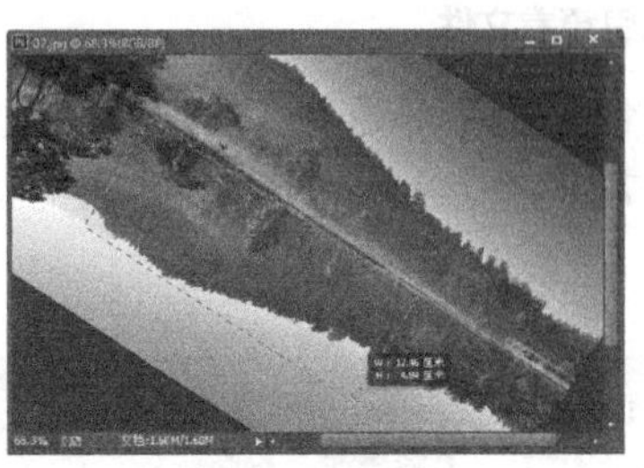

6 返回原来状态

双击工具箱中的【旋转视图工具】可返回图像原来的状态。

提示

启用【启用OpenGL绘图】选项对显卡有一定的要求：

❶ 显卡硬件支持DirectX 9；

❷ Pixel Shader至少为1.3版；

❸ Vertex Shader至少为1.1版。

2.2.5 多样式的排列文档

在打开多个图像时，系统可以对图像进行多样性的排列。

1 打开素材

打开随书光盘中的“素材\ch02\2-04.jpg、2-05.jpg、2-06.jpg、2-07.jpg、2-08.jpg、2-09.jpg”文件。

2 全部垂直拼贴

选择【窗口】➤【排列】➤【全部垂直拼贴】菜单命令。

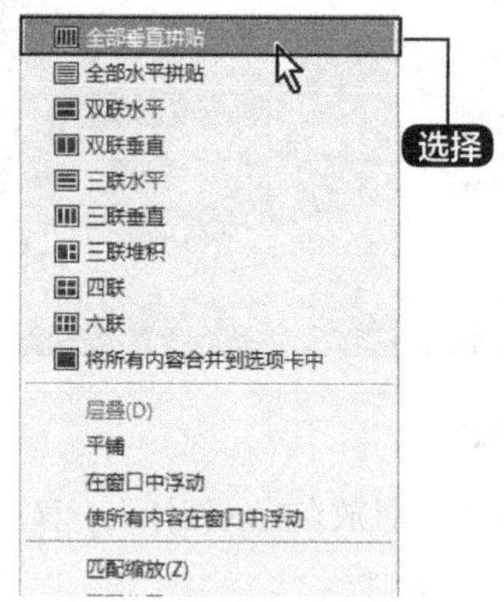

3 拖曳查看文件

图像的排列将发生明显的变化，切换为抓手工具，选择“2-08.jpg”文件，可拖曳进行查看。

4 一起拖曳

按住【Shift】键的同时，一起拖曳文件，可以发现其他图像也随之移动。

5 六联排列

选择【窗口】➤【排列】➤【六联】菜单命令，图像的排列将变为六联排列。

用户可以根据需要选择适合的排列样式。其他选项介绍如下。

(1) 使所有内容在窗口中浮动：可将所有文件以浮动的样式进行排列。

(2) 新建窗口：可将选择的文件复制一个新的文件。

(3) 实际像素：图像将以100%像素显示。

(4) 按屏幕大小缩放：Photoshop将根据屏幕的大小对图像进行缩放。

(5) 匹配缩放：Photoshop将以当前选中的图像为基础对其他图像进行缩放。

(6) 匹配位置：Photoshop将以当前选中的图像为基础对其他图像调整位置。

(7) 匹配缩放和位置：Photoshop将以当前选中的图像为基础对其他图像进行缩放和调整位置。

2.3 调整图像

本节视频教学时间 / 9分钟 

在Photoshop CC中，可以使用多种方式对图像进行调整修改。

2.3.1 调整图像的大小

1 打开素材

选择【文件】➤【打开】命令，打开随书光盘中的“素材\ch02\10.jpg”图像。

2 打开【图像大小】对话框

选择【图像】➤【图像大小】命令，打开【图像大小】对话框。

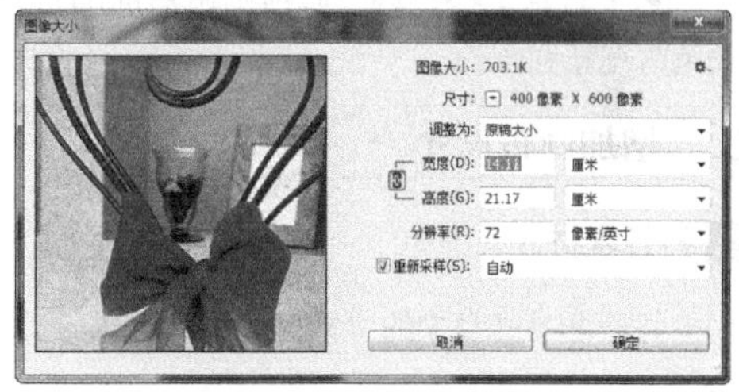

3 设置分辨率

在【图像大小】对话框中设置【分辨率】为“10”，单击【确定】按钮。

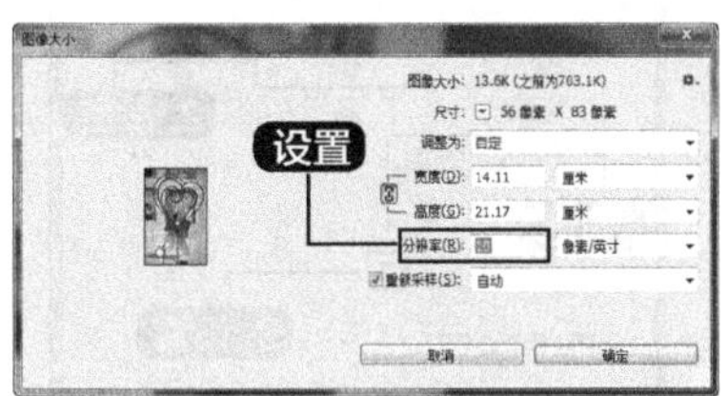

4 效果图

改变图像大小后的效果如图所示。

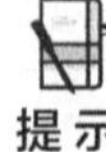

提示

在调整图像大小时，位图数据和矢量数据会产生不同的结果。位图数据与分辨率有关，因此更改位图图像的像素大小可能导致图像品质和锐化程度损失。相反，矢量数据与分辨率无关，调整其大小不会降低图像边缘的清晰度。

2.3.2 调整画布的大小

在Photoshop CC中，所添加的画布有多个背景选项。如果图像的背景是透明的，那么添加的画布也将是透明的。选择【图像】➤【画布大小】菜单命令，打开【画布大小】对话框。

1. 【画布大小】对话框参数设置

(1)【宽度】和【高度】参数框：设置画布尺寸。

(2)【相对】复选框：在【宽度】和【高度】参数框内根据所要的画布大小输入增加或减少的数量（输入负数将减小画布大小）。

(3)【定位】：单击某个方块可以指示现有图像在新画布上的位置。

(4)【画布扩展颜色】下拉列表框中包含4个选项。

● 【前景】项：选中此项则用当前的前景颜色填充新画布。

● 【背景】项：选中此项则用当前的背景颜色填充新画布。

● 【白色】、【黑色】或【灰色】项：选中这3项之一则用所选颜色填充新画布。

● 【其他】项：选中此项则使用拾色器选择新画布颜色。

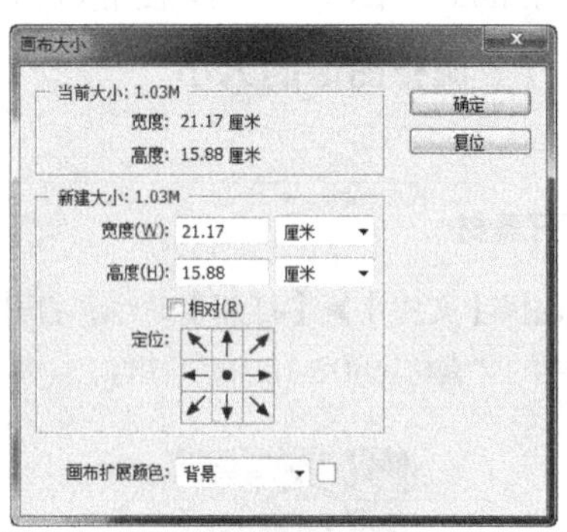

2. 增加画布尺寸

1 打开素材

打开随书光盘中的“素材\ch02\11.jpg”文件。

2 设置参数

选择【图像】➤【画布大小】菜单命令，弹出【画布大小】对话框。勾选【相对】复选框，在【宽度】参数框中设置尺寸为“10”厘米，然后设置右下角为定位点。

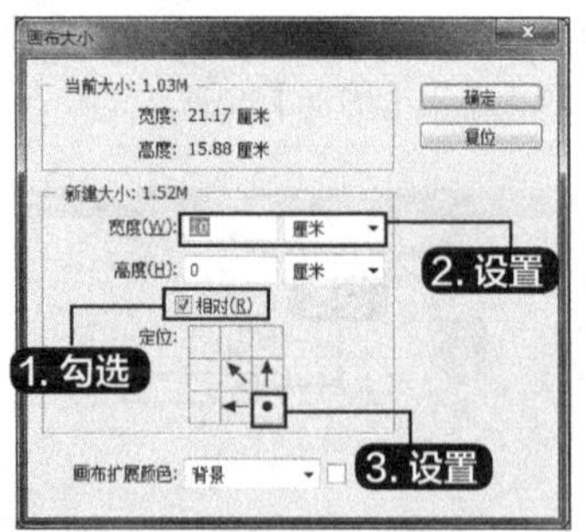

3 最终效果

单击【确定】按钮，最终效果如图所示。

2.3.3 调整图像的方向

调整图像的方向就是对图像进行旋转操作。选择工具栏【旋转视图工具】，在属性栏中就会出现对应的属性设置参数，图像就会得到相应的旋转。

2.3.4 裁剪图像

在处理图像的时候，如果图像的边缘有多余的部分，可以通过裁剪将其修整。常见的裁剪图像的方法有3种：使用裁剪工具、使用【裁剪】命令和用【裁切】命令剪切。

1. 使用裁剪工具

裁剪工具用于裁剪图像中的选框或选区周围的部分。对于移去分散注意力的背景元素以及创建照片的焦点区域而言，裁剪功能非常有用。

默认情况下，裁剪照片后，照片的分辨率与原始照片的分辨率相同。使用【照片比例】选项可以在裁剪照片时查看和修改照片的大小和分辨率。如果使用预设大小，则会改变分辨率以适合预设。通过裁剪工具可以保留图像中需要的部分，剪去不需要的内容。

(1) 属性栏参数设置

选中【裁剪工具】按钮，在属性栏中可以通过设置图像的宽、高、分辨率等来确定要保留图像的大小。单击【清除】按钮 清除 可以将属性栏中的数值清除掉。

比例　清除　拉直　删除裁剪的像素

⑵ 使用【裁剪工具】裁剪图像

1 打开素材

打开随书光盘中的“素材\ch02\12.jpg”文件。

2 创建裁剪区域

选择【裁剪工具】按钮 ，在图像中拖曳创建一个矩形，释放鼠标后即可创建裁剪区域。

3 拖曳定界框

将指针移至定界框的控制点上，单击并拖曳鼠标调整定界框的大小，也可以进行旋转。

4 最终效果

按【Enter】键确认裁剪，最终效果如图所示。

2. 使用【裁剪】命令裁剪

使用【裁剪】命令剪裁图像的具体操作步骤如下。

1 打开素材

打开随书光盘中的“素材\ch02\13.jpg”文件，使用选区工具来选择要保留的图像部分。

2 选择【裁剪】命令

选择【图像】➤【裁剪】菜单命令。

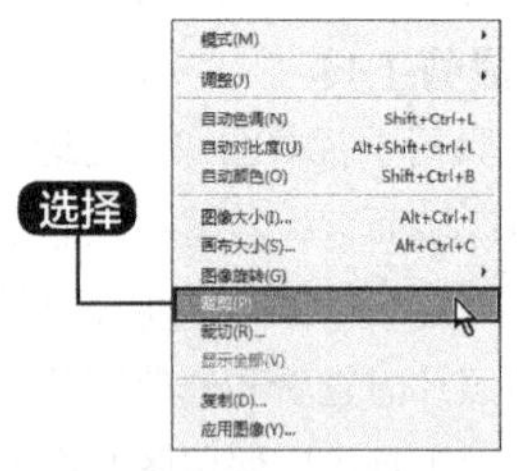

3 完成裁剪

完成图像的剪裁，按【Ctrl+D】组合键取消选区。

3. 用【裁切】命令裁切

【裁切】命令通过移去不需要的图像数据来裁剪图像，其所用的方式与【裁剪】命令所用的方式不同，主要通过裁切周围的透明像素或指定颜色的背景像素来裁剪图像。

用【剪切】命令剪切图像的具体操作步骤如下。

1 打开素材

打开随书光盘中的“素材\ch02\14.tif”文件。选择【图像】➤【裁切】菜单命令。

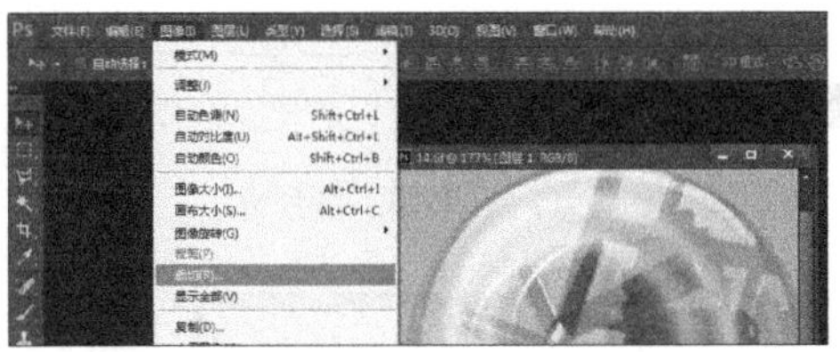

2 设置

弹出【裁切】对话框，选中【右下角像素颜色】单选按钮，单击【确定】按钮。

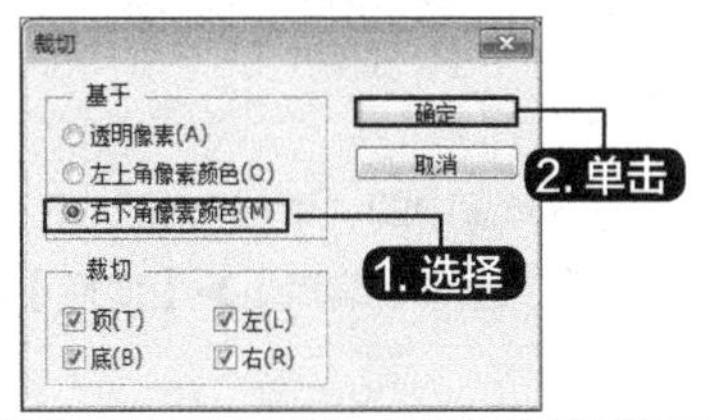

3 效果图

剪切后的图像如下图所示。

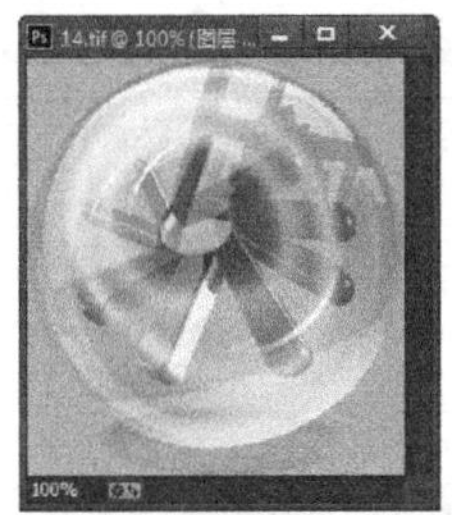

提示

【裁切】对话框中各个参数含义如下。

❶【透明像素】单选项：修整掉图像边缘的透明区域，留下包含非透明像素的最小图像。

❷【左上角像素颜色】单选项：使用此选项，可从图像中移去左上角像素颜色的区域。

❸【右下角像素颜色】单选项：使用此选项，可从图像中移去右下角像素颜色的区域。

2.3.5 图像的变换与变形

【编辑】➤【变换】的下拉菜单中包含对图像进行变换的各种命令。通过这些命令可以对选区内的图像、图层、路径和矢量形状进行变换操作。

1. 定界框、中心点和控制点

执行【旋转】、【缩放】、【扭曲】等命令时，当前对象上会显示出定界框和中心点，拖曳定界框中的控制点便可以进行变换操作。

提示

在进行图像变换之前，要在图层面板中双击图层，将图层解锁。解锁之后才能对图像进行变换。

2. 缩放图像

对图像进行缩放操作的具体操作步骤如下。

1 打开素材

打开随书光盘中的“素材\ch02\15.jpg”文件。在菜单栏中选择【编辑】➤【变换】➤【缩放】菜单命令。

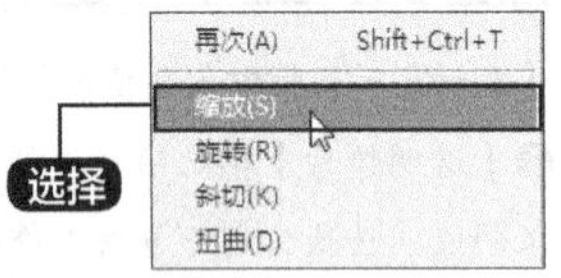

2 效果图

拖曳控制点，效果如下图所示。

3. 旋转图像

对图像进行转动操作的具体操作步骤如下。

1 打开素材

打开随书光盘中的“素材\ch02\15.jpg”文件。在菜单栏中选择【编辑】➤【变换】➤【旋转】的菜单命令。

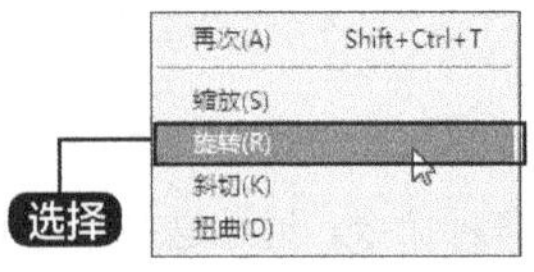

2 效果图

效果如下图所示。

2.4 恢复与还原操作

本节视频教学时间 / 3分钟 

在编辑图像的过程中，如果某一步的操作出现了失误，或者对创建的效果不满意，就需要还原或者恢复图像，下面就介绍如何进行图像的恢复与还原操作。

2.4.1 还原与重做

选择【编辑】➤【还原】菜单命令，或者按【Ctrl+Z】组合键，可以撤消对图像的最后一次操作，将图像还原到上一步的编辑状态。

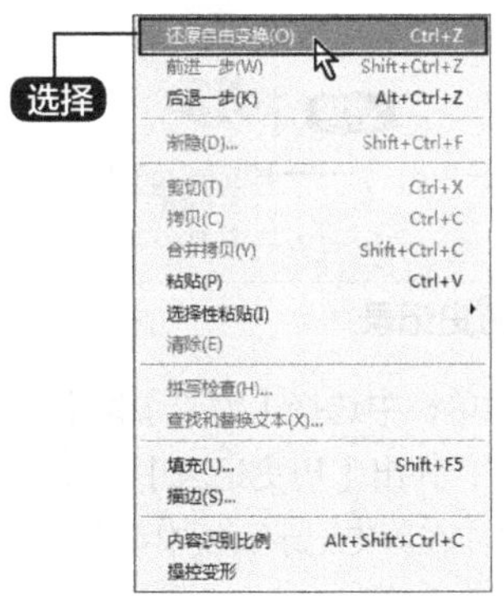

2.4.2 前进与撤消

【还原】命令只能还原一步操作，而选择【编辑】➤【后退一步】菜单命令则可以连续还原。连续执行该命令，或者连续按下【Alt+Ctrl+Z】组合键，便可以逐步撤消操作。

选择【后退一步】还原命令操作后，可选择【编辑】➤【前进一步】菜单命令恢复被撤消的操作，连续执行该命令，或者连续按下【Shift+Ctrl+Z】组合键，可逐步恢复被撤消的操作。

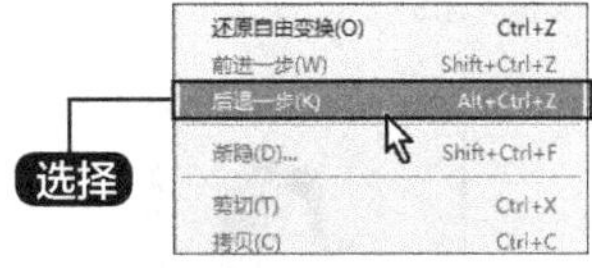

2.4.3 恢复文件

选择【文件】➤【恢复】菜单命令，可以直接将文件恢复到最后一次保存的状态。

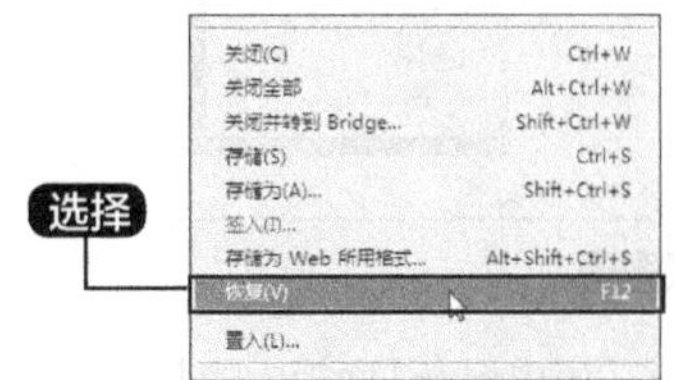

2.5 实战演练——用历史面板还原图像

本节视频教学时间 / 3分钟

在对图像进行了一系列的操作后，下面来看一下怎么利用历史面板将图像还原。

1 打开素材

打开随书光盘中的“素材\ch02\17.jpg”文件。

2 选择【扭曲】命令

在菜单栏中选择【编辑】➤【变换】➤【扭曲】菜单命令。

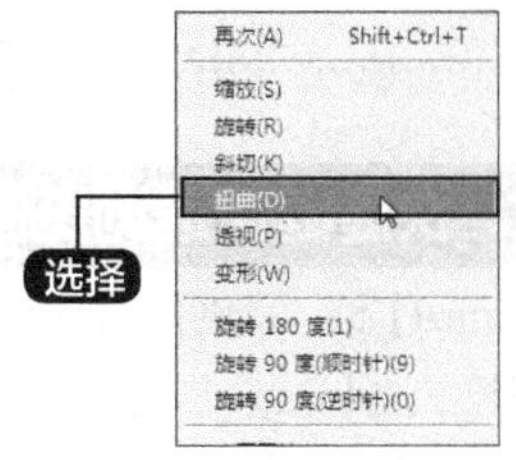

3 效果图

效果如下图所示。

4 选择【高斯模糊】命令

在菜单栏中选择【滤镜】➤【模糊】➤【高斯模糊】菜单命令。

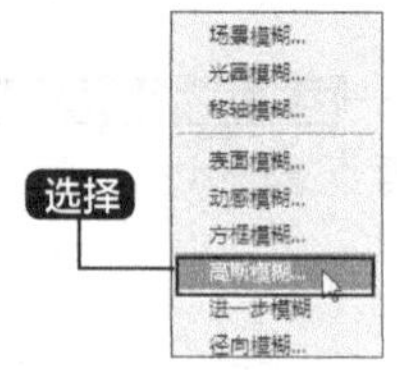

5 效果图

高斯模糊后的效果图如下。

6 查看历史记录

在菜单栏中选择【窗口】➤【历史记录】菜单命令，弹出【历史记录】面板，可以看见之前的操作在历史记录面板中都有所显示。

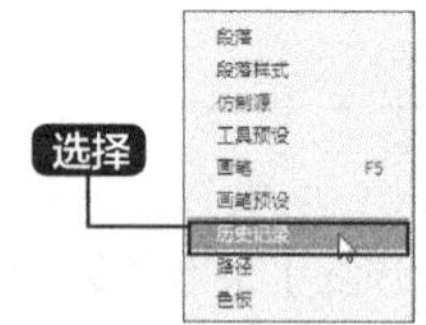

7 还原图像

单击【历史记录】面板中的【自由变换】项，则图像就被还原到将图像自由变换时的操作。

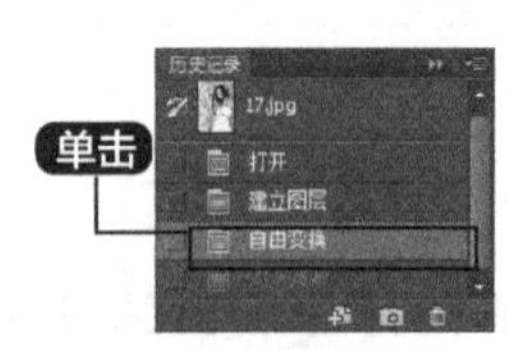

8 还原到原图

单击【历史记录】面板中的【打开】项，则图像还原到打开时的原图。

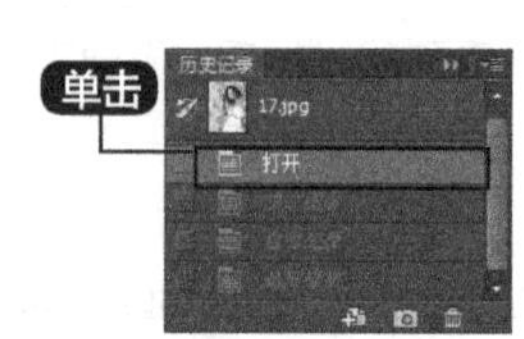

高手私房菜

技巧：快捷键快速浏览图像

按【Home】键，从图像的左上角开始在图像窗口中显示图像。按【End】键，从图像的右下角开始显示图像。按【PageUp】键，从图像的最上方开始显示图像。按【PageDown】键，从图像的最下方开始显示图像。按【Ctrl+PageUp】键，从图像的最左方开始显示图像。

第 3 章 抠图

重点导读

本章视频教学时间：36分钟 

选区是通过各种选区绘制工具在图像中提取的全部或部分图像区域，在图像中呈流动的蚂蚁爬行状显示。由于图像是由像素构成的，所以选区也是由像素组成的。像素是构成图像的基本单位，不能再分，故选区至少包含一个像素。

学习效果图

3.1 认识选区

本节视频教学时间 / 1分钟

选区的作用主要有三个：一是选取所需的图像轮廓，以便对选取的图像进行移动、复制等操作；二是创建选区后通过填充等操作形成相应形状的图形；三是选区在图像处理时起着保护选区外图像的作用，约束各种操作只对选区内的图像有效，防止选区外的图像受到影响。

3.2 创建选区

本节视频教学时间 / 17分钟

在处理图像的过程中，首先需要学会如何选取图像。本节介绍工具箱中常用选取工具的使用方法。在Photoshop CC中对图像的选取可以通过多种选取工具。

3.2.1 使用【选框工具】创建选区

可使用的选框工具主要包括【矩形选框工具】、【椭圆选框工具】、【单行选框工具】和【单列选框工具】等。

选择工具箱中的【矩形选框工具】，打开工具属性栏，各选项含义如下。

羽化：0像素 消除锯齿 样式：正常 宽度： 高度： 调整边缘...

(1)【新选区】表示创建新选区，原选区将被覆盖；【添加到选区】表示创建的选区将与已有的选区进行合并；【从选区中减去】表示将从原选区中减去重叠部分成为新的选区；【与选区交叉】表示将创建的选区与原选区的重叠部分作为新的选区。

(2)【羽化】文本框：通过创建选区边框内外像素的过渡来使选区边缘柔化，羽化值越大，选区的边缘越柔和。羽化的取值范围在0～250像素之间。先选取选择工具，然后设置羽化值，最后在图像中选择选区。

(3)【消除锯齿】复选框：用于消除选区锯齿边缘，只能在选择了椭圆选框工具后才可用。

(4)【样式】下拉列表框：用于设置选区的形状。在其下拉列表框中有【正常】、【固定长宽比】和【固定大小】3个选项。其中【正常】为软件默认形状，可创建不同大小和形状的选区；

【固定长宽比】用于设置选区宽度和高度之间的比例，选择该选项将激活属性栏右侧的【宽度】和【高度】文本框，可输入数值加以设置；【固定大小】选项用于锁定选区大小，可以在【宽度】和【高度】文本框中输入具体的数值。

提示　在创建选区的过程中，按住空格键同时拖曳选区可使其位置改变，松开空格键则继续创建选区。

在【矩形选框工具】属性栏中设置好参数后将鼠标指针移到图像窗口中，单击并按住鼠标左键不放，拖曳至适当大小后释放鼠标，即可创建出一个矩形选区。

使用【矩形选框工具】创建选区的详细步骤如下。

1 打开素材

打开随书光盘中的“素材\ch03\01.jpg”文件。

2 选择矩形选框工具

选择工具箱中的【矩形选框工具】。

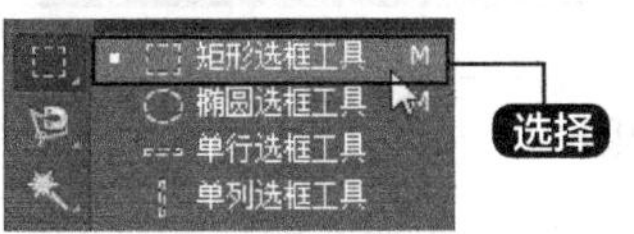

3 拖曳鼠标

从选区的左上角到右下角拖曳鼠标从而创建矩形选区。

4 移动选区及图像

按住【Ctrl】键的同时拖曳鼠标，可移动选区及选区内的图像。

5 复制选区及图像

按住【Ctrl+Alt】组合键的同时拖曳鼠标，可复制选区及选区内的图像。

3.2.2 使用【套索工具】选取图像

选择工具箱中的【套索工具】，工具属性栏中各选项含义在前面已有介绍。使用索套工具选取图像的方法是：将鼠标指针移到要选取图像的起始点，单击并按住鼠标左键不放，沿图像的轮廓移动鼠标，当回到图像的起始点时释放鼠标，即可选取图像。

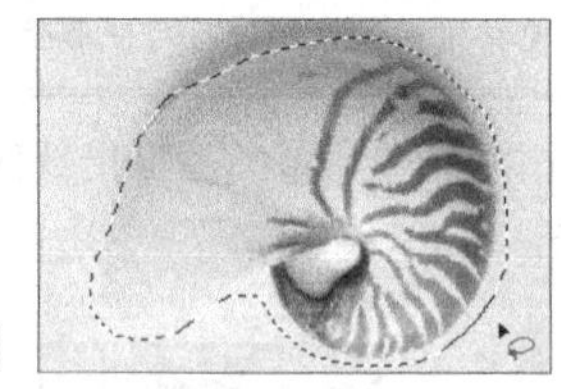

1. 【套索工具】

使用【套索工具】创建选区的具体操作步骤如下。

1 打开素材

打开随书光盘中的“素材\ch03\03.jpg”文件，并选择工具箱中的【套索工具】。

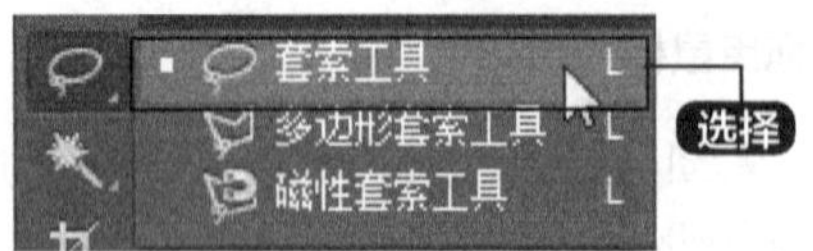

2 选择区域

单击图像上的任意一点作为起始点，按住鼠标左键拖曳出需要选择的区域，到达合适的位置后松开鼠标左键，选区将自动闭合。

3 调整颜色

选择【图像】➤【调整】➤【色相/饱和度】命令来调整菊花的颜色。本例中只调整黄色菊花，所以在【色相/饱和度】对话框中单击【全图】选框后的下拉按钮，在弹出的下拉列表中选择“黄色”选项，这样可以只调整图像中的黄色部分。

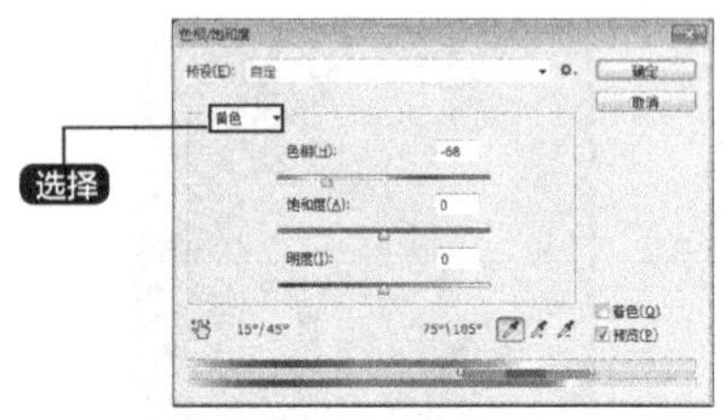

4 效果图

调整后的效果如下图所示。

2. 【多边形套索工具】

【多边形套索工具】适用于为边界多为直线或边界曲折的复杂图形创建选区。

单击【多边形套索工具】后，按一下鼠标左键，然后沿图像的轮廓移动鼠标指针（并不拖曳，只在顶点处单击一下），当拖曳到需要转折处时，单击鼠标作为多边形的一个顶点，然后再继续移动，当回到起始点时，鼠标指针将变成形状，单击鼠标左键即可创建选区。

3. 【磁性套索工具】

使用【磁性套索工具】可以自动捕捉图像中对比度较大的图像边界，从而快速、准确地选取图像的轮廓区域。选择工具箱中的【磁性套索工具】，将打开【磁性套索工具】属性栏。

羽化：0 像素　消除锯齿　宽度：10 像素　对比度：10%　频率：57　调整边缘...

(1)【宽度】文本框：用于设置选取时能够检测到的边缘宽度，其取值范围为0~40像素。数值越小，所能检测到的范围越小，对于对比度较小的图像应设置较小的套索宽度。

(2)【对比度】文本框：用于设置选取时边缘的对比度，其取值范围为1%~100%。设置的数值越大，边缘的对比度就越大，选取的范围就越精确。

(3)【频率】文本框：用于设置选取时的节点数，取值范围为0~100。数值越大，产生的节点数越多。

单击【磁性套索工具】后，按住鼠标左键不放，沿图像的轮廓拖曳鼠标指针，系统自动捕捉图像中对比度较大的图像边界并自动产生节点，当到达起始点时，单击鼠标左键即可完成选区的创建。

4. 【快速选择工具】

【快速选择工具】可以更加方便快捷地进行选取操作。直接使用鼠标单击并在图像中拖曳，就可以将相似颜色的区域选中。

使用【快速选择工具】在背景上拖曳，将照片人物的背景选中。

3.2.3 使用【魔棒工具】

使用【魔棒工具】可以选取图像中颜色相同或相近的图像区域，常用于选择颜色和色调比较单一的图像区域（如一寸照片）。单击工具箱中的【魔棒工具】，将显示其工具属性栏。

(1)【容差】文本框：用于设置选取的颜色范围，输入的数值越大，选取的颜色范围就越大；数值越小，选择的颜色就越接近，范围就越小。

(2)【消除齿距】复选框：选中该复选框可以消除选区边缘的锯齿。

(3)【连续】复选框：选中表示只选取与单击处相邻的颜色区域，未选中时表示可将不相邻的区域（即整个图层中所有颜色相近的区域）也加入选区。

(4)【对所有图层取样】复选框：当图像含有多个图层时，选中该复选框表示对图像中所有的图层起作用。取消该复选框，则只在当前图层中创建选区。

单击【魔棒工具】后，在要选择的图像区域中单击某一点，与该点处颜色相同或相近的区域便会自动被选择。

使用【魔棒工具】创建选区的操作步骤如下。

1 打开素材

打开随书光盘中的“素材\ch03\08.jpg”文件。

2 选择魔棒工具

选择工具箱中的【魔棒工具】。

3 选取天空

在图像中单击想要选取的天空颜色，即可选取相近颜色的区域。单击房子上方的蓝色区域，所选区域的边界以选框形式显示。

4 选择未选中区域

这时可以看见房子右侧有未选择的区域，按住【Shift】键单击该蓝色区域可以进行加选。

5 设置渐变颜色

为选区填充一个渐变颜色也可以达到更好的天空效果，单击工具栏上的【渐变工具】，然后单击选项栏上的【渐变映射】图标弹出【渐变编辑器】对话框来设置渐变颜色。

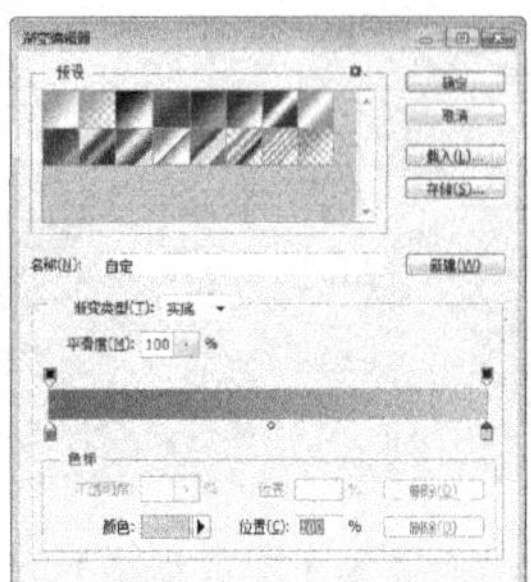

6 效果图

调整后的效果如下图所示。

提示

这里选择默认的线性渐变，将前景色设置为R:38、G:123、B:203（深蓝色），背景色设置为R:153、G:212、B:252（浅蓝色），然后使用鼠标从上向下拖曳进行填充即可得到更好的天空背景。

3.3 其他创建选区的方法

本节视频教学时间 / 3分钟

除了使用选取工具创建选区外，还可以使用【选择】命令、【色彩范围】命令、【抽出】命令或者使用【快速蒙版】命令创建选区。

3.3.1 使用【选择】命令选择选区

在【选择】菜单中也包含选择对象的命令，比如选择【选择】➤【全部】菜单命令或者按【Ctrl+A】组合键，可以选择当前文档边界内的全部图像。下面以选择全部选区为例详细介绍操作步骤。

1 打开素材

打开随书光盘中的“素材\ch03\09.jpg”文件。

2 选择全部图像

选择【选择】➤【全部】菜单命令，选择当前图层中图像的全部。

选择【选择】➤【取消选择】菜单命令，取消对当前图层中图像的选择。

3.3.2 使用【色彩范围】命令创建人像背景

使用【色彩范围】命令可以对图像中的现有选区或整个图像内需要的颜色或颜色子集进行选择。

颜色子集是对一种颜色进行编码的方法，也指一个技术系统能够产生的颜色的总和（不同的色域产生的颜色多少各有不同）。在计算机图形处理中，色域是颜色的某个完全的子集（就是将颜色写成显示器和显卡能够识别的程式来描述）。颜色子集最常见的应用是用来精确地代表一种给定的情况。简单地说就是一个给定的色彩空间（RGB/CMYK等）范围。

使用【色彩范围】命令选取图像的具体操作步骤如下。

1 打开素材

打开随书光盘中的“素材\ch03\10.jpg”文件。

2 选择【色彩范围】命令

要选择如图所示的纯色背景，选择【选择】➤【色彩范围】菜单命令。

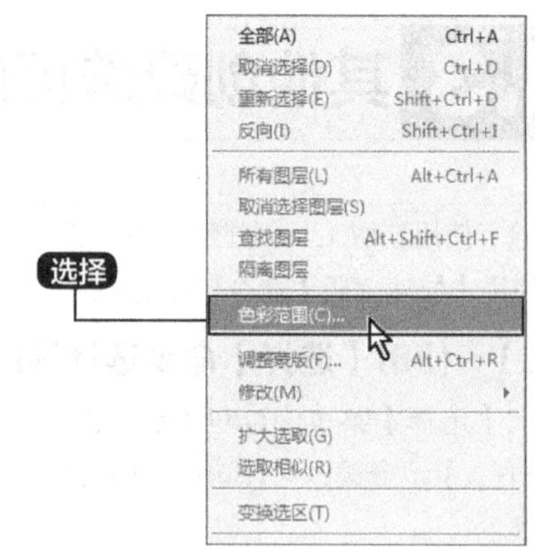

3 选取颜色

弹出【色彩范围】对话框，从中选择【图像】或【选择范围】单选按钮，单击图像或预览区选取想要的颜色，然后单击【确定】按钮即可。

4 取样

使用【吸管】工具创建选区，对图像中想要的区域进行取样，这样在图像中就建立了与选择的色彩相近的图像选区。

提示

还可以在想要添加到选区的颜色上按【Shift】键并单击【吸管工具】以添加选区。另一种修改选区的方法是在想要从选区删除某种颜色时按【Alt】键并单击【吸管工具】。

如果选区不是想要的，可使用【添加到取样】吸管向选区添加色相或使用【从取样中减去】吸管从选区中删除某种颜色。

5 选择【曲线】命令

选择【图像】➤【调整】➤【色调/饱和度】菜单命令。在弹出的【色调/饱和度】对话框中单击选中【着色】复选框，调整色相、饱和度、明度数值，选择【确定】按钮。

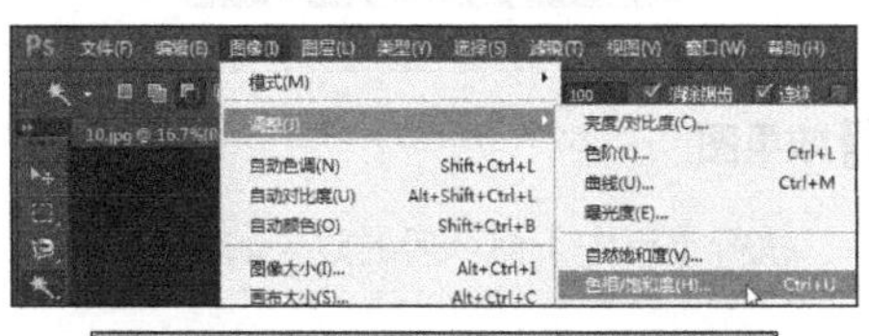

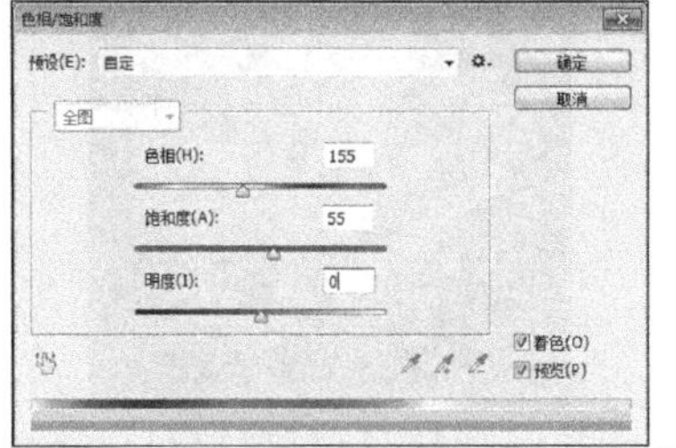

6 效果图

效果图如下。

3.4 选区的基本操作

本节视频教学时间 / 6分钟 

在使用Photoshop CC设计和处理图像的过程中，会用到许多需要调整的特定区域，下面介绍选区的基本调整方法。

3.4.1 快速选择选区与反选选区

学会在Photoshop CC中使用全选命令和反选命令选择选区。

1. 【全选】命令

【全选】命令可以对整个图片的所有区域进行快速选择。

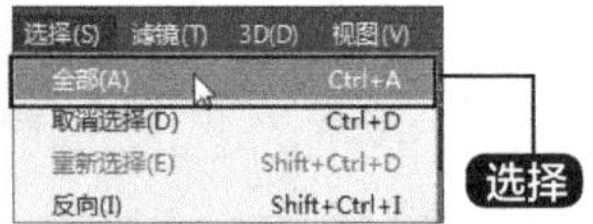

2. 【反向】命令

通过反向可以将当前图层中的选区和非选区进行互换，即将原来未被选择的区域呈选择状态，而取消原来选择的区域。

1 打开素材

打开随书光盘中的“素材\ch03\13.jpg”文件。

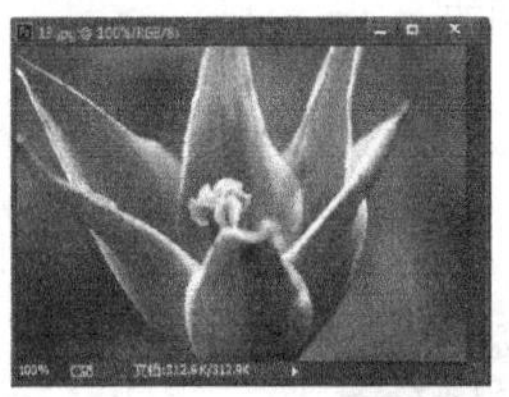

2 创建选区

使用【快速选择工具】创建选区。

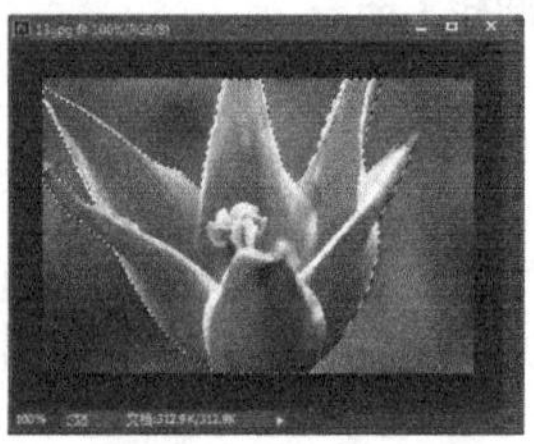

3 反向

选择【选择】➤【反向】命令。

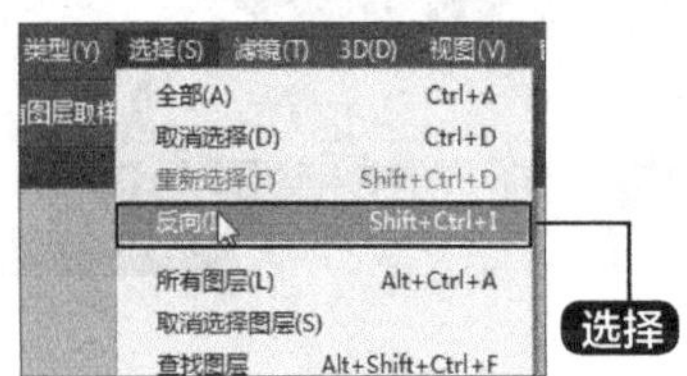

4 效果图

执行【反向】命令后的效果如下图所示。

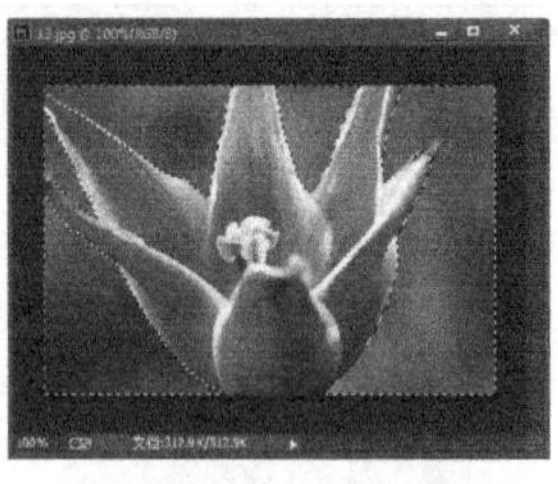

3.4.2　取消选择与重新选择

在建立选区之后，有时候还需要对选区进行修改。

1. 【取消选择】命令

如果创建了错误的选区，可以将其取消，可以选择【选择】➤【取消选择】菜单命令撤消选区，也可以使用【Ctrl+D】组合键取消选区。

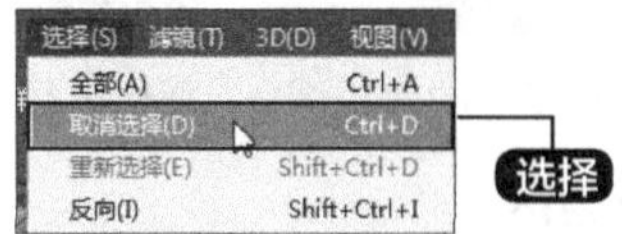

2. 【重新选择】命令

要对撤消的选区重新编辑，可以选择【选择】➤【重新选择】菜单命令实现，也可以使用【Ctrl+Shift+D】组合键完成该操作。

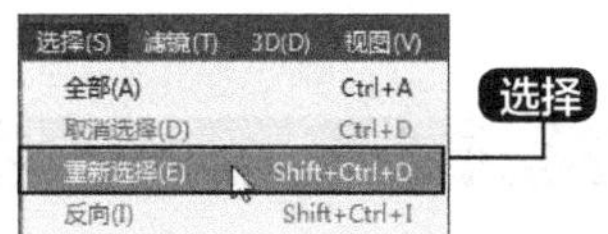

3.4.3 添加选区与减去选区

在建立选区之后，可以对选区进行添加或减去。

1. 添加选区

创建选区之后，可以在现有选区不改变的情况下进行添加，选择菜单栏选项中添加选区图标。

2. 减去选区

要减去多余选择的选区，同样选择择菜单栏选项中添加选区的图标。

3.4.4 【羽化】命令

通过羽化操作，可以使选区边缘变得柔和及平滑，使图像边缘柔和地过渡到图像背景颜色中，常用于图像合成实例中。

羽化选区的方法是创建选区后选择【选择】➤【修改】➤【羽化】命令或按【Shift+F6】组合键，将打开【羽化选区】对话框，在【羽化半径】文本框中输入0~250之间的羽化值，然后单击【确定】按钮即可。羽化半径越大，得到的选区的边缘越平滑。或者在选取了选择工具后设置羽化值，再创建选区。

羽化半径为“5”的效果图

羽化半径为“10”的效果图

3.4.5 精确选择选区与移动选区

在Photoshop CC中，用户可根据自己需要调整选区。

1. 精确选择选区

对于精确选择选区，可通过调整参数的方式来确定选区内容，在【魔棒工具】属性栏中，将容差改为“100”。

2. 移动选区

创建选区时，在没有放开鼠标左键前，可按住空格键拖曳鼠标，会看到选区跟着鼠标指针进行移动。如果选区已经创建好又想修改，在选区按钮为打开状态时，单击并拖曳鼠标，或按下键盘上的上下左右箭头键。

3.4.6 隐藏选区与显示选区

使用菜单栏中的【视图】➤【显示】➤【选区边缘】菜单命令，可以对选区进行隐藏和再显示操作，具体操作步骤如下。

1 打开素材

打开随书光盘中的“素材\ch03\14.jpg”文件。

2 创建选区

使用【快速选择工具】创建选区。

3 选择【选区边缘】命令

选择【视图】➤【显示】➤【选区边缘】菜单命令。

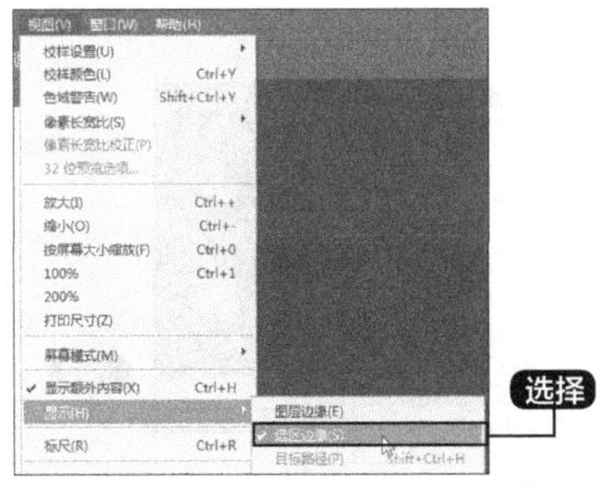

4 隐藏选区

默认情况下是显示选区，下图为执行【视图】➤【显示】➤【选区边缘】命令后隐藏选区的效果图。

3.5 选区的编辑操作

本节视频教学时间 / 5分钟 

学会如何在原选区的基础上扩大或缩小选区、平滑选区或增加选区的边缘宽度。

3.5.1 【修改】命令

选择【选择】➤【修改】命令下的相应子命令即可实现相应的操作。

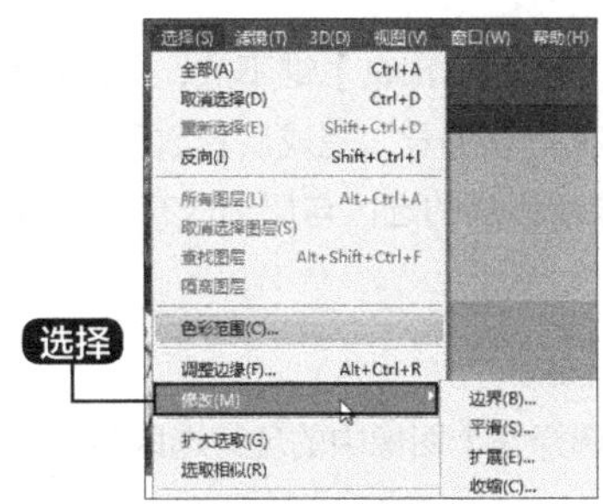

提示

【扩展】选项：是指在原选区的基础上向外扩张，选区的形状并不改变。选择【选择】➤【修改】➤【扩展】命令后即可打开【扩展选区】对话框。

【收缩】选项：与扩展选区的效果相反，它将在原选区的基础上向内收缩，并保持选区的形状不变。

【边界】选项：用于在原选区边缘的基础上向内或向外增加选区边缘的宽度。

【平滑】选项：用于消除选区边缘的锯齿，使原选区范围变得连续而平滑。

下面以【平滑】为例详细介绍操作步骤。

1 打开素材

打开随书光盘中的“素材\ch03\15.jpg”文件。

2 选择【平滑】命令

选择【选择】➤【修改】➤【平滑】命令。

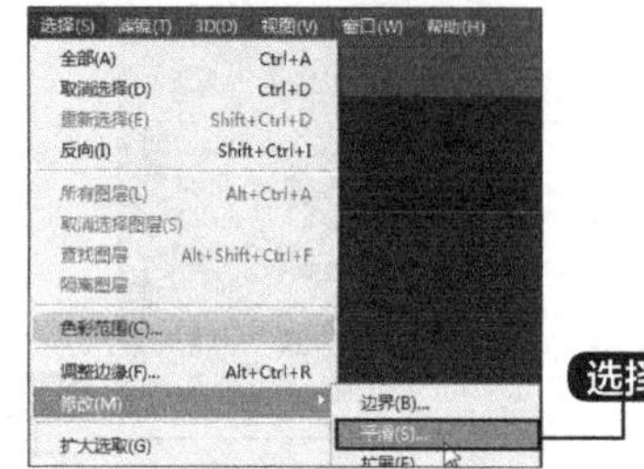

3 输入取样半径

在弹出的【平滑】对话框中输入数值“4”，单击【确定】按钮。

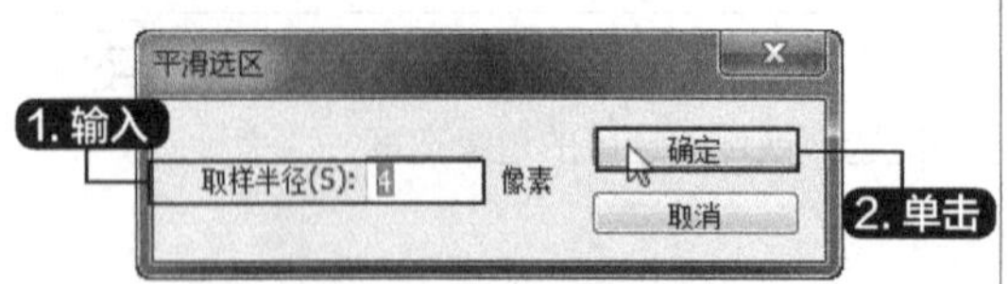

4 效果图

3.5.2 【扩大选取】命令

在图像中创建一个选区后，按住【Shift】键不放，此时即可使用选择工具增加其他图像区域，同时在选择工具右下角会出现【+】号，完成后释放鼠标即可。如要增加多个选区，可一直按住【Shift】键不放，同时如果新添加的选区与原选区有重叠部分，将得到选区相加后的形状选区。

3.5.3 【选取相似】命令

使用【选取相似】命令可以选择整个图像中的现有选区颜色相邻或相近的所有像素，而不只是相邻的像素。

选择【选择】➤【选取相似】命令，这样包含于整个图像中的与当前选区颜色相邻或相近的所有像素都会被选中。

3.5.4 【变换选区】命令

变换选区可以改变选区的形状和位置、缩放或旋转选区。选择【选择】➤【变换选区】命令后，将在选区四周出现一个带有控制点的变换框，此时可以执行如下几种操作。

(1) 移动选区：将鼠标指针移到选区内，当鼠标指针变成形状时按住鼠标左键不放进行拖曳即可移动选区。

(2) 缩放选区：将鼠标指针移到选区四周的任意控制点上，当鼠标指针变成、、或形状时按住鼠标左键不放进行拖曳，可以缩放选区。

(3) 旋转选区：将鼠标指针移至选区之外，当鼠标指针变为弧形的双向箭头时，按住鼠标左键不放进行拖曳可以使选区按顺时针或逆时针方向绕选区中心旋转。

变换选区后，按【Enter】键可应用变换效果，按【Esc】键则可取消变换操作。

3.5.5 【存储选区】命令

如果需要多次使用某个创建好的选区，可以将其存储起来，需要使用时再将其载入到图像中。通过存储和载入选区还可以制作一些特殊的图像效果，其具体操作步骤如下。

1 选择【存储选区】命令

创建选区后，选择【选择】➤【存储选区】命令。

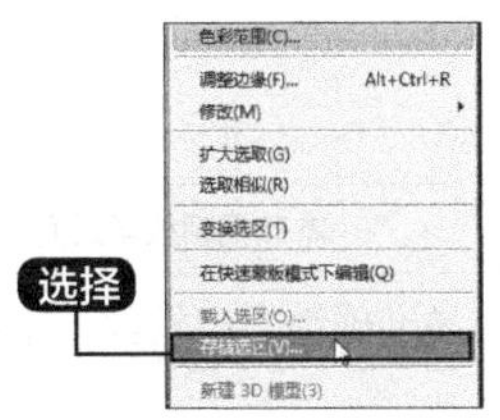

2 输入名称

在弹出的【存储选区】对话框的【名称】文本框中输入所需的名称。

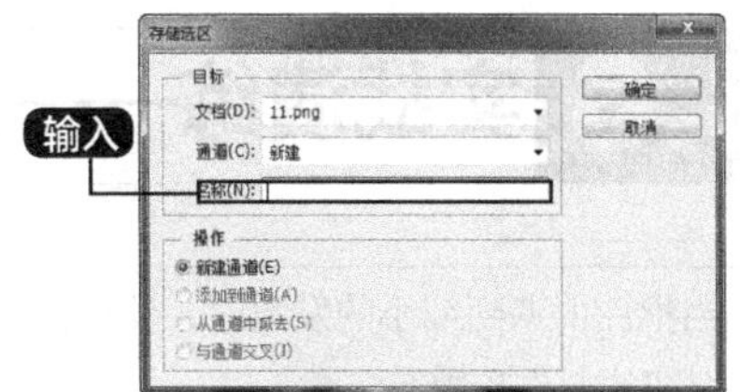

3 出现通道

单击【确定】按钮，在通道面板中将出现一个该名称的通道。

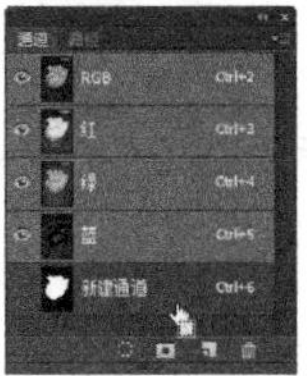

3.5.6 【载入选区】命令

当需要使用以前存储过的选区时，选择【选择】➤【载入选区】命令打开 【载入选区】对话框，在【通道】下拉列表框中选择要载入的选区后，单击【确定】按钮即可载入选区。

1 载入选区

选择【选择】➤【载入选区】命令。

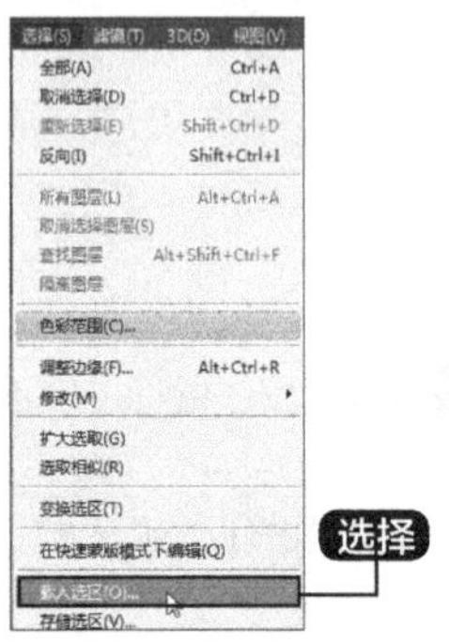

2 选择通道

在弹出的【载入选区】对话框的【通道】下拉列表框中选择要载入的选区后，单击【确定】按钮即可载入选区。

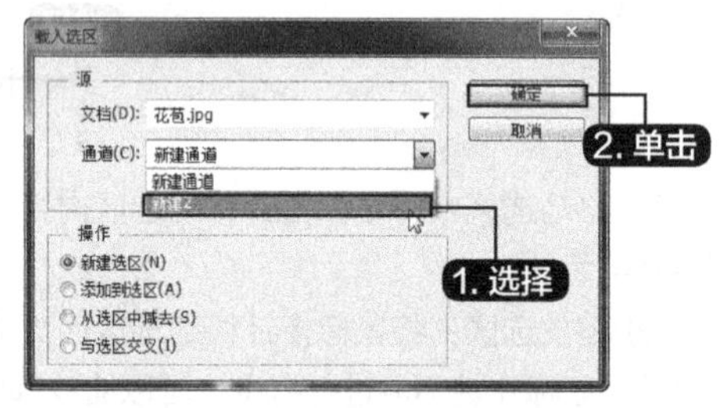

3.5.7 移动选区

在任意选择工具状态下，将鼠标指针移至选区区域内，待鼠标指针变成形状后按住鼠标左键不放，拖曳至目标位置即可移动选区。移动选区还有以下几种常用的方法：

按【→】、【↓】、【←】和【↑】键（不用鼠标）可以每次以1像素为单位移动选择区域；按住【Shift】键不放再使用方向键，则每次以10像素为单位移动选择区域。

在用鼠标拖曳选区的过程中，按住【Shift】键不放可使选区在水平、垂直或45° 斜线方向上移动。

待鼠标指针变成+形状后，按住鼠标左键拖曳选区，可将选择区域复制后拖曳至另一个图像的窗口中。

3.6 实战演练——发丝抠图

本节视频教学时间 / 2分钟 

当抠图时遇到细小的发丝时，使用套索或魔棒等工具并不容易准确地抠出发丝，下面具体介绍发丝抠图的操作步骤。

1 打开素材

打开随书光盘中的“素材\ch03\16.jpg”文件。

2 进行设置

选择【图像】➤【计算】菜单命令，弹出【计算】对话框，在【源1】区域的【通道】下拉列表中选择“蓝”色，单击选中【反相】复选框，在【源2】区域的【通道】下拉列表中选择“灰色”，单击选中【反相】复选框，【混合】模式选择“相加”选项，调整【补偿值】为“-100”，单击【确定】按钮。

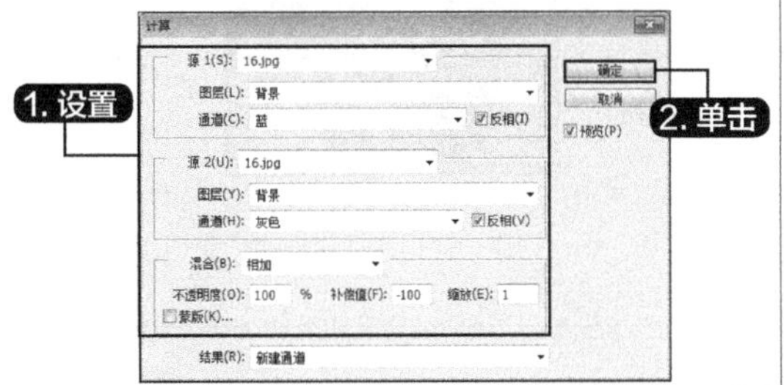

3 产生新的通道

打开【通道】面板窗口，产生新的Alpha 1通道，返回图像界面，图像中人物呈现高度曝光效果，如图所示。

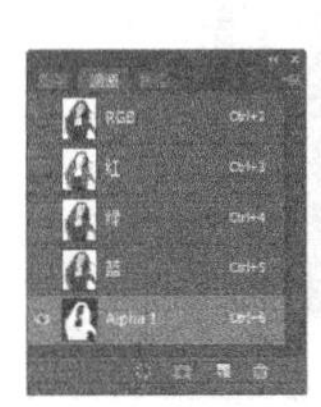

4 打开色阶

选择【图像】➤【调整】➤【色阶】菜单命令，弹出【色阶】对话框，在【通道】下拉列表中选择Alpha 1，滑动滑条，使人物发丝边缘更细致。

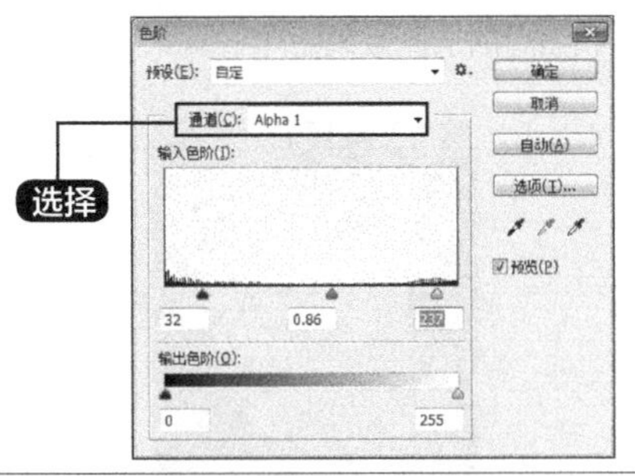

5 擦出人物轮廓

选择工具栏中的【橡皮擦工具】，设置背景色为白色，擦出人物轮廓中的黑灰色区域，效果如图所示。

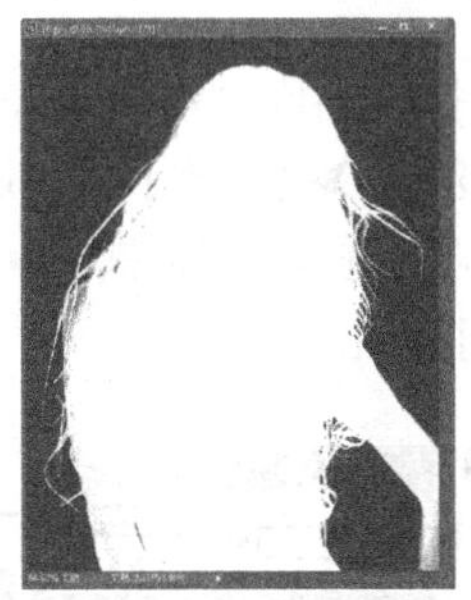

6 单击通道1

打开【通道】面板窗口，显示RGB通道，按住【Ctrl】键，单击Alpha 1通道，生成如图所示的人物选区。

7 复制选区

按【Ctrl+J】组合键，复制选区生成新图层为【图层1】，隐藏原始【图层0】，得到如图所示的效果。

8 插入背景图层

在【图层1】下方插入一个背景图层，图像中显示出清晰的人物发丝抠图效果。

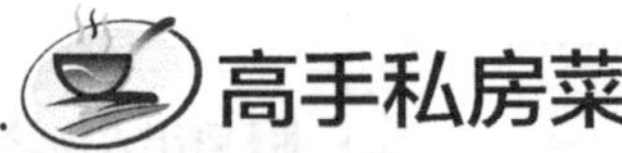

技巧：利用收缩选区去掉多余的边缘像素

创建选区以后有时候还需要对选区边缘进行处理，可以用收缩选区去掉多余的边缘像素。

1 打开素材

打开随书光盘中的“素材\ch03\12.jpg”文件。选择【选择】➤【修改】➤【收缩选区】命令，打开【收缩选区】对话框，输入收缩量，单击【确定】按钮。

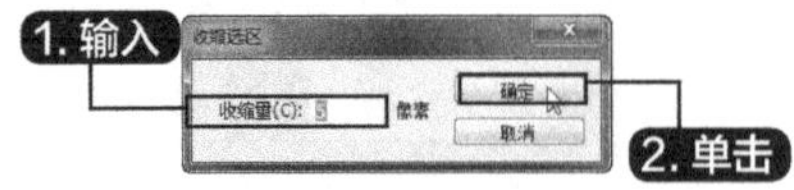

2 效果图

收缩后的选区效果图如下。

第4章 图像的绘制与修饰

重点导读

本章视频教学时间：35分钟

绘图是图像处理的基本功，本章将介绍如何在Photoshop CC中进行图像的简单绘制与修饰。

学习效果图

4.1 绘图

本节视频教学时间 / 3分钟

Photoshop CC提供了强大的绘图工具，其中画笔工具是最基本和最常用的工具。利用绘图工具可以绘制各种具有艺术笔刷效果的图像，以丰富作品的效果，增强作品的艺术表现力。

4.1.1 使用【画笔工具】

【画笔工具】是最基本的绘图工具，常用于创建较丰富的线条，使用该工具是绘制和编辑图像的基础。使用【画笔工具】进行绘画时，首先应该设置好所需的前景色，然后再通过其工具选项栏，对画笔属性进行设置。

使用【画笔工具】进行绘画的操作步骤如下。

1 新建空白文档

执行【文件】➤【新建】命令，新建一个空白文档。

2 选取红色

双击前景色工具，弹出【拾色器（前景色）】对话框。选取红色（C:4；M:67；Y:42；K:0，即 R:243；G:120；B:120），单击【确定】按钮。

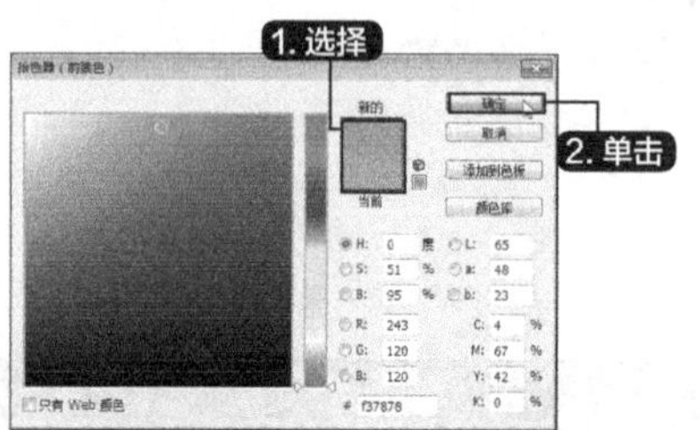

3 填充背景

按【Alt+Backspace】键将背景填充为红色。

4 选择【画笔工具】

单击工具箱中的【画笔工具框】选择【画笔工具】。

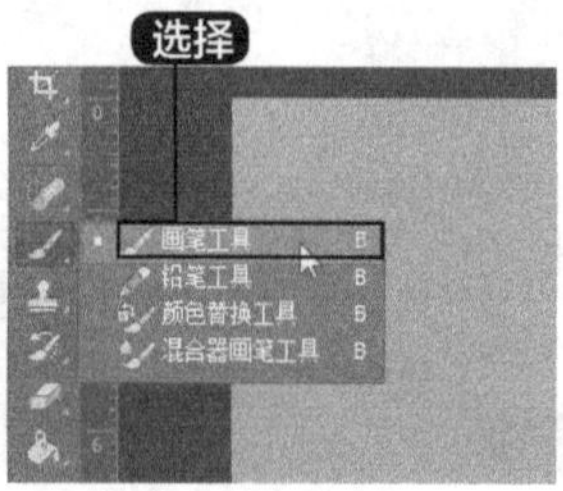

5 设置画笔大小和硬度

单击画布属性栏里面的三角下拉按钮，设置画笔的大小和硬度。

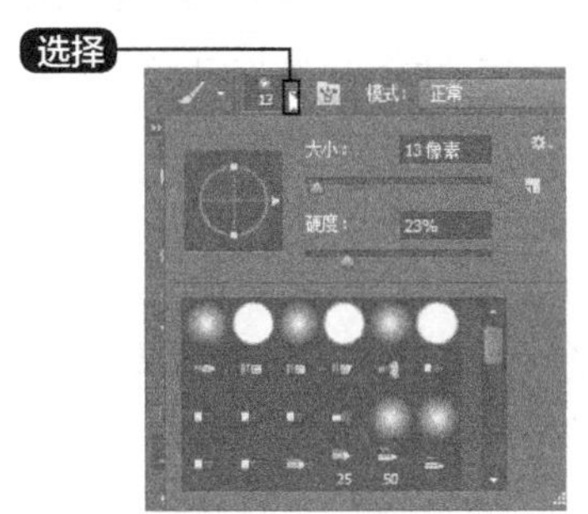

6 选取黄色

双击前景色工具，弹出【拾色器前景色)】对话框。选取黄色（C:7；M:0；Y:62；K:0，即 R:254；G:249；B:119），单击【确定】按钮。

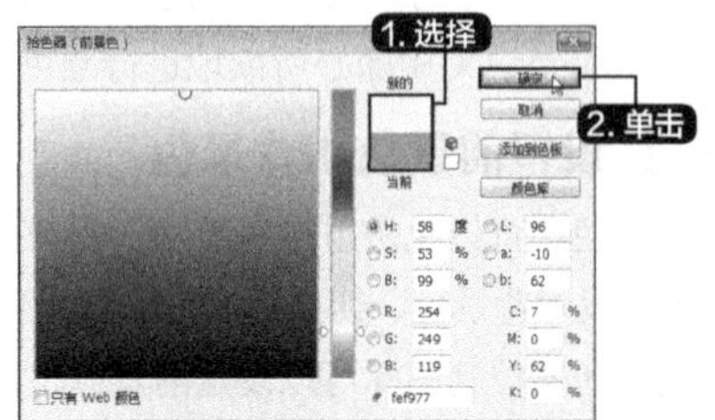

7 绘制图案

回到图像上单击鼠标，并按住鼠标左键不放，就可以绘制所需的图像了，绘制完成松开鼠标左键即可。

4.1.2 使用【铅笔工具】

【铅笔工具】常用于绘制硬边的直线或曲线，该工具的使用方法与画笔工具基本相同。同样要先设置好前景色和画笔属性。

【铅笔工具】绘制的简单效果图如下。

4.2 图像颜色的设置

本节视频教学时间 / 7分钟 

色彩是事物外在的一个重要特征，不同的色彩可以传递不同的信息，带来不同的感受。成功的设计师应该有很好的驾驭色彩的能力，Photoshop CC提供了强大的色彩设置功能。本节将介绍如何在Photoshop CC中随心所欲地进行颜色的设置。

4.2.1 设置前景色和背景色

前景色和背景色是用户当前使用的颜色，工具箱中包含前景色和背景色的设置选项，它由设置前景色、设置背景色、切换前景色和背景色以及默认前景色和背景色等部分组成。

利用色彩控制图标可以设定前景色和背景色。

(1)【设置前景色】按钮:单击此按钮将弹出拾色器来设定前景色，它会影响到画笔、填充命令和滤镜等的使用。

(2)【设置背景色】按钮：设置背景色和设置前景色的方法相同。

(3)【默认前景色和背景色】按钮：单击此按钮默认前景色为黑色、背景色为白色，也可以使用快捷键【D】来完成。

(4)【切换前景色和背景色】按钮：单击此按钮可以使前景色和背景色相互交换，也可以使用快捷键【X】来完成。

设定前景色和背景色的方法有以下4种。

- 单击【设置前景色】或者【设置背景色】按钮，然后在弹出的【拾色器（前景色）】对话框中进行设定。
- 使用【颜色】面板设定。
- 使用【色板】面板设定。
- 使用【吸管工具】设定。

4.2.2 使用拾色器设置颜色

单击工具箱中的【设置前景色】或【设置背景色】按钮即可弹出【拾色器（前景色）】对话框，在拾色器中有4种色彩模型可供选择，分别是HSB、Lab、RGB和CMYK。

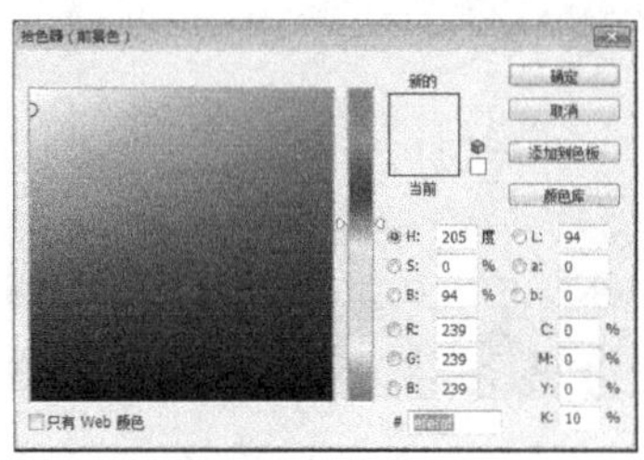

通常使用HSB色彩模型，因为它是以人们对色彩的感觉为基础的。它把颜色分为色相、饱和度和明度3个属性，这样便于观察。

在设定颜色时可以拖曳彩色条两侧的三角滑块来设定色相。然后在【拾色器（前景色）】对话框的颜色框中单击鼠标（这时鼠标指针变为一个圆圈）来确定饱和度和明度。完成后单击【确定】按钮即可。也可以在色彩模型不同的组件后面的文本框中输入数值来完成。

在【拾色器（前景色）】对话框的右上方有一个颜色预览框，分为上下两个部分，上边代表新设定的颜色，下边代表原来的颜色，这样便于进行对比。如果在它的旁边出现了惊叹号，则表示该颜色无法被打印。

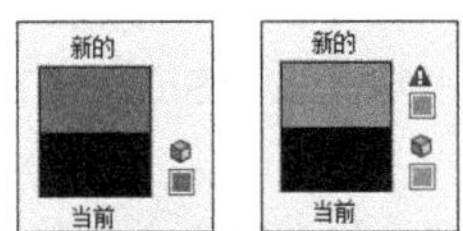

如果在【拾色器（前景色）】对话框中选中【只有Web颜色】复选框，颜色则变很少，这主要用来确定网页上使用的颜色。

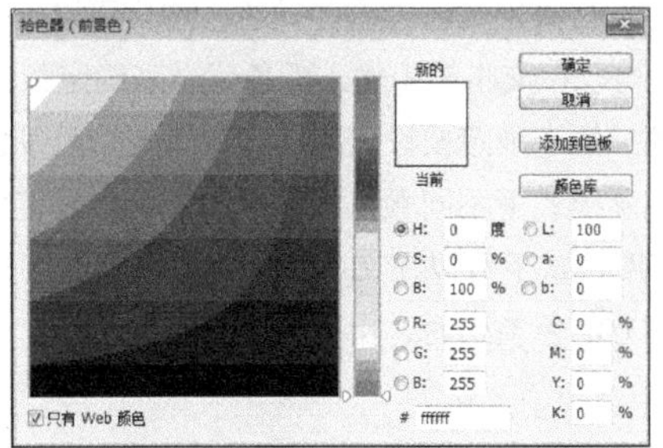

4.2.3 使用【颜色】面板

【颜色】面板是设计工作中使用得比较多的一个面板。可以通过选择【窗口】➤【颜色】菜单命令或按【F6】键调出【颜色】面板。

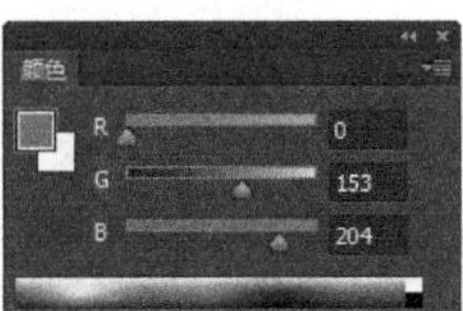

在设定颜色时要单击面板右侧的黑三角，弹出面板菜单，然后在菜单中选择合适的色彩模式和色谱。

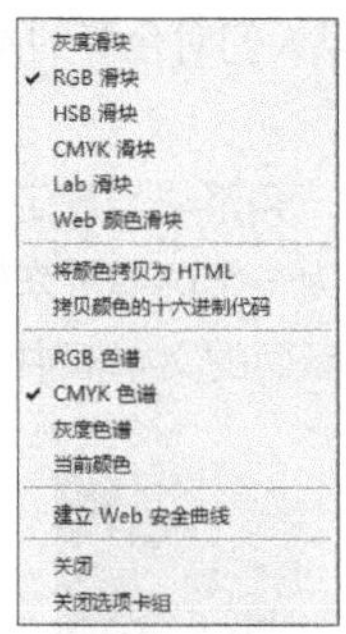

几个滑块的具体含义如下。

(1) RGB滑块：在RGB颜色模式（监视器使用的模式）中指定0到255（“0”是黑色，“255”是纯白色）之间的数值。

(2) HSB滑块：在HSB颜色模式中指定饱和度和亮度的百分数，指定色相为一个与色轮上位置相关的0°到360°之间的角度。

(3) CMYK滑块：在CMYK颜色模式中（PostScript打印机使用的模式）指定每个图案值（青色、洋红、黄色和黑色）的百分比。

(4) Lab滑块：在Lab模式中输入0到100之间的亮度值（L）和从绿色到洋红的值（－128到＋127以及从蓝色到黄色的值）。

(5) Web颜色滑块：Web安全颜色是浏览器使用的216种颜色，与平台无关。在8位屏幕上显示颜色时，浏览器会将图像中的所有颜色更改为这些颜色，这样可以确保为Web准备的图片在256色的显示系统上不会出现仿色。可以在文本框中输入颜色代号来确定颜色。

单击面板前景色或背景色按钮来确定要设定的或者更改的是前景色还是背景色。

接着可以通过拖曳不同色彩模式下不同颜色组件中的滑块来确定色彩。也可以在文本框中输入数值来确定色彩，其中，在灰度模式下可以在文本框中输入不同的百分比来确定颜色。

当把鼠标指针移至面板下方的色条上时，指针会变为吸管工具。这时单击，同样可以设定需要的颜色。

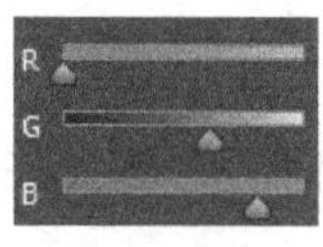

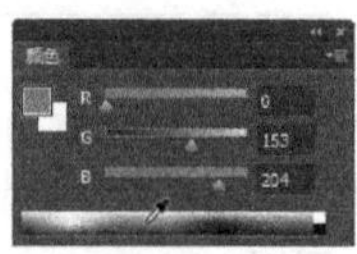

4.2.4 使用【色板】面板

在设计中有些颜色可能会经常用到，这时可以把它放到【色板】面板中。选择【窗口】➤【色板】菜单命令即可打开【色板】面板。

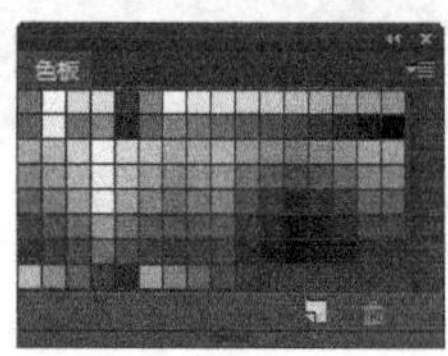

(1) 色标：在它上面单击可以把该色设置为前景色。

(2) 创建前景色的新色板：单击此按钮可以把常用的颜色设置为色标。

(3) 删除色标：选择一个色标，然后拖曳到该按钮上可以删除该色标。

如果在色标上面双击，则会弹出【色板名称】对话框，从中可以为该色标重新命名。

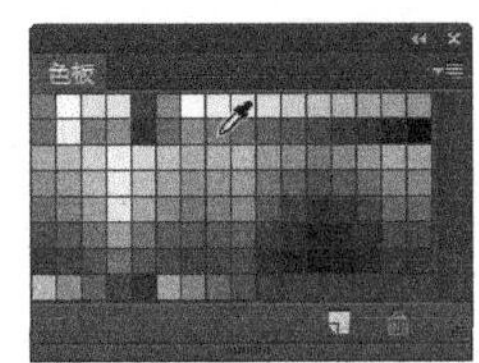

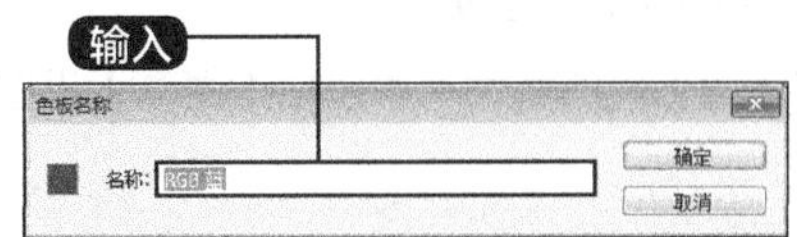

4.3 图像的调整

本节视频教学时间 / 8分钟

用户可以通过Photoshop CC所提供的命令和工具对不完美的图像进行调整，使之符合工作的要求或审美情趣。这些工具包括图章工具、修补工具和修复画笔工具等。

4.3.1 污点修复画笔工具

使用【污点修复画笔工具】可以快速除去照片中的污点、划痕和其他不理想部分。使用方法与【修复画笔工具】类似，但当修复画笔要求指定样本时，污点画笔则可以自动从所修饰的区域周围取样。

【污点修复画笔工具】去除瑕疵的方法如下。

1 打开素材

打开随书光盘中的“素材\ch04\03.jpg”文件。选择【污点修复画笔工具】，在属性栏中设定各项参数保持不变（画笔大小可根据需要进行调整）。

2 修复斑点

将鼠标指针移动到污点上，单击鼠标即可修复斑点。

3 修饰完毕

修复其他斑点区域，直至图片修饰完毕。

4.3.2 修复画笔工具

【修复画笔工具】可用于消除并修复瑕疵，使图像完好如初。与【仿制图章工具】一样，使用【修复画笔工具】可以利用图像或图案中的样本像素来绘画。但是【修复画笔工具】可将样本像素的纹理、光照、透明度和阴影等与源像素进行匹配，从而使修复后的像素不留痕迹地融入图像的其他部分。

1. 【修复画笔工具】相关参数设置

【修复画笔工具】的属性栏中包括【画笔】设置项、【模式】下拉列表、【源】选项区和【对齐】复选框等。

(1)【画笔】设置项：在该选项的下拉列表中可以选择画笔样本。

(2)【模式】下拉列表：其中的选项包括【替换】、【正常】、【正片叠底】、【滤色】、【变暗】、【变亮】、【颜色】和【亮度】等。

(3)【源】选项区：在其中可选择【取样】或者【图案】单选项。按下【Alt】键定义取样点，然后才能使用【源】选项区。选择【图案】单选项后要先选择一个具体的图案，然后使用才会有效果。

(4)【对齐】复选框：勾选该项会对像素进行连续取样，在修复过程中，取样点随修复位置的移动而变化。取消勾选，则在修复过程中始终以一个取样点为起始点。

2. 使用【修复画笔工具】修复照片

1 打开素材

打开随书光盘中的“素材\ch04\04.jpg”文件。创建背景图层的副本并将其命名为“润色皱纹”。

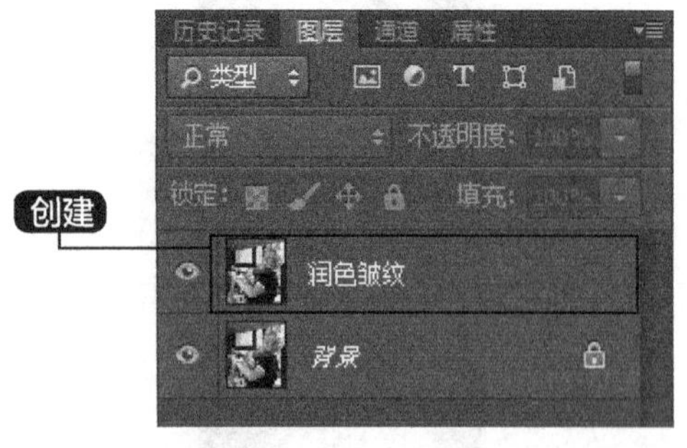

2 选择【修复画笔】工具

选择【修复画笔工具】。确保选中【选项】栏中的【对所有图层取样】复选框，并确保画笔略宽于要去除的皱纹，而且该画笔要足够柔和，能与未润色的边界混合。

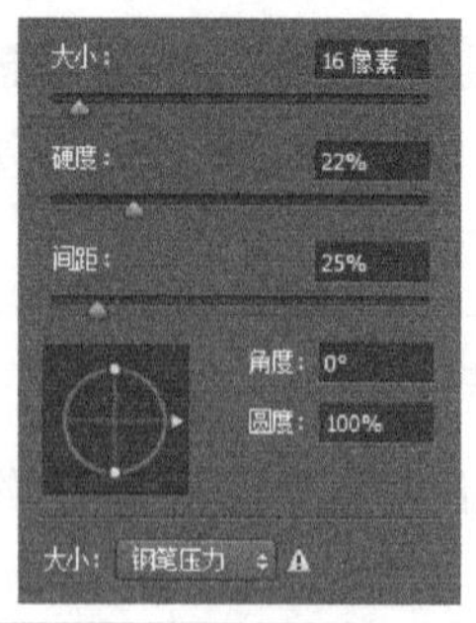

3 取样

将“润色皱纹”图层放大，以便查看需要修复的区域。按【Alt】键并单击皮肤中与要修复的区域具有类似色调和纹理的干净区域。选择无瑕疵的区域作为目标；否则【修复画笔】工具会不可避免地将瑕疵应用到目标区域。

提示 在本例中，对人物面颊中的无瑕疵区域取样。

4 修复皱纹

在要修复的皱纹上拖曳工具。确保覆盖全部皱纹，包括皱纹周围的所有阴影，覆盖范围要略大于皱纹。继续这样操作直到去除所有明显的皱纹。是否要在来源中重新取样，取决于需要修复的瑕疵数量。

提示 如果无法在皮肤上找到作为修复来源的无瑕疵区域，请打开具有干净皮肤的人物照。其中包含与要润色图像中的人物具有相似色调和纹理的皮肤。将第二个图像作为新图层复制到要润色的图像中。解除背景图层的锁定，将其拖曳至新图层的上方。确保【修复画笔工具】设置为“对所有图层取样”。按【Alt】键并单击新图层中干净皮肤的区域。使用【修复画笔工具】去除对象的皱纹。

4.3.3 修补工具

【修补工具】可以说是对【修复画笔工具】的一个补充。【修复画笔工具】使用画笔对图像进行修复，而【修补工具】则是通过选区对图像进行修复的。像【修复画笔工具】一样，【修补工具】能将样本像素的纹理、光照和阴影等与源像素进行匹配，但使用【修补工具】还可以仿制图像的隔离区域。

用【修补工具】去除胎记的方法如下。

1 打开素材

打开随书光盘中的“素材\ch04\05.jpg”文件。选择【修补工具】，【修补】设置为“正常”，在属性栏中单击选中【源】单选项。

2 绘制选区

在需要修复的位置绘制一个选区，将鼠标指针移动到选区内，再向周围没有瑕疵的区域拖曳来修复瑕疵。

3 修复瑕疵

修复其他瑕疵区域，直至图片修饰完毕。

提示 无论是用【仿制图章工具】、【修复画笔工具】还是【修补工具】，在修复图像的边缘时都应该结合选区完成。

4.3.4 红眼工具

【红眼工具】可消除用闪光灯拍摄的人物照片中的红眼，也可以消除用闪光灯拍摄的动物照片中的白色或绿色反光。

1. 【红眼工具】相关参数设置

选择【红眼工具】后的属性栏如下图所示。

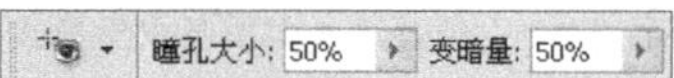

(1)【瞳孔大小】设置框：设置瞳孔（眼睛暗色的中心）的大小。

(2)【变暗量】设置框：设置瞳孔的暗度。

2. 修复一张有红眼的照片

1 打开素材

打开随书光盘中的“素材\ch04\06.jpg”文件。

提示 红眼是由于相机闪光灯在主体视网膜上反光引起的。在光线暗淡的条件下照相时，由于主体的虹膜张开得很宽，更加明显地出现红眼现象。因此在照相时，最好使用相机的红眼消除功能，或者使用远离相机镜头位置的独立闪光装置。

2 选择【红眼工具】

选择【红眼工具】，设置其参数。

设置参数

3 效果图

单击照片中的红眼区域可得到如图所示的效果。

4.4 润饰图像

本节视频教学时间 / 4分钟

Photoshop CC 具有极强的图像处理和修饰功能，利用这些功能，可以快速修复破损的照片、复制局部图像、去掉图像中的多余物、将模糊的图像变清晰等。

4.4.1 模糊工具

使用【模糊工具】可以柔化图像中的硬边缘或区域，从而减少细节。它的主要作用是进行像素之间的对比，使主题鲜明。使用【模糊工具】模糊背景的具体操作步骤如下。

1 打开素材

打开随书光盘中的“素材\ch04\07.jpg”文件。

2 选择【模糊工具】

选择【模糊工具】，设置【模式】为“正常”，【强度】为“100%”。

3 拖曳鼠标

按住鼠标左键在需要模糊的背景上拖曳鼠标即可。

4.4.2 锐化工具

使用【锐化工具】可以聚焦软边缘以提高清晰度或聚焦的程度，也就是增大像素之间的对比度。下面通过将模糊图像变为清晰图像来学习【锐化工具】的使用方法。

1 打开素材

打开随书光盘中的“素材\ch04\08.jpg”文件。选择【锐化工具】，设置【模式】为“正常”，【强度】为“50%”。

2 拖曳鼠标

按住鼠标左键在花瓣上进行拖曳即可。

4.4.3 涂抹工具

使用【涂抹工具】产生的效果类似于用干画笔在未干的油墨上擦过，也就是说画笔周围的像素将随着笔触一起移动。

1. 【涂抹工具】的参数设置

选中【手指绘画】复选框后可以设定涂痕的色彩，就好像用蘸上色彩的手指在未干的油墨上绘画一样。

2. 制造花儿被大风刮过的效果

1 打开素材

打开随书光盘中的“素材\ch04\09.jpg”文件。选择【涂抹工具】，各项参数保持不变，可根据需要更改画笔的大小。

2 拖曳鼠标

按住鼠标左键在花朵边缘上进行拖曳即可。

提示

【减淡工具】用于调节图像特定区域的曝光度，可以使图像区域变亮。摄影时，摄影师减弱光度可以使照片中的某个区域变亮（减淡），或增加曝光度使照片中的区域变暗（加深），减淡工具的作用相当于摄影师调节光度。其参数设置如下。

❶【范围】下拉列表：有以下选项。

暗调：选中后只作用于图像的暗调区域。

中间调：选中后只作用于图像的中间调区域。

高光：选中后只作用于图像的高光区域。

❷【曝光度】设置框：用于设置图像的曝光强度。

建议使用时先把【曝光度】的值设置得小一些，一般情况选择15%比较合适。

提示

在使用【减淡工具】时，如果按【Alt】键可暂时切换为【加深工具】。同样在使用【加深工具】时，如果同时按【Alt】键则可暂时切换为【减淡工具】。

4.4.4 海绵工具

使用【海绵工具】可以精确地更改区域的色彩饱和度。在灰度模式下，该工具通过使灰阶远离或靠近中间灰色来增加或降低对比度。

1. 【海绵工具】工具参数设置

在【模式】下拉列表中可以选择【降低饱和度】选项以降低色彩饱和度，选择【饱和度】选项以提高色彩饱和度。

2. 使用【海绵工具】使花儿更加鲜艳突出

1 打开素材

打开随书光盘中的“素材\ch04\12.jpg”文件。

2 选择【海绵工具】

选择【海绵工具】，设置【模式】为“加色”，其他参数保持不变，可根据需要更改画笔的大小。

3 进行涂抹

按住鼠标左键在风车上进行涂抹。

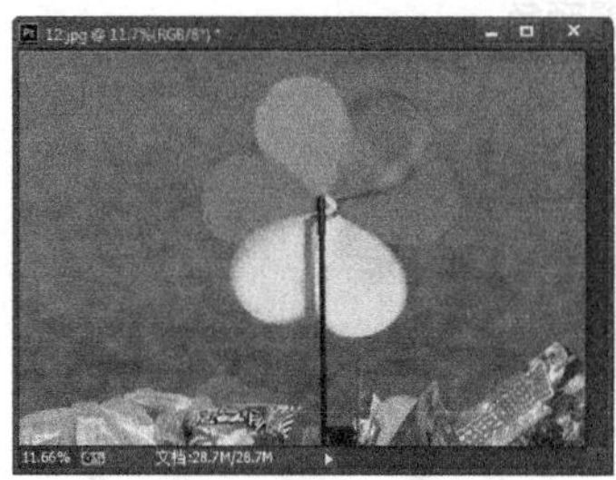

4 去色

在属性栏的【模式】下拉列表中选择【去色】选项，再涂抹背景即可。

4.5 填充与描边

本节视频教学时间 / 4分钟

填充与描边在Photoshop中是一个比较简单的操作，但是利用填充与描边可以为图像制作出美丽的边框、文字的衬底、填充一些特殊的颜色等让人意想不到的图像处理效果。本节就来讲解一下使用Photoshop中的【填充】命令、【油漆桶工具】和【描边】命令为图像增添特殊效果。

4.5.1 【填充】命令

使用【填充】命令可以在当前图层或选区内填充颜色或图案，在填充时还可以设置不透明度和混合模式。文本层和被隐藏的图层不能进行填充。

4.5.2 油漆桶工具

【油漆桶工具】可以在图像中填充前景色或图案。如果创建了选区，填充的区域为所选区域；如果没有创建选区，则填充与鼠标单击区域相近的颜色。下面通过为图像填充颜色来学习【油漆桶工具】的使用方法。

1 打开素材

打开随书光盘中的“素材\ch04\13.jpg”文件。选择【油漆桶工具】，在属性栏中设定各项参数。

2 设置前景色

在工具箱中选择【设置前景色】按钮，在弹出的【拾色器（前景色）】对话框中，设置颜色（C:0，M:0，Y:100，K:0），然后单击【确定】按钮。

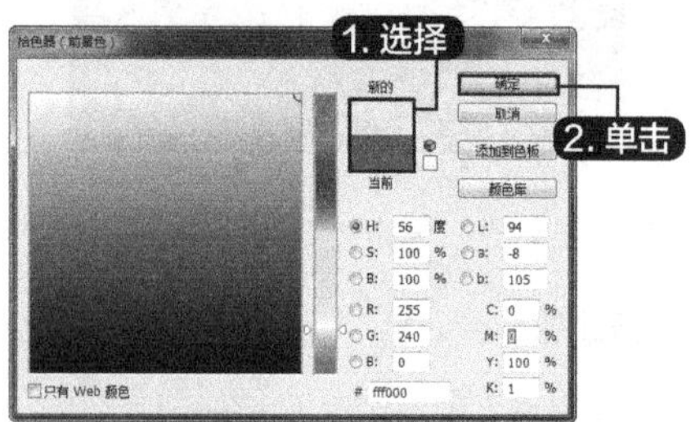

3 单击翅膀

把鼠标指针移到蝴蝶的翅膀上并单击。

4 设置颜色

同理设置颜色（C:0，M:40，Y:100，K:0），再设置颜色（C:0，M:100，Y:100，K:0），并分别填充其他部位。

4.5.3 【描边】命令

利用【编辑】菜单中的【描边】菜单命令，可以为选区、图层和路径等勾画彩色边缘。与【图层样式】对话框中的描边样式相比，使用【描边】命令可以更加快速地创建更为灵活、柔和的边界，而描边图层样式只能作用于图层边缘。

下面通过为图像添加边框的效果来学习【描边】命令的使用方法。

1 打开素材

打开随书光盘中的“素材\ch04\ 14.jpg”文件。

2 选择人物

使用【魔棒工具】在图像中单击人物，选择人物外轮廓。

3 描边设置

选择【编辑】➤【描边】菜单命令，在弹出的【描边】对话框中设置【宽度】为“8像素”，颜色根据自己喜好设置，【位置】设置为“居外”。

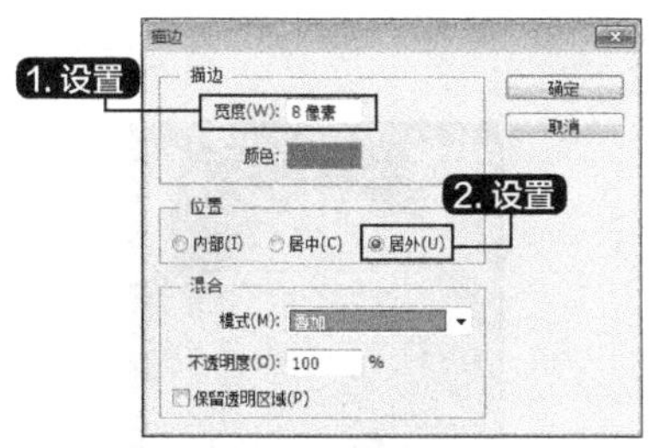

4 取消选区

单击【确定】按钮，然后按【Ctrl+D】组合键取消选区。

【描边】对话框中的各参数作用如下。

(1)【描边】设置区：用于设定描边的画笔宽度和边界颜色。

(2)【位置】设置区：用于指定描边位置是在边界内、边界中还是在边界外。

(3)【混合】设置区：用于设置描边颜色的模式及不透明度，并可选择描边范围是否包括透明区域。

4.6 实战演练——将图片制作为胶片效果

本节视频教学时间 / 6分钟 

利用裁剪工具可以将图片制作为胶片效果，方法如下：

1 新建空白文档

按【Ctrl+N】快捷键。在弹出的【新建】对话框中将【宽度】设置为“24cm”、【高度】设置为“6cm”、【分辨率】设置为“72像素”，新建一个空白文档。

2 选择选区

新建一个图层1，用【矩形选框工具】选择合适的选区。按【Alt+Backspace】快捷键将其填充为黑色。按【Ctrl+D】快捷键取消选区。

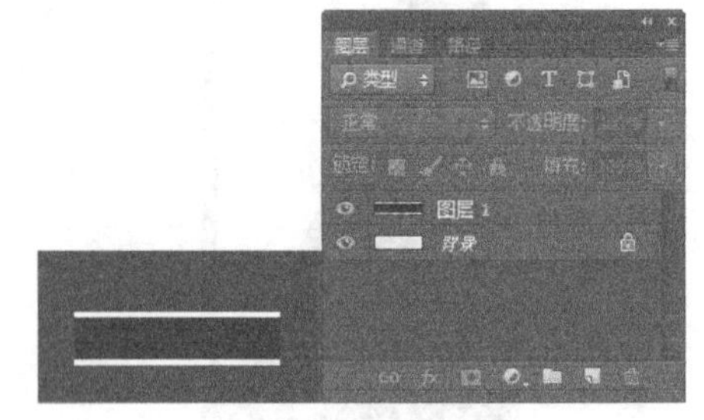

3 新建图层2

新建一个图层2，用【矩形工具】选择一个约为8mm的正方形选区，将其填充为白色。按【Alt+Shift】键用鼠标拖曳连续复制。做出如下效果。

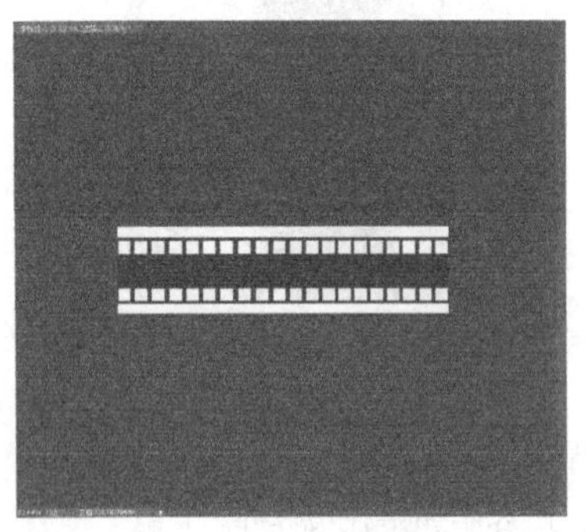

4 打开素材

打开随书光盘中的“素材\ch04\15.jpg”“素材\ch04\16.jpg”“素材\ch04\17.jpg”“素材\ch04\18.jpg”“素材\ch04\19.jpg”和“素材\ch04\20.jpg”文件。

5 设置裁减属性

选择【裁剪工具】，在其属性栏中将【宽度】设置为“3厘米”，【高度】设置为“4.5厘米”。分别将素材图片裁剪。

6 拖曳图片

将裁剪好的图片分别拖曳到未标题-1中，调整图片大小和位置。

7 选中图层

按住【Ctrl】键，同时选中六张照片所在的图层。

8 合并图层

单击鼠标右键，在弹出的快捷菜单中选择【合并图层】选项。按住【Alt】键拖曳合并后的图层8，复制后调整图片位置，即可完成效果图。

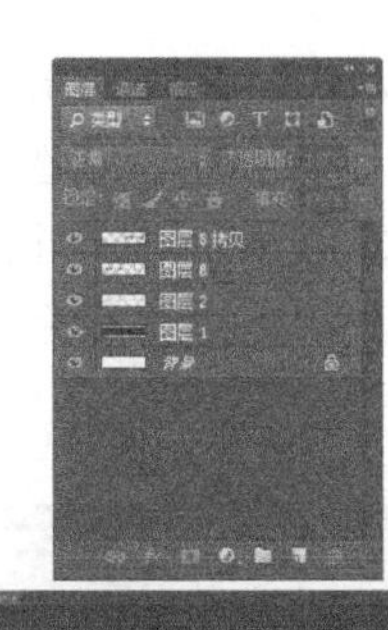

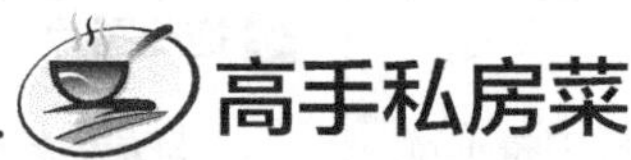

高手私房菜

技巧：如何巧妙移植对象

有时候用户会对自己照片中的背景不满意，想让照片变得更美，可以用图章和修补工具将我们的照片移植到你喜欢的背景中。

移植背景的方法如下。

1 打开素材

打开随书光盘中的“素材\ch04\22.jpg”和“素材\ch04\23.jpg”文件。

2 抠出人物

用【钢笔工具】将“素材\ch04\23.jpg”主体人物抠出。

3 复制人物

调整人物大小。选择【仿制图章工具】，按住【Alt】键，单击鼠标左键选择仿制源。在“素材\ch04\22.jpg”中新建一个图层，在新建图层中按住鼠标左键拖曳鼠标涂抹，复制出人物。

4 调整位置

调整人物图像的位置和大小。按【Ctrl+T】快捷键变形，将人物受光面和背景受光面调成一致。最终效果如图所示。

第5章 图层

重点导读

本章视频教学时间：34分钟 

了解图层的特性、图层的分类、图层的基本操作和图层样式。

学习效果图

5.1 认识图层

本节视频教学时间 / 9分钟

图层是Photoshop 最为核心的功能之一，它承载了几乎所有的编辑操作。如果没有图层，所有的图像将处在同一个平面上，这对于图像的编辑来讲，简直是无法想象的，正是因为有了图层功能，Photoshop才变得如此强大。

5.1.1 图层特性

本节将讲解图层的3种特性：透明性、独立性和遮盖性。

1. 透明性

透明性是图层的基本特性。图层就像是一层层透明的玻璃纸，在没有绘制色彩的部分，透过上面图层的透明部分，能够看到下面图层的图像效果。在Photoshop中图层的透明部分表现为灰白相间的网格。

可以看到即使图层1上面有图层2，但是透过图层2仍然可以看到图层1中的内容，这说明图层2具备了图层的透明性。

2. 独立性

为了灵活地操作一幅作品中的任何一部分的内容，在Photoshop中可以将作品中的每一部分放到一个图层中。图层与图层之间是相互独立的，在对其中的一个图层进行操作时，其他图层不会受到干扰，图层调整前后对比效果如图所示。

可以看到当改变其中一个对象的时候，其他对象保持原状，这说明图层相互之间保持了一定的独立性。

3. 遮盖性

图层之间的遮盖性指的是当一个图层中有图像信息时，会遮盖住下层图像中的图像信息，如图所示。

5.1.2 图层的分类

Photoshop的图层类型有多种，可以将图层分为普通图层、背景图层、文字图层、形状图层、蒙版图层等。

1. 普通图层

普通图层是一种常用的图层。在普通图层上，用户可以进行各种图像编辑操作。

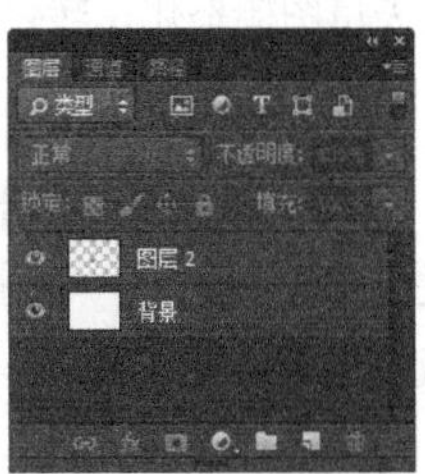

2. 背景图层

使用Photoshop新建文件时，如果【背景内容】选择为白色或背景色，在新文件中就会自动创建一个背景图层，并且该图层还有一个锁定的标志。背景图层始终在最底层，就像一栋楼房的地基一样，不能与其他图层调整叠放顺序。

一个图像中可以没有背景图层，但最多只能有一个背景图层。

背景图层的不透明度不能更改，不能为背景图层添加图层蒙版，也不可以使用图层样式。如果要改变背景图层的不透明度、为其添加图层蒙版或者使用图层样式，可以先将背景图层转换为普通图层。

3. 文字图层

文字图层是一种特殊的图层，用于存放文字信息。它在【图层】面板中的缩览图与普通图层不同。

文字图层主要用于编辑图像中的文本内容。用户可以对文字图层进行移动、复制等操作，但是不能使用绘画和修饰工具来绘制和编辑文字图层中的文字，不能使用【滤镜】菜单命令。如果需要编辑文字，则必须栅格化文字图层，被栅格化后的文字将变为位图图像，不能再修改其文字内容。

栅格化操作就是把矢量图转化为位图。在Photoshop中有一些图是矢量图，例如用【文字工具】输入的文字或用【钢笔工具】绘制的图形。如果想对这些矢量图形做进一步的处理，例如想使文字具有影印效果，就要使用【滤镜】➤【素描】➤【影印】菜单命令，而该命令只能处理位图图像，不能处理矢量图。此时就需要先把矢量图栅格化，转化为位图，再进一步处理。矢量图经过栅格化处理变成位图后，就失去了矢量图的特性。

4. 形状图层

形状是矢量对象，与分辨率无关。形状图层一般是使用工具箱中的形状工具（【矩形工具】、【圆角矩形工具】、【椭圆工具】、【多边形工具】、【直线工具】、【自定义形状工具】或【钢笔工具】）绘制图形后而自动创建的图层。

形状图层包含定义形状颜色的填充图层和定义形状轮廓的矢量蒙版。形状轮廓是路径，显示在【路径】面板中。如果当前图层为形状图层，在【路径】面板中可以看到矢量蒙版的内容。

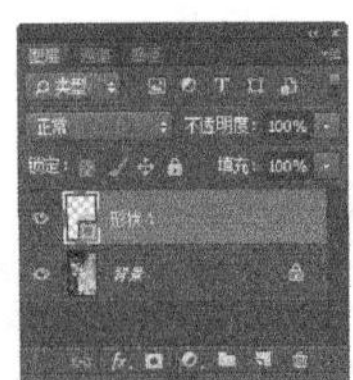

5. 蒙版图层

蒙版图层是用来存放蒙版的一种特殊图层，依附于除背景图层以外的其他图层。蒙版的作用是显示或隐藏图层的部分图像，也可以保护区域内的图像，以免被编辑。用户可以创建的蒙版类型有图层蒙版和矢量蒙版两种。

矢量蒙版可在图层上创建锐边形状。若需要添加边缘清晰的图像，可以使用矢量蒙版。

5.2 图层的基本操作

本节视频教学时间 / 5分钟 

本节主要学习如何选择和确定当前图层、图层上下位置关系的调整、图层的对齐与分布以及图层编组等基本操作。

5.2.1 创建图层

创建图层主要有5种方法。

1. 新建图层

需要使用新图层时，可以执行图层创建操作，在图层面板中新建图层。

打开【图层】面板，单击【新建图层】按钮，创建新图层。

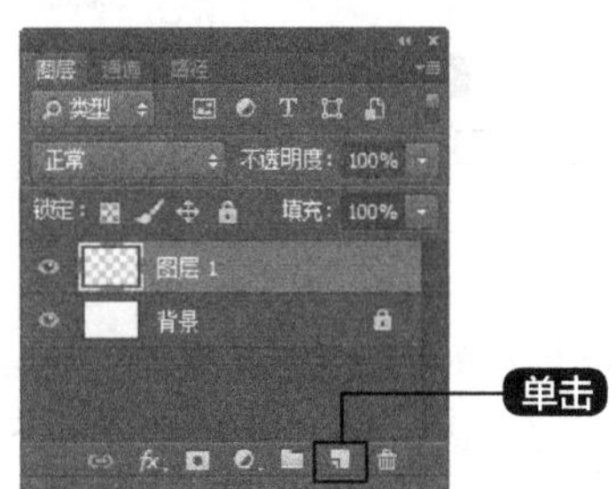

2. 新建命令创建图层

如果想创建图层并设置图层的属性，如名称、颜色和混合模式等，可以通过以下两种方法进行操作。

1 选择【图层】➤【新建】➤【图层】菜单命令，弹出【新建图层】对话框，可创建新图层。

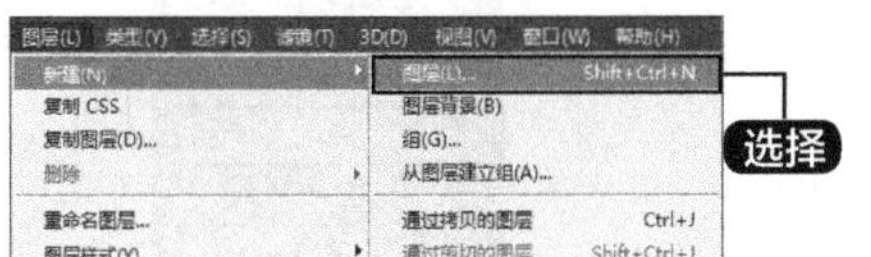

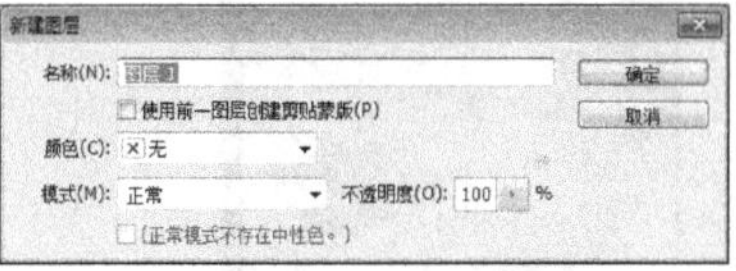

2 按【Ctrl+Shift+N】组合键也可以弹出【新建图层】对话框，进而创建新图层。

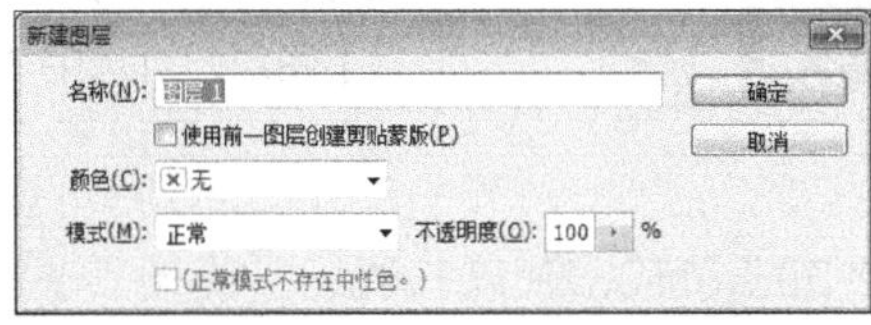

3. 新建背景图层

选择【图层】➤【新建】➤【背景图层】菜单命令，弹出【新建图层】对话框，可创建新的背景图层。

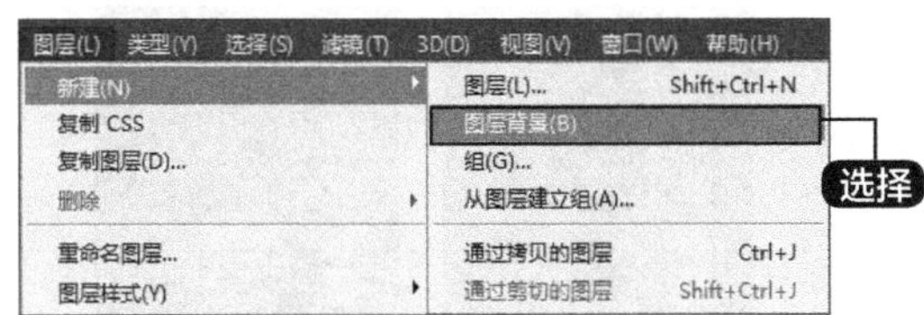

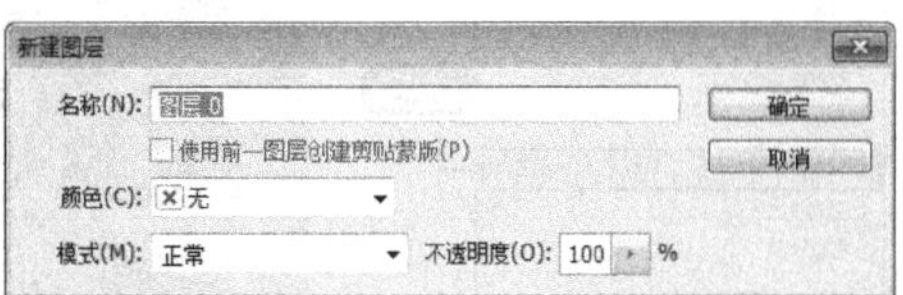

4. 通过复制的图层

在【图层】面板中选择需要复制的图层，选择【图层】➤【新建】➤【通过拷贝的图层】菜单命令，可复制并新建图层。

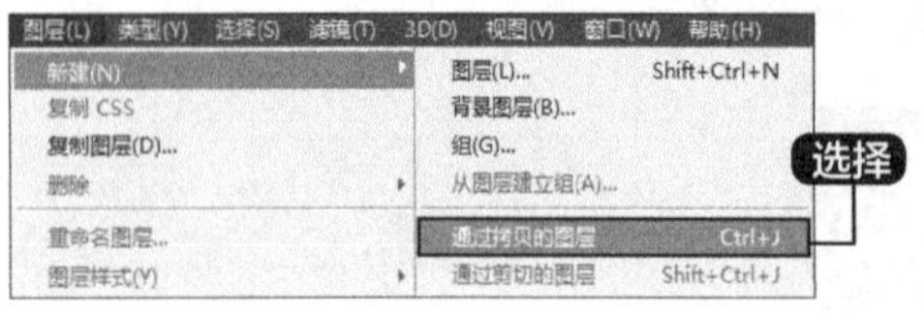

5. 通过剪切的图层

在图片中需要剪切的区域创建一个选区，选择【图层】➤【新建】➤【通过剪切的图层】菜单命令，可剪切并新建图层。

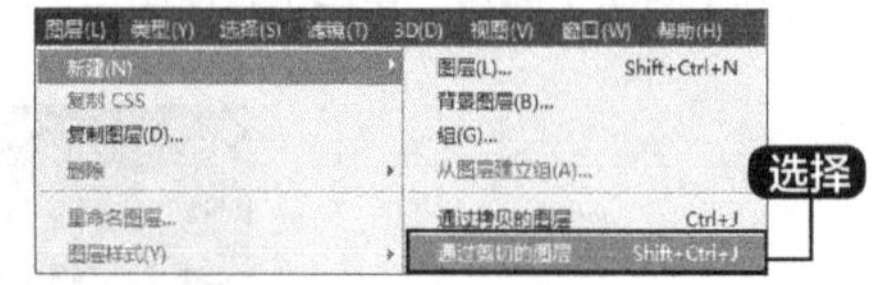

5.2.2 选择图层

在Photoshop的【图层】面板上深颜色显示的图层为当前图层，大多数的操作都是针对当前图层进行的，因此对当前图层的确定十分重要。选择图层的方法如下。

1 打开素材

打开随书光盘中的“素材\ch05\06.psd”文件。

2 选择图层1

在【图层】面板中选择【图层1】图层即可选择“背景图片”所在的图层，此时“背景图片”所在的图层为当前图层。

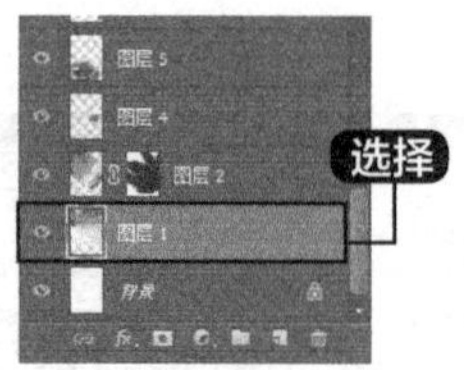

还可以直接在图像中的“背景图片”上单击鼠标右键，然后在弹出的菜单中选择【图层1】图层即可选中“背景图片”所在的图层。

5.2.3 重命名图层

创建图层之后想要重命名图层，可以按照以下方法。

1 单击想要修改的图层，选择【图层】➤【重命名图层】菜单命令，可在【图层】面板中重命名图层。

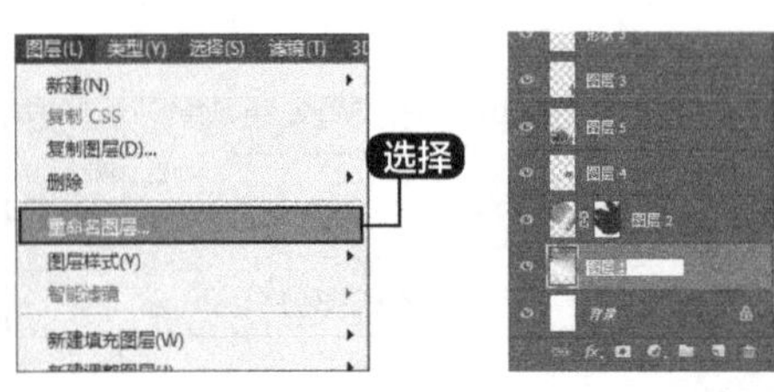

2 在【图层】面板中选择【图层1】，鼠标双击“图层1”几个字，即可直接重命名该图层。

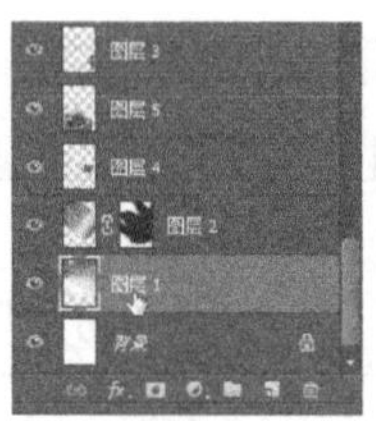

5.2.4 删除图层

在【图层】面板中删除不再需要的图层，可以减小图像文件的大小。

1 打开【图层】面板，选择要删除的图层，单击【删除图层】按钮，即可删除图层。

2 选择【图层】➤【删除】➤【图层】菜单命令，弹出【删除图层】对话框，可删除图层。

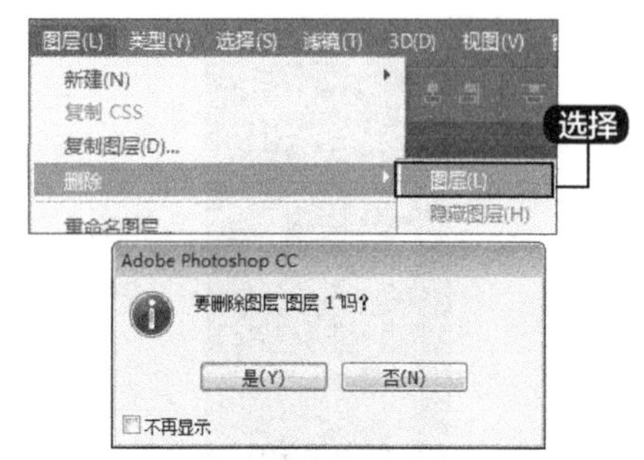

3 在【图层】面板中选择需要删除的图层，按【Delete】键也可删除图层。

5.2.5 复制图层

在Photoshop中可以在同一个图像文件中复制图像，得到两个或更多完全相同的图像，还可以将当前图像中的一个或多个图层复制到其他图像文件下。

1 选中要复制的图层，选择【图层】➤【复制图层】菜单命令，在打开的【复制图层】对话框中输入图层名，单击【确定】按钮即可。

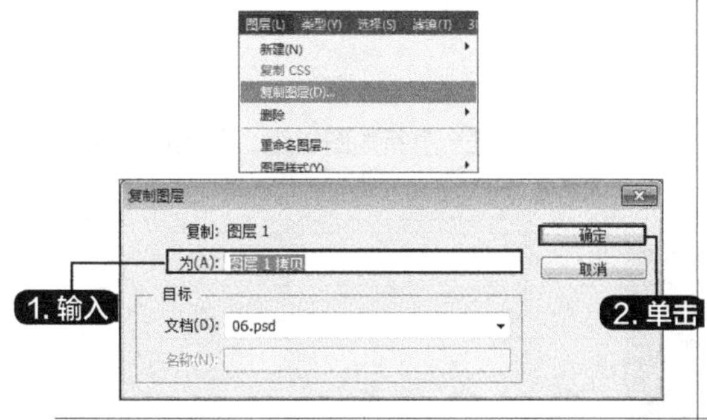

2 选中要复制的图层，拖曳至图层面板下方的【新建图层】按钮上。

5.2.6 显示与隐藏图层

在进行图像编辑时，为了避免在部分图层中误操作，可以先将其隐藏，需要对其操作时再将其显示。隐藏与显示图层的方法有如下两种。

1 打开【图层】面板，选择需要隐藏或显示的图层，图层前面有一个【可见性指示框】，显示眼睛图标时，该图层可见，单击图标，图标将会变为图标，图层即变为不可见，再次单击图标，图层会再次显示为可见。

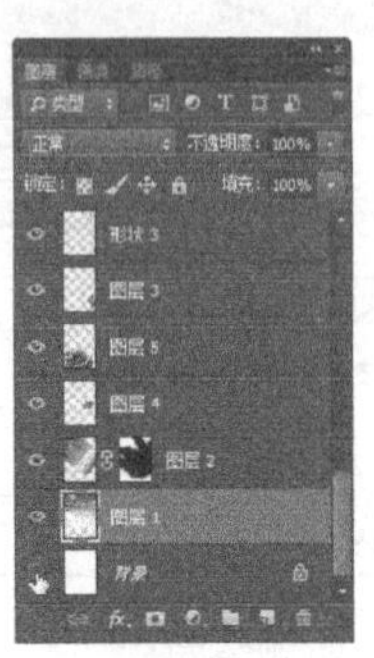

2 选择需要隐藏的图层后，选择【图层】➤【隐藏图层】菜单命令，可将图层隐藏。选择需要显示的图层，再选择【图层】➤【显示图层】菜单命令，可将其设置为可见。

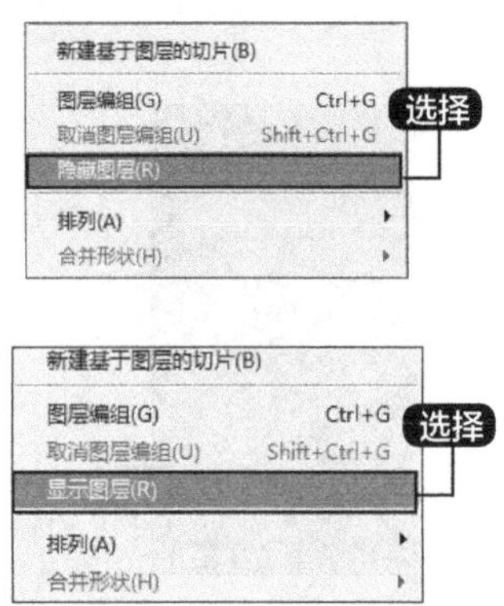

5.3 用图层组管理图层

本节视频教学时间 / 2分钟 

在Photoshop中利用图层组管理图层是非常有效的管理多层文件的方法。

5.3.1 创建图层组

在【图层】面板中，通常是将统一属性的图像和文字都统一放在不同的图层组中，这样便于查找和编辑。

1. 创建图层组

(1) 在【图层】面板中创建图层组

单击【图层】面板中的【创建新图层组】按钮，可以创建一个新的图层组，新建的图层组中没有任何图层。

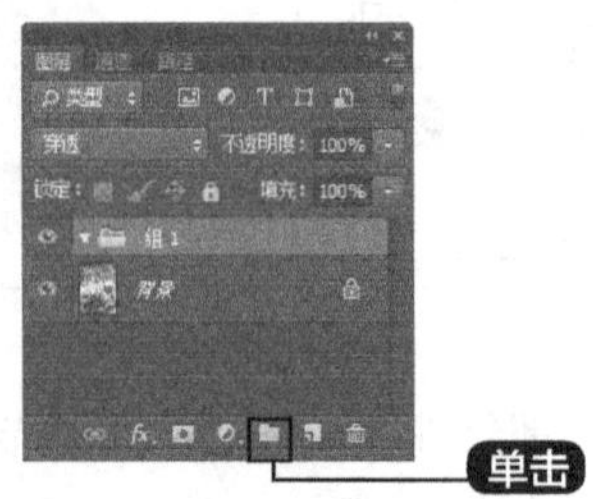

(2) 通过命令创建图层组

通过命令创建图层组可以设置组的名称、颜色、混合模式、不透明度等属性。

1 单击【组】命令

单击【图层】➤【新建】➤【组】菜单命令。

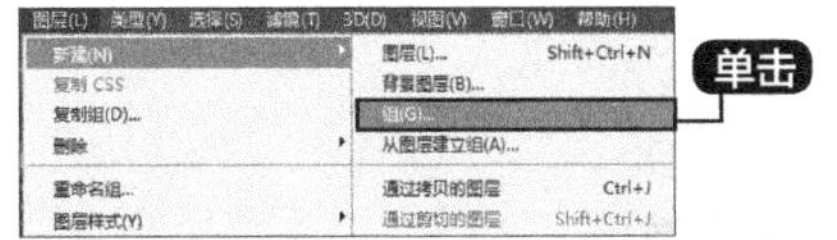

2 设置参数

弹出【新建组】对话框，可在对话框中设置参数。效果如图所示。

2. 取消图层组

如果要取消图层组，但保留图层，可以选择该图层组，选择【图层】➤【取消图层编组】命令，或按【Shift+Ctrl+G】组合键。

如果要删除图层组以及组中的图层，可以将图层拖曳到【图层】面板中的【删除图层】按钮 上。

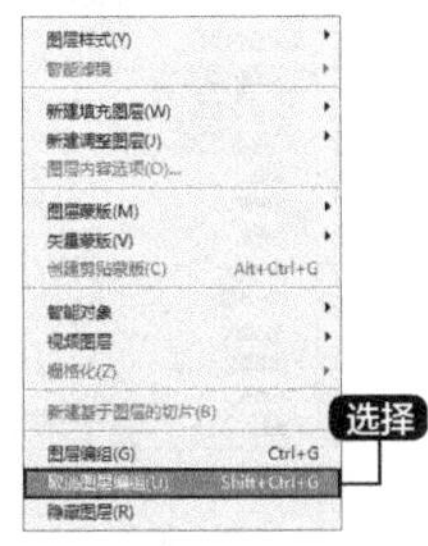

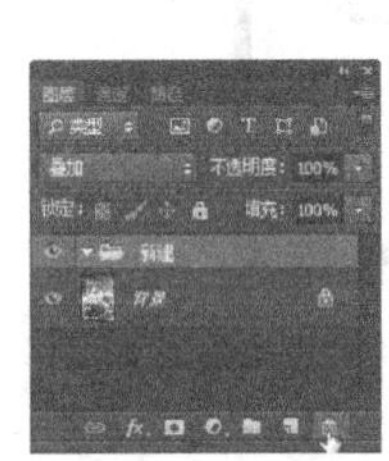

5.3.2 将图层移入或移出图层组

1 将一个图层拖入图层组内，可将其添加到图层组中。

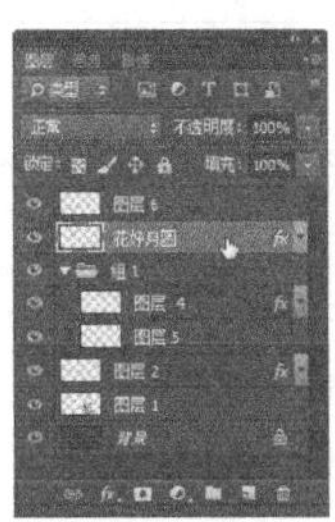

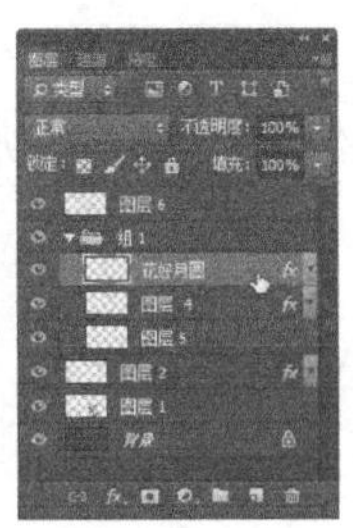

2 将图层组中的其中一个图层拖出组外，可将其移出图层组。

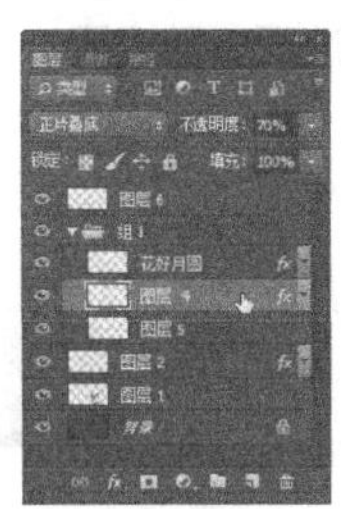

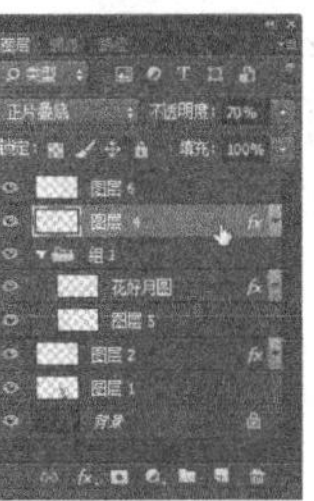

5.4 应用图层混合模式

本节视频教学时间 / 2分钟 

图层样式是多种图层效果的组合，Photoshop提供了多种图像效果，如阴影、发光、浮雕和颜色叠加等。将效果应用于图层的同时，也创建了相应的图层样式。下面具体讲图层样式中的混合模式。

1．斜面和浮雕

应用【斜面和浮雕】选项可以为图层内容添加暗调和高光效果，使图层内容呈现凸起的立体效果。

⑴ 使用【斜面和浮雕】命令创建立体文字

1 打开素材

打开随书光盘中的“素材\ch05\07.psd”文件。

2 设置参数

选择图层1，单击【添加图层样式】按钮 fx ，在弹出的下拉列表中选择【斜面和浮雕】命令，打开【图层样式】对话框，并自动选择【斜面和浮雕】选项，在其中进行参数设置。

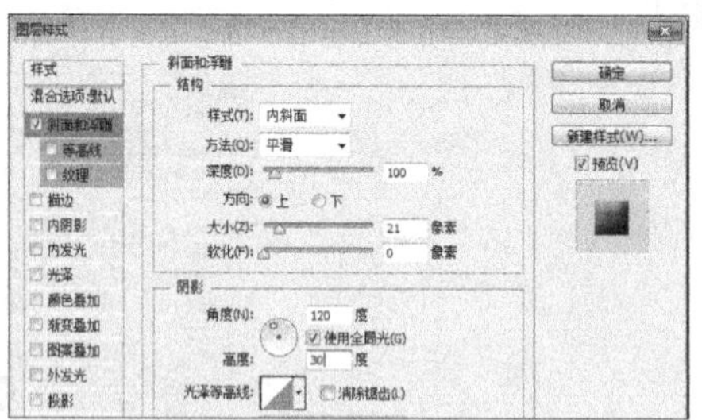

3 结果

最终形成的立体文字效果如下图所示。

⑵【斜面和浮雕】选项参数设置

【样式】下拉列表：在此下拉列表中共有5种模式，分别是内斜面、外斜面、浮雕效果、枕状浮雕和描边浮雕。

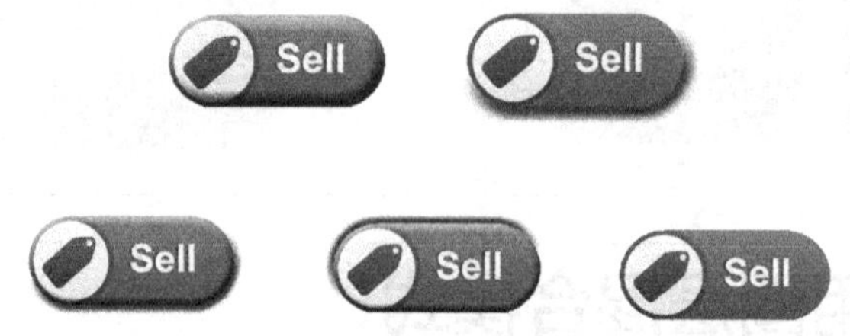

【方法】下拉列表：在此下拉列表中有3个选项，分别是平滑、雕刻清晰和雕刻柔和。

- 平滑：选择该选项可以得到边缘过渡比较柔和的图层效果，也就是它得到的阴影边缘变化不尖锐。

●雕刻清晰：选择该选项可以得到边缘变化明显的效果，与【平滑】选项相比，它产生的效果立体感更强。

●雕刻柔和：与【雕刻清晰】选项类似，但是它的边缘的色彩变化要稍微柔和一点。

(1)【深度】设置项：控制效果的颜色深度，数值越大，得到的阴影越深，数值越小，得到的阴影颜色越浅。

(2)【大小】设置项：控制阴影面积的大小，拖曳滑块或者直接更改右侧文本框中的数值可以得到合适的效果图。

(3)【软化】设置项：拖曳滑块可以调节阴影的边缘过渡效果，数值越大，边缘过渡越柔和。

(4)【方向】设置项：用来切换亮部和阴影的方向。选择【上】单选项，则是亮部在上面；选择【下】单选项，则是亮部在下面。

(5)【角度】设置项：控制灯光在圆中的角度。圆中的【○】符号可以用鼠标移动。

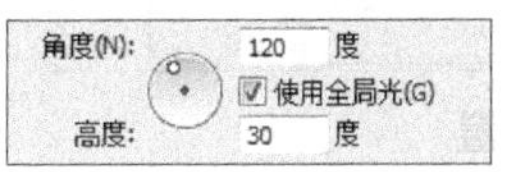

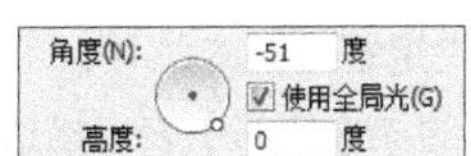

(6)【使用全局光】复选框：决定应用于图层效果的光照角度。可以定义一个全角，应用到图像中所有的图层效果；也可以指定局部角度，仅应用于指定的图层效果。使用全角可以制造出一种连续光源照在图像上的效果。

(7)【高度】设置项：是指光源与水平面的夹角。

(8)【光泽等高线】设置项：这个选项的编辑和使用的方法和前面提到的等高线的编辑方法是一样的。

(9)【消除锯齿】复选框：选中该复选框，在使用固定的选区做一些变化时，变化的效果不至于显得很突然，可使效果过渡变得柔和。

(10)【高光模式】下拉列表：相当于在图层的上方有一个带色光源，光源的颜色可以通过右侧的颜色块来调整，它会使图层呈现许多种不同的效果。

(11)【阴影模式】下拉列表：可以调整阴影的颜色和模式。通过右侧的颜色块可以改变阴影的颜色，在下拉列表中可以选择阴影的模式。

2. 描边

应用【描边】选项可以为图层内容创建边线颜色，可以选择渐变或图案描边效果，这对轮廓分明的对象（如文字等）尤为适用。【描边】选项是用来给图像描上一个边框的。这个边框可以是一种颜色，也可以是渐变，还可以是另一种样式，可以在边框的下拉菜单中选择。

⑴ 为文字添加描边效果

1 打开素材

打开随书光盘中的“素材\ch05\08.psd”文件。选择图层1，单击【添加图层样式】按钮 fx，在弹出的下拉列表中选择【描边】命令，单击【图层样式】对话框中的【填充类型】按钮，在弹出的下拉列表中的【渐变】选项，并设置其他参数。

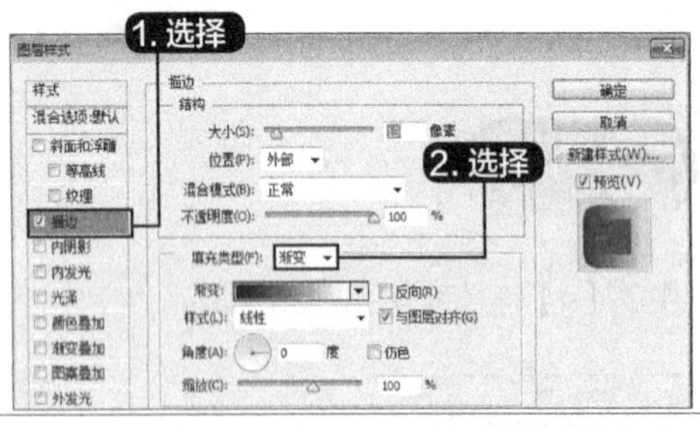

2 描边效果

单击【确定】按钮，形成的描边效果如图所示。

⑵【描边】选项参数设置

①【大小】设置项：它的数值大小和边框的宽度成正比，数值越大，图像的边框就越大。

②【位置】下拉列表：决定着边框的位置，可以是外部、内部或者中心，这些模式是以图层不透明区域的边缘为相对位置的。【外部】表示描边时的边框在该区域的外边，默认的区域是图层中的不透明区域。

③【不透明度】设置项：控制制作边框的透明度。

④【填充类型】下拉列表：在下拉列表框中供选择的类型有3种：颜色、图案和渐变。不同类型的窗口中，选框的选项会不同。

3. 内阴影

应用【内阴影】选项可以围绕图层内容的边缘添加内阴影效果。使用【内阴影】命令制造投影效果的具体操作如下。

1 打开素材

打开随书光盘中的“素材\ch05\09.jpg”文件，双击背景图层转换成普通图层。单击【添加图层样式】按钮 fx，在弹出的下拉列表中选择【内阴影】命令，打开【图层样式】对话框中，并自动选择【内阴影】选项，在【内阴影】对话框中进行参数设置。

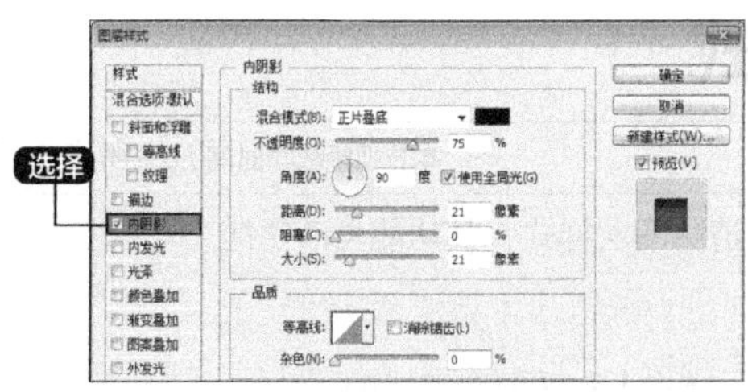

2 内投影效果

单击【确定】按钮后会产生一种立体化的内投影效果。

4. 内发光

应用【内发光】选项可以围绕图层内容的边缘创建内部发光效果。

【内发光】选项设置和【外发光】几乎一样。只是【外发光】选项卡中的【扩展】设置项变成了【内发光】中的【阻塞】设置项。外发光得到的阴影是在图层的边缘，在图层之间看不到效果的影响；而内发光得到的效果只在图层内部，即得到的阴影只出现在图层的不透明的区域。

使用【内发光】命令制造发光文字效果的具体步骤如下。

1 打开素材

打开随书光盘中的“素材\ch05\10.psd”文件。选择图层1，单击【添加图层样式】按钮 fx，在弹出的下拉列表中选择【内发光】选项，打开【图层样式】对话框并进行相关参数的设置。

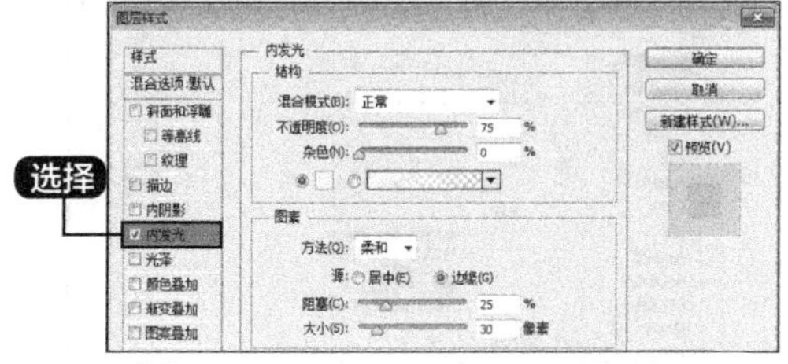

2 效果图

单击【确定】按钮，最终效果如下图所示。

提示

【光泽】选项可以根据图层内容的形状在内部应用阴影，创建光滑的打磨效果。

【颜色叠加】选项可以为图层内容套印颜色。

【渐变叠加】选项可以为图层内容套印渐变效果。

【图案叠加】选项可以为图层内容套印图案混合效果。在原来的图像上加上一个图层图案的效果，根据图案颜色的深浅在图像上表现为雕刻效果的深浅。使用中要注意调整图案的不透明度，否则得到的图像可能只是一个放大的图案。

【外发光】选项可以围绕图层内容的边缘创建外部发光效果。

【投影】选项可以在图层内容的背后添加阴影效果。

5.5 应用和编辑图层样式

本节视频教学时间 / 8分钟 

为图像添加图层样式后，还可以更改图层样式、清除图层样式，其功能灵活便捷。

5.5.1 应用图层样式

在Photoshop中对图层样式进行管理是通过【图层样式】对话框来完成的。

1 选择【图层】➤【图层样式】菜单命令添加各种样式。

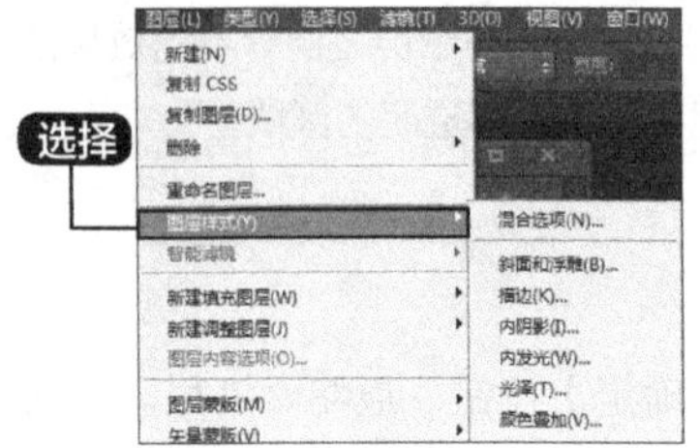

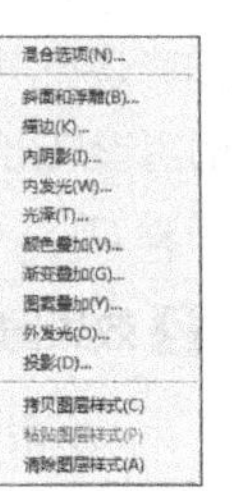

2 单击【图层】面板下方的【添加图层样式】按钮 fx.，也可以添加各种样式。

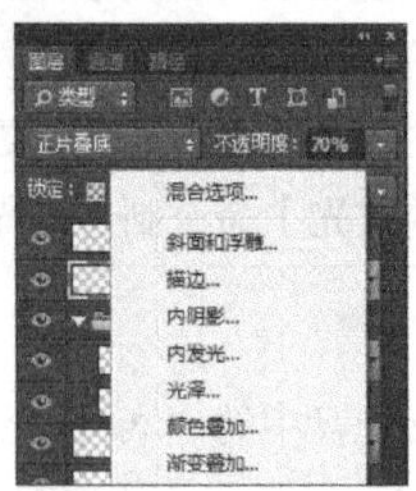

5.5.2 更改图层样式

更改图层样式的具体操作步骤如下。

1 修改效果

在【图层】面板中，双击一个效果名称，可以打开【图层样式】对话框，并进入设置面板，此时可以修改效果。

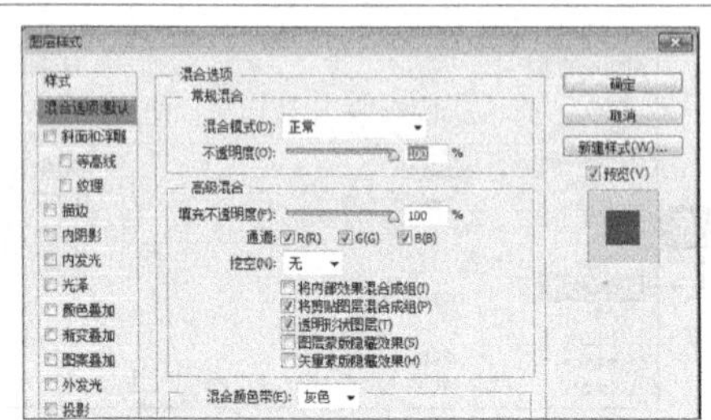

2 取消样式效果

在【图层样式】对话框中，单击已勾选的选项，可取消样式效果。

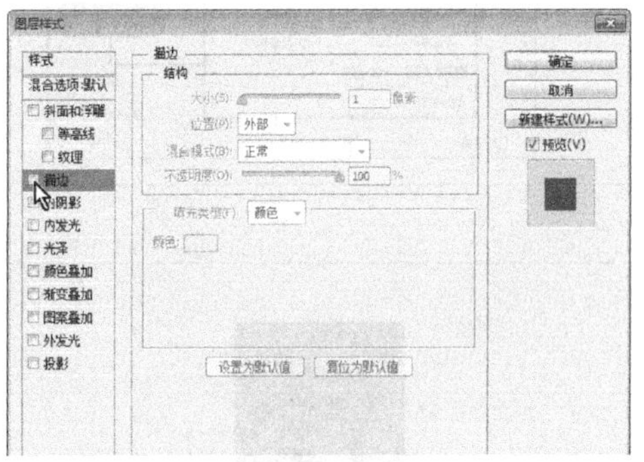

3 添加样式

重新添加需要的样式即可。

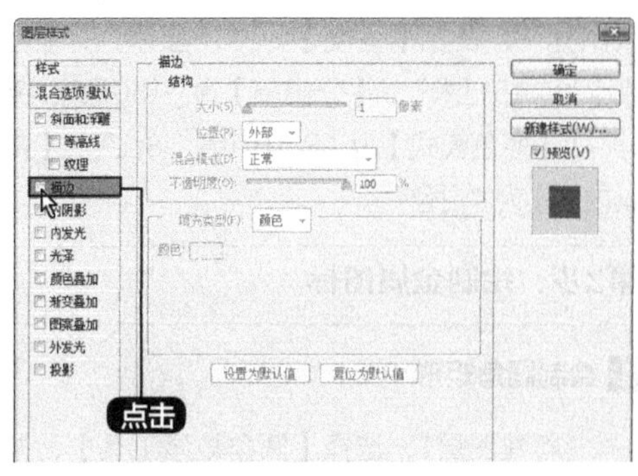

5.5.3 清除图层样式

选择应用图层样式的图层，单击【图层】➤【图层样式】➤【清除图层样式】菜单命令，可以对图层样式进行清除。

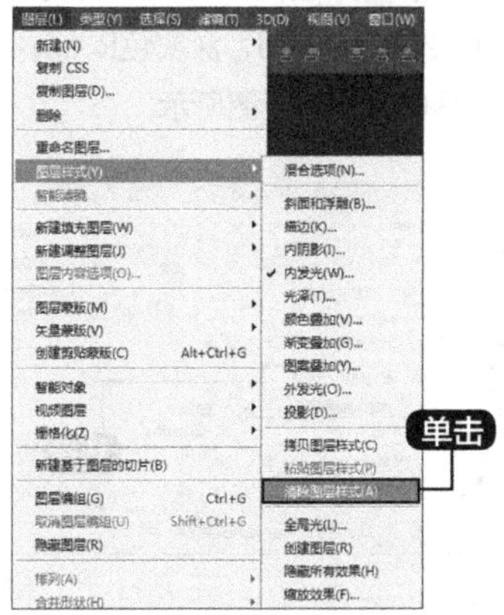

5.5.4 将图层样式转化为图层

打开【图层】面板，选择应用图层样式的图层，单击【图层】➤【图层样式】➤【创建图层】菜单命令，可将图层样式转化为图像图层。

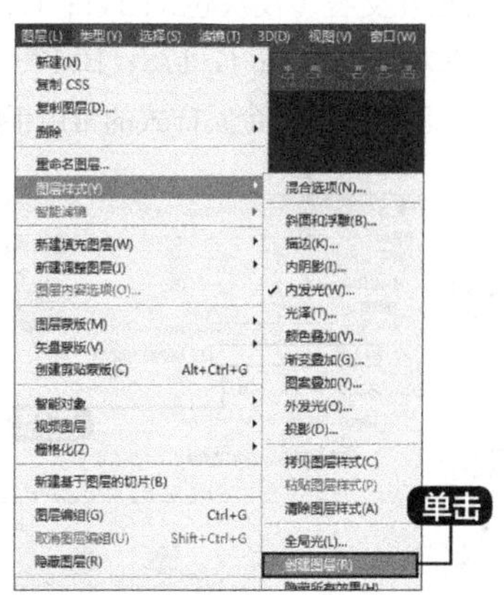

5.6 实战演练——金属质感图标

本节视频教学时间 / 7分钟 

本实例学习使用【形状工具】和【图层样式】命令制作一个金属质感图标。

第1步：新建文件

单击【文件】➤【新建】菜单命令。在弹出的【新建】对话框的【名称】文本框中输入“金属图标”，设置【宽度】为“15厘米”，【高度】为“15厘米”，【分辨率】为“150像素/英寸”，【颜色模式】为“RGB颜色、8位”，【背景内容】为“白色”。

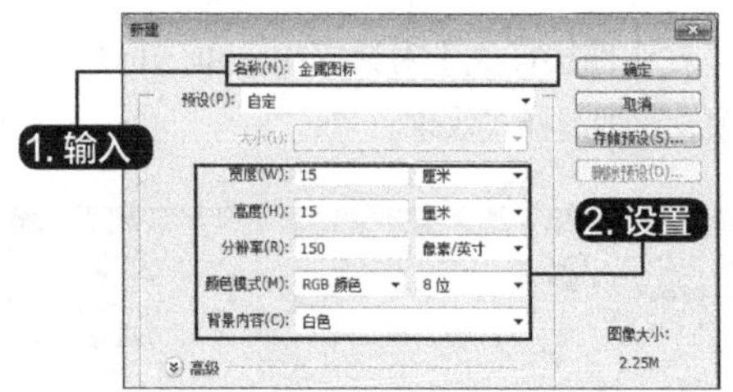

第2步：绘制金属图标

1 绘制圆角矩形

新建图层1，选择【圆角矩形工具】，按住【Shift】键在画布上绘制出一个方形的圆角矩形，这里将【圆角半径】设置为“50像素”。

2 添加图层样式

双击圆角矩形图层，为其添加渐变图层样式。渐变样式选择角度渐变。渐变颜色使用深灰与浅灰相互交替（浅灰色R:241；G:241；B:241，深灰色R:178；G:178；B:178），具体设置如下图。这是做金属样式的常用手法。

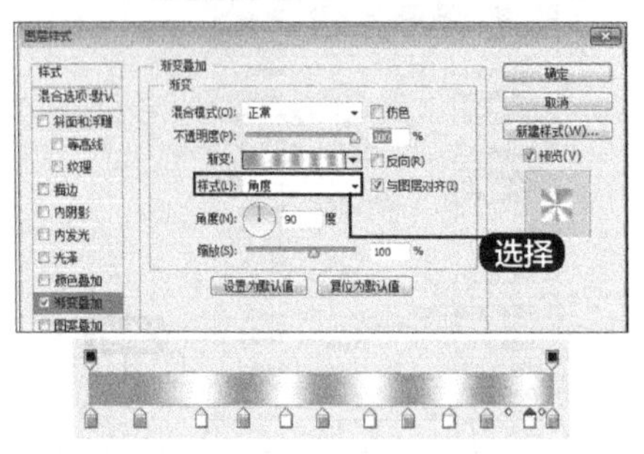

3 添加描边样式

再添加描边样式，此处【填充类型】选择“渐变”，渐变颜色使用深灰到浅灰（浅灰色R:216；G:216；B:216，深灰色R:96；G:96；B:96），具体设置如下图所示。

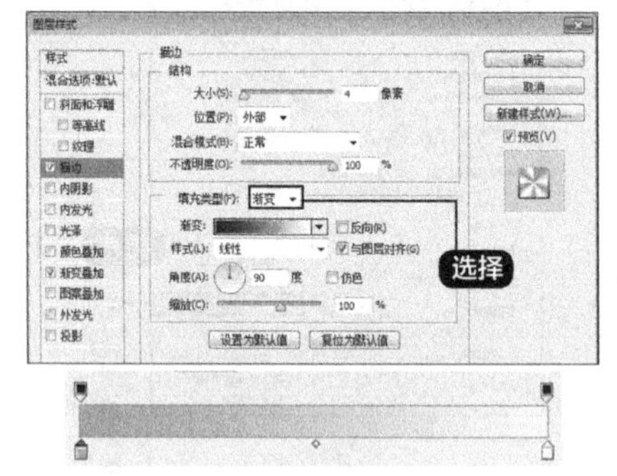

4 最终效果

添加后单击【确定】按钮，效果如图所示。

第3步：添加图标图案

1 绘制图案

新建图层2，选择【钢笔工具】，【工具模式】选择“形状”，在圆角矩形中心绘制出内部图案图形。

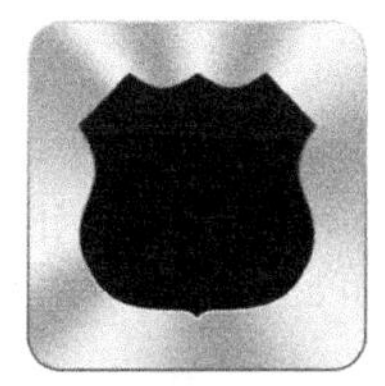

2 添加阴影样式

双击图案图层，为其添加内阴影样式。

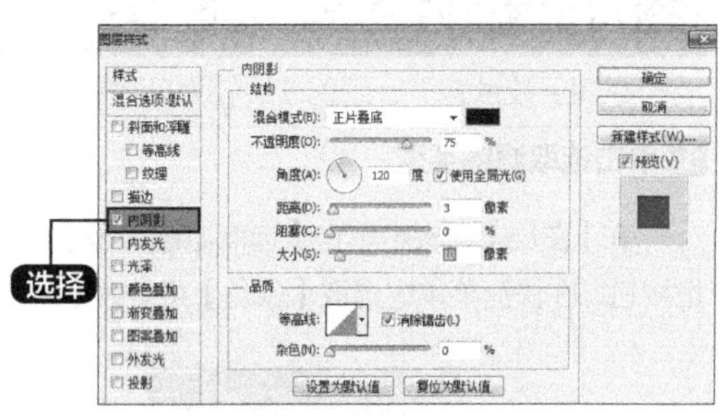

3 添加描边样式

继续添加描边样式，这里依然选择渐变描边，将默认的黑白渐变反向即可。

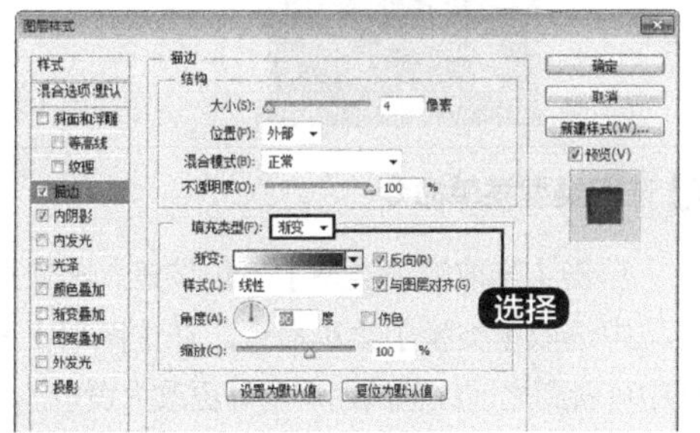

4 复制图案图层

选择图案图层并按【Ctrl+J】组合键复制图案图层，清除其图层样式，并将颜色改变为浅灰色。按【Ctrl+T】组合键将其缩小，缩小时按住【Alt】键可以进行中心缩放。

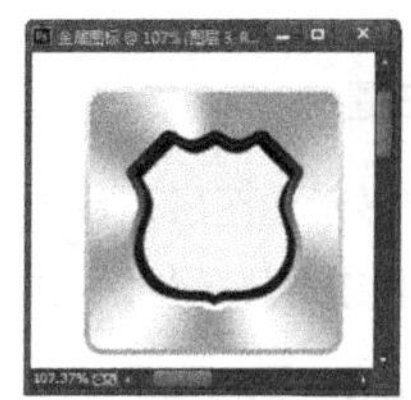

5 描边

复制圆角矩形的图层样式，粘贴到内部的图形图层。双击图形图层，弹出【图层样式】对话框，在【描边】样式中将描边【大小】修改为“3像素”，这样非常简单的金属图标就制作完成了。

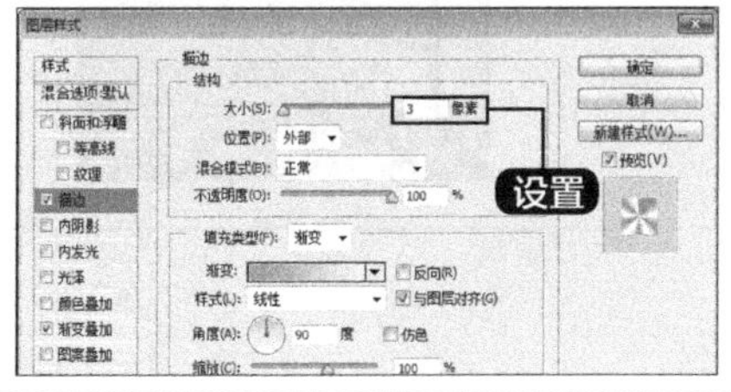

6 单击确定

单击【确定】按钮，完成的效果如图所示。

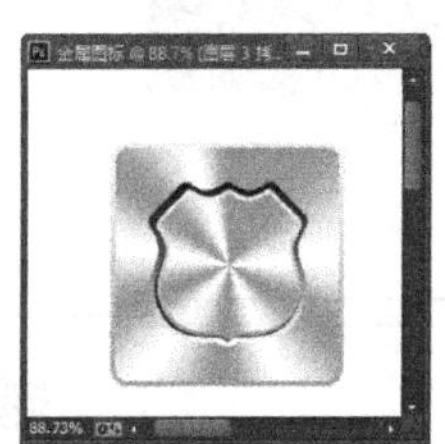

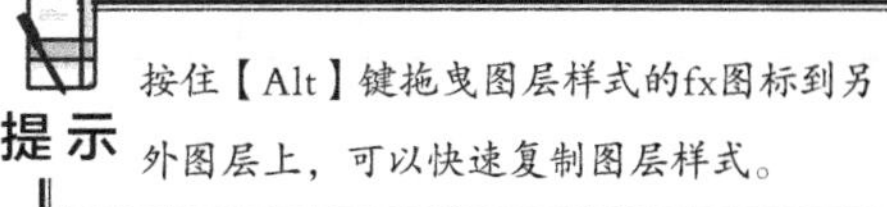

提示 按住【Alt】键拖曳图层样式的fx图标到另外图层上，可以快速复制图层样式。

高手私房菜

技巧：一次性更改数个图层的颜色

在图层数量繁多、颜色图层较为分散的情况下一次性更改多个颜色图层，具体操作步骤如下。

1 单击选取滤镜类型

在【图层】面板中单击【选取滤镜类型】下拉按钮，在快捷菜单中选取【颜色】菜单命令。

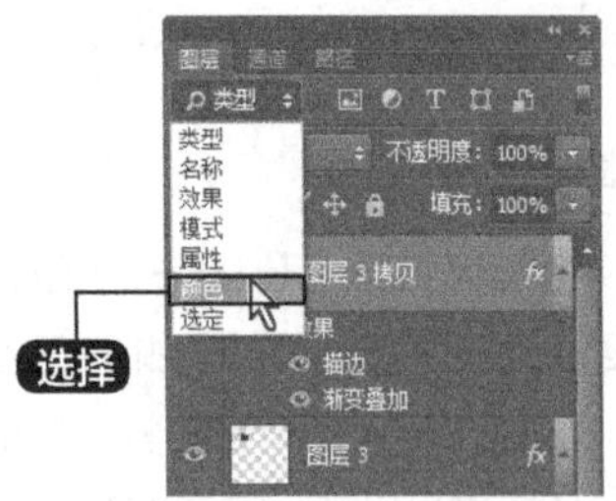

2 选取颜色

在【颜色】下拉列表框中选择【红色】选项，在【图层】面板中会显示出所有红色颜色模式的图层，如图所示。

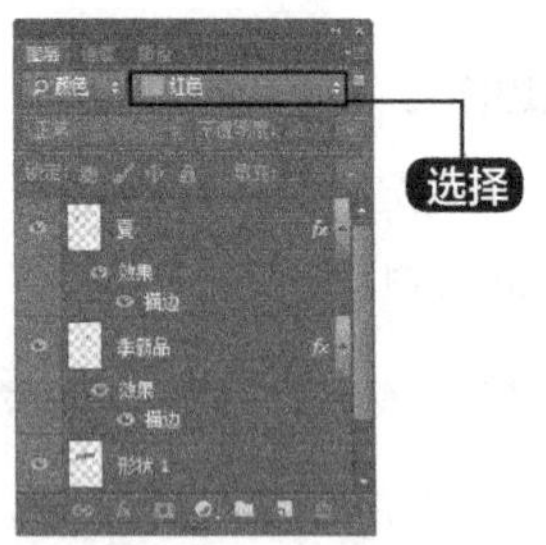

3 单击鼠标右键

选择所有显示的图层，单击鼠标右键，在打开的快捷菜单中选择颜色，效果如图所示。

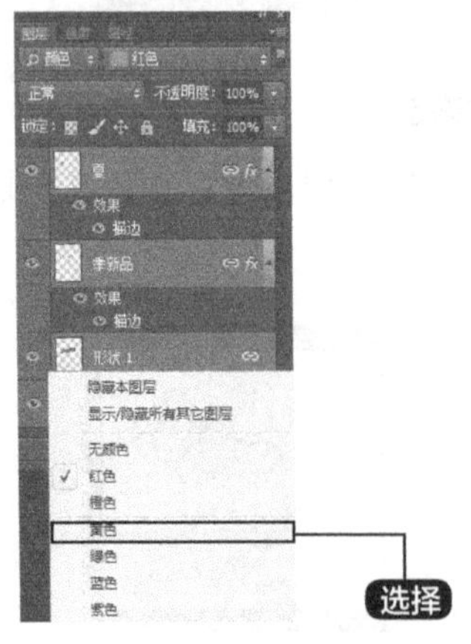

4 选取类型菜单命令

单击【选取滤镜类型】下拉按钮，在快捷菜单中选取【类型】菜单命令。在【图层】面板中可看到之前红色的图层全部更改为黄色。

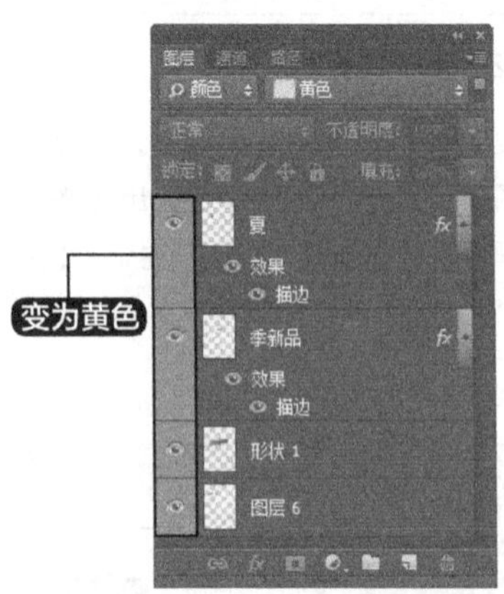

第6章 蒙版与通道

重点导读

本章视频教学时间：24分钟 

蒙版是一种特殊的选区，它的目的是保护选区内部图像不被操作，而选区外部图像则可进行编辑和处理。通道有多种用途，它可以显示图像的分色信息、存储图像的选取范围和记录图像的特殊色信息。如果用户只是简单地应用Photoshop来处理图片，有时可能用不到通道，但是有经验的用户却离不开通道。

学习效果图

6.1 快速蒙版

本节视频教学时间 / 1分钟 

快速蒙版是对选区进行精细的修改。应用快速蒙版后，会创建一个暂时的图像上的屏蔽，同时亦会在通道浮动窗中产生一个暂时的Alpha通道。它是对所选区域进行保护，让其免于被操作，而处于蒙版范围外的地方则可以进行编辑与处理。

6.1.1 创建快速蒙版

创建快速蒙版的具体操作步骤如下。

1 打开素材

打开随书光盘中的“素材\ch06\01.jpg”文件。

2 新建图层

将【背景】图层拖曳到【图层】面板下方的【创建新图层】按钮上，新建【背景 拷贝】图层。

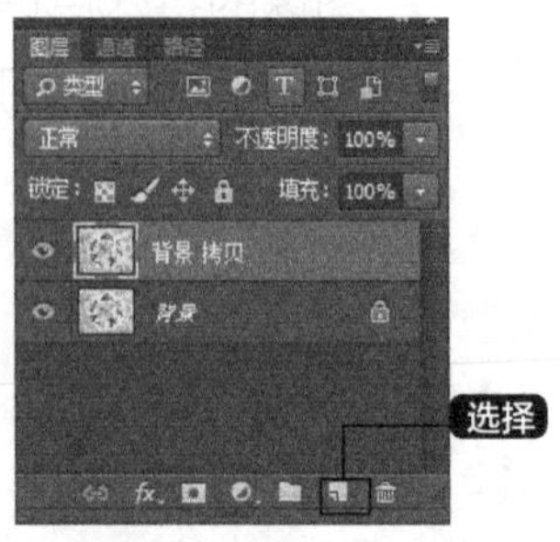

3 反选

选中【背景 拷贝】图层，选择【椭圆选框工具】，选择盘子图形，按【Ctrl+Shift+I】组合键反选。

4 切换快速蒙版

单击工具箱中的【以快速蒙版模式编辑】按钮，切换到快速蒙版状态。

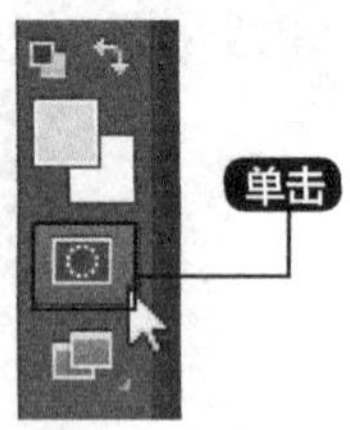

5 效果图

效果图如下图所示。

6.1.2 编辑快速蒙版

用户可以根据需求编辑快速蒙版。

(1) 修改蒙版

将前景色设定为白色，用【画笔修改工具】可以擦除蒙版（添加选区）；将前景色设定为黑色，用【画笔修改工具】可以添加蒙版（删除选区）。

(2) 修改蒙版选项

双击【以快速蒙版模式编辑】按钮 ，弹出【快速蒙版选项】对话框，从中可以对快速蒙版的各种属性进行设定。

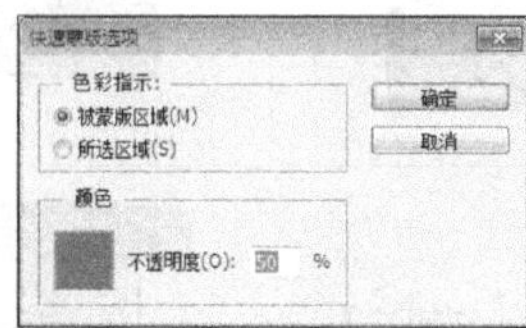

提示

【颜色】和【不透明度】设置都只影响蒙版的外观，对如何保护蒙版下面的区域没有影响。更改这些设置能使蒙版与图像中的颜色对比更加鲜明，从而具有更好的可视性。

(1) 【被蒙版区域】单选项：可使被蒙版区域显示为50%的红色，使选中的区域显示为透明。用黑色绘画可以扩大被蒙版区域，用白色绘画可扩大选中区域。选中该单选项时，工具箱中的【以快速蒙版模式编辑】按钮显示为灰色背景上的白圆圈。

(2)【所选区域】单选项：可使被蒙版区域显示为透明，使选中区域显示为50%的红色。用白色绘画可以扩大被蒙版区域，用黑色绘画可以扩大选中区域。选中该单选项时，工具箱中的【以快速蒙版模式编辑】按钮显示为白色背景上的灰圆圈。

(3)【颜色】选择框：用于选取新的蒙版颜色，单击颜色框可选取新颜色。

(4)【不透明度】文本框：用于更改不透明度，可在【不透明度】文本框中输入一个0～100的数值。

6.2 图层蒙版

本节视频教学时间 / 4分钟 

图层蒙版是加在图层上的一个遮盖，可通过创建图层蒙版来隐藏或显示图像中的部分或全部。

6.2.1 图层蒙版的基本操作

下面通过两张图片的拼合来讲解图层蒙版的基本操作。

1 打开素材文件

打开随书光盘中的“素材\ch06\03.jpg”和“素材\ch06\04.jpg”文件。

2 新建图层

选择【移动工具】，将“03”拖曳到“04”文档中，新建【图层1】图层。

3 添加蒙版

单击【图层】面板中的【添加矢量蒙版】按钮，为【图层1】添加蒙版，选择【画笔工具】，设置画笔的大小和硬度。

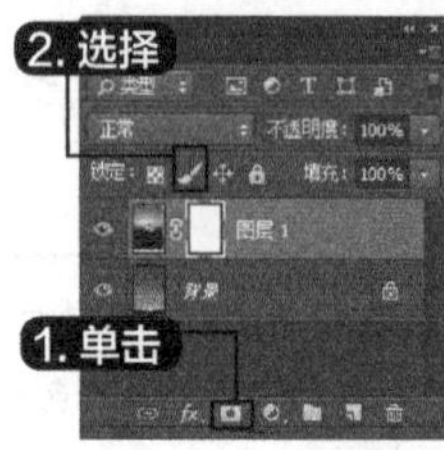

4 设置前景色

将前景色设为黑色，在画面上方进行涂抹。

5 合并图层

按【Ctrl+E】组合键合并图层，然后选择【图像】➤【调整】➤【色彩平衡】菜单命令，调整颜色，使图像色调协调，单击【确定】按钮，最终效果如下图所示。

6.2.2 图层蒙版的应用

下面通过利用图层蒙版抠图来讲解图层蒙版的应用。

1 打开素材文件

打开随书光盘中的“素材\ch06\05.jpg”和“素材\ch06\06.jpg”文件。

2 改变图层

选择“05.jpg”，双击背景缩览图，将背景图层变为一般图层【图层0】。

3 调整图形

选择【移动工具】，将图像拖入“06.jpg”中，按【Ctrl+T】组合键调整大小，按【Enter】键应用调整。

4 添加图层蒙版

按【Alt】键单击【图层】面板下的【添加图层蒙版】按钮，添加图层蒙版。

5 使用画笔工具

选择【画笔工具】，在【图层蒙版】上擦出人物的形状，效果图如下。

6.3 矢量蒙版

本节视频教学时间 / 4分钟 

矢量蒙版是由钢笔或者形状工具创建的与分辨率无关的蒙版，它通过路径和矢量形状来控制图像显示区域，常用来创建Logo、按钮、面板或其他Web设计元素。

6.3.1 创建矢量蒙版

下面讲解创建矢量蒙版的基本操作。

1 打开素材文件

打开随书光盘中的“素材\ch06\07.jpg”文件。

2 创建图层

将【背景】图层拖曳到【创建新图层】按钮上，创建【背景 拷贝】图层。

3 绘制图形

选中【背景 拷贝】图层，选择【钢笔工具】在图像上绘制图形。

4 创建矢量蒙版

选择【图层】➤【矢量蒙版】➤【当前路径】菜单命令，创建矢量蒙版。

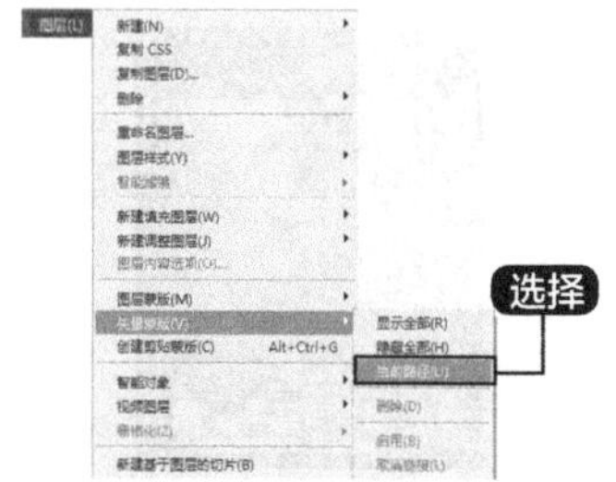

6.3.2 编辑矢量蒙版

下面通过使用矢量蒙版制作艺术图片来介绍编辑蒙版的基本操作。

1 打开素材文件

打开随书光盘中的“素材\ch06\08.jpg”和“素材\ch06\09.jpg”文件。

2 改变图层

选择“09.jpg”，双击背景缩览图，将背景图层变为一般图层【图层0】。

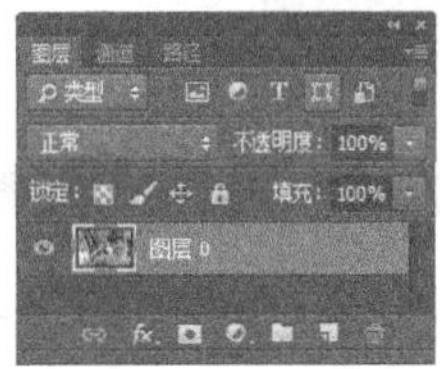

3 调整大小

选择【移动工具】，将图像拖入“08.jpg”中，按【Ctrl+T】组合键调整大小，按【Enter】键应用调整。

4 创建图层

选择【背景】图层，将【背景】图层拖入【创建新图层】按钮中，创建【背景 拷贝】图层。

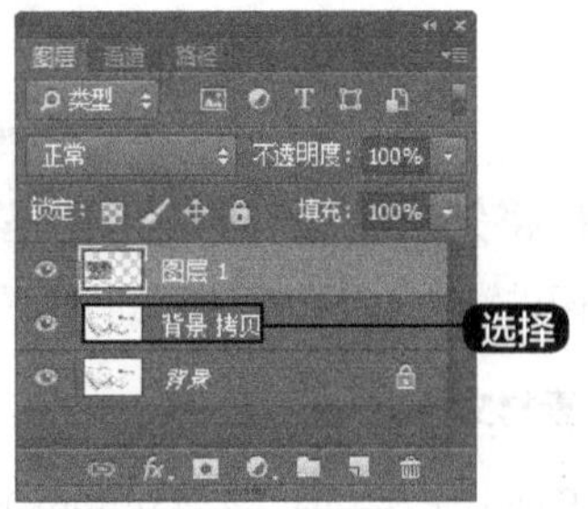

5 绘制路径

选中【图层1】图层，选择【钢笔工具】在图像上绘制一个“心形”路径。

6 创建矢量蒙版

选择【图层】➤【矢量蒙版】➤【当前路径】菜单命令，创建矢量蒙版。

7 效果图

效果图如下。

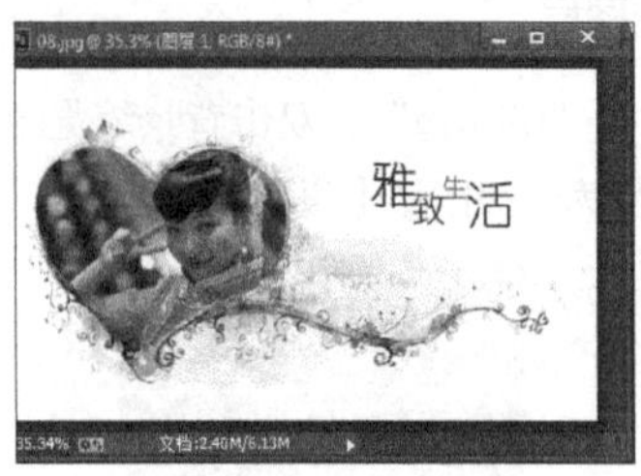

8 设置浓度

双击【矢量蒙版】缩览图中的图像，在弹出的【属性】面板中设置【浓度】和【羽化】参数，如下图所示。

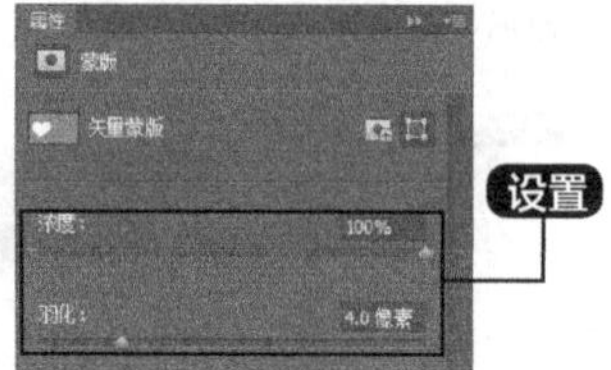

9 效果图

最终效果图如下。

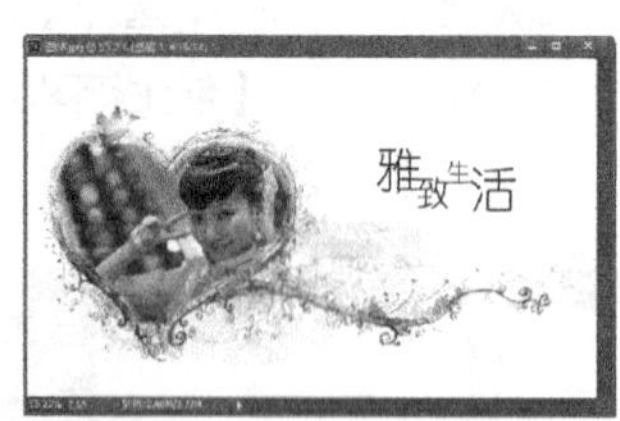

6.3.3 将矢量蒙版转换为图层蒙版

下面讲解将矢量蒙版转换为图层蒙版的基本操作。

1 打开素材文件夹

打开随书光盘中的“素材\ch06\05.jpg”文件。

2 改变图层

选择“05.jpg”，双击背景缩览图，将背景图层变为一般图层【图层0】。

3 创建图层蒙版

选中【图层0】，单击【图层】面板下方的【添加图层蒙版】按钮，在【图层0】上创建图层蒙版。

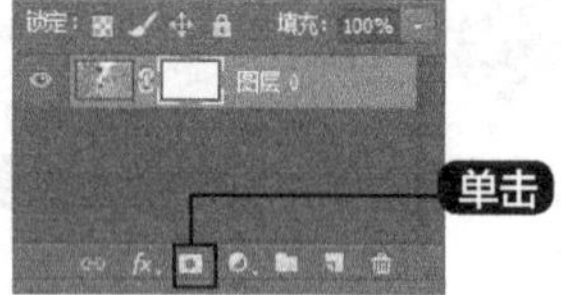

4 编辑图形

单击【切换前景色和背景色】按钮，选择【画笔工具】编辑图形。

5 选择通道面板

选择【通道】面板，可见【通道】面板中增加了为斜体字的【矢量蒙版通道】“图层 0蒙版”。

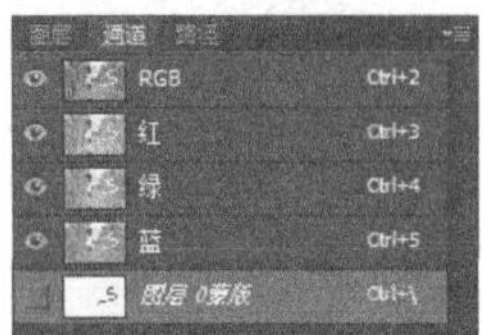

6 新增通道

将【图层 0蒙版】通道拖曳到【创建新通道】按钮，即可新增为正体字的【图层蒙版通道】“图层 0蒙版 拷贝”通道。

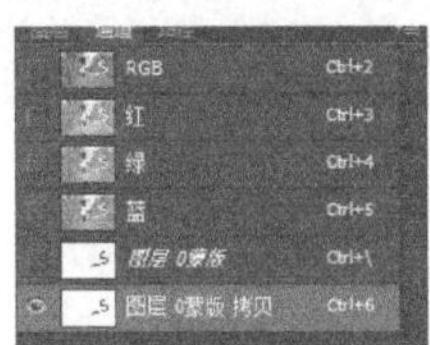

提示

在【通道】面板中，矢量蒙版通道为斜体字，图层蒙版通道为正体字。

6.4 剪贴蒙版

本节视频教学时间 / 2分钟

剪贴蒙版一般用于文字、形状和图像之间的相互合成。剪贴蒙版是由两个或两个以上的图层构成的，处于下层的图层被称作基层，用于控制其上方的图层所显示的区域，其上方的图层被称作内容图层。

在一个剪贴蒙版中，基层图层只能有一个，而内容图层可以有若干个。

6.4.1 创建剪贴蒙版

创建剪贴蒙版的具体操作步骤如下。

1 打开素材文件

打开随书光盘中的“素材\ch06\10.jpg”和“素材\ch06\07.jpg”文件。

2 改变图层

选择“07.jpg”，双击背景缩览图，将背景图层变为一般图层【图层0】。

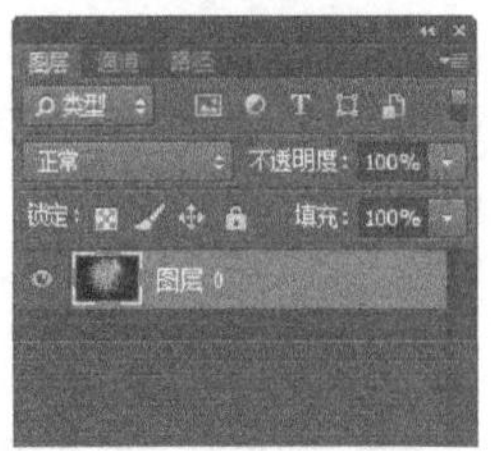

3 调整图形大小

选择【移动工具】，将图像拖入“10.jpg”中，按【Ctrl+T】组合键调整大小，按【Enter】键应用调整。

4 创建剪贴蒙版

选中【图层0】，选择【图层】➤【创建剪贴蒙版】菜单命令，创建剪贴蒙版。

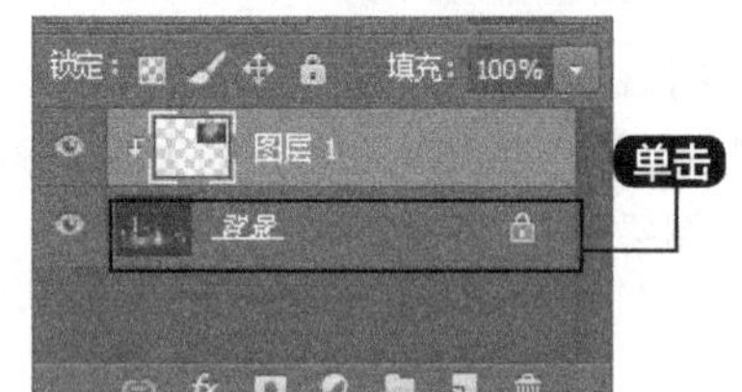

6.4.2 设置剪贴蒙版

可以根据需要设置剪贴蒙版的不透明度和混合模式。

1. 设置剪贴蒙版的不透明度

剪贴蒙版组使用基底图层的不透明度属性，因此，调整基底图层的不透明度时，可以控制整个剪贴蒙版组的不透明度。

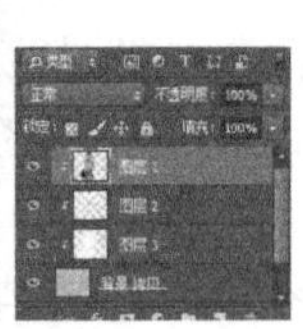

调整内容的不透明度时，不会影响到剪贴蒙版组的其他图层。

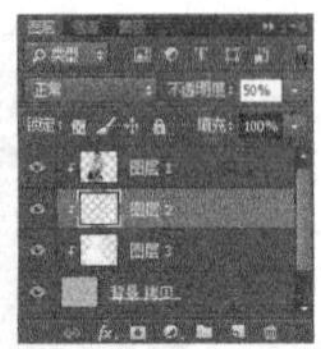

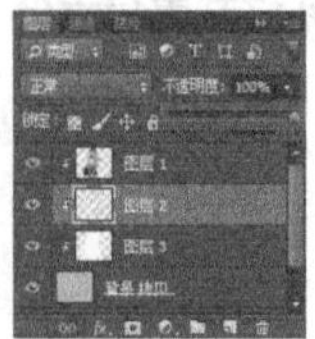

2. 设置剪贴蒙版的混合模式

剪贴蒙版使用基底图层的混合属性，当基底图层为“正常”模式时，所有的图层会按照各自的混合模式与下面的图层混合。调整基底图层的混合模式时，整个剪贴蒙版中的图层都会使用此模式与下面的图层混合。调整图层时，仅对其自身产生作用，不会影响其他图层。

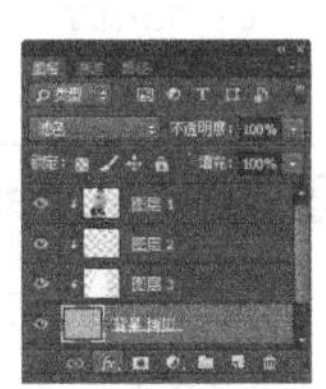

6.5 通道的基本操作

本节视频教学时间 / 1分钟

Photoshop CC中通道的基本操作主要包括创建新的通道、复制/删除通道、将通道作为选区载入、将选区存储为通道以及通道蒙版的应用等。

6.5.1 创建通道

在Photoshop CC中新建通道的方法有多种，下面具体介绍创建方法。

1 将图层反相

打开随书光盘中的“素材\ch06\11.jpg”。切换到【图层】面板，按【Ctrl+I】快捷键，将图层反相。

2 新建通道

按【Ctrl+A】快捷键全选图像，再按【Ctrl+C】快捷键复制图像。切换到【通道】面板，按住【Alt】键单击【创建新通道】按钮，或者选择该面板弹出式菜单中的【新建通道】命令，打开【新建通道】对话框，保持默认设置，然后单击【确定】按钮，即可在【通道】中新建一个全黑的Alpha通道。

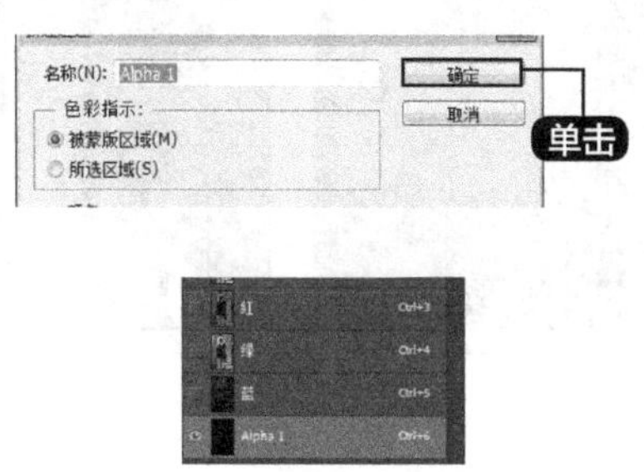

名称：设置新建的Alpha通道的名称。

被蒙版区域：单击该选项，颜色将覆盖蒙版区域，也就是未选区域。新建的Alpha通道中显示黑色，可以使用白色在通道中绘图，白色区域为选取区域。

所选区域：单击该选项，颜色覆盖被选取区域。新建的Alpha通道中显示白色。可以使用黑色在通道中绘图，黑色区域为选取区域。

颜色：单击色块，可以设置蒙版中覆盖选取区域或未选区域的颜色。【不透明度】选项用于设置所填充颜色的不透明程度。在此设定的颜色和不透明度只能用于区分通道的蒙版区与非蒙版区，对图像本身没有影响。

3 Alpha通道的设置

按【Ctrl+V】快捷键，将复制的图像粘贴到Alpha通道中，然后按【Ctrl+D】快捷键取消选区。

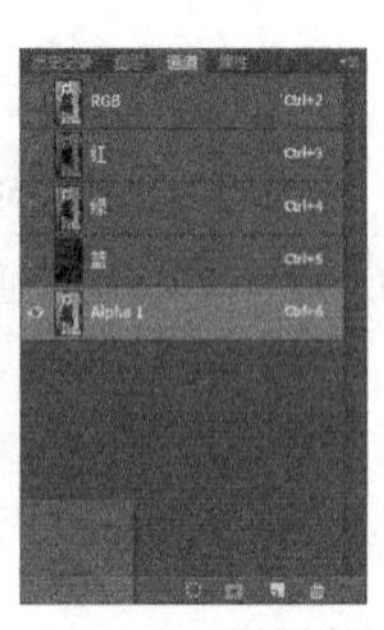

4 新建【Alpha2】

单击【创建新通道】按钮，新建【Alpha2】。

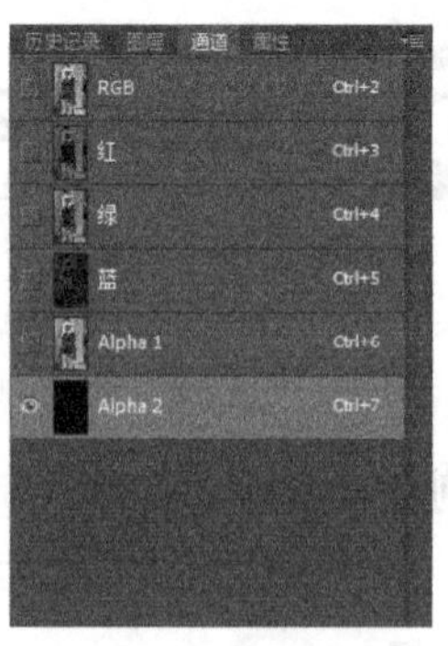

5 单击RGB通道

在【通道】面板中单击【RGB】通道，切换到显示RGB图像状态，然后使用【磁性套索工具】将女孩儿图像创建为选区。

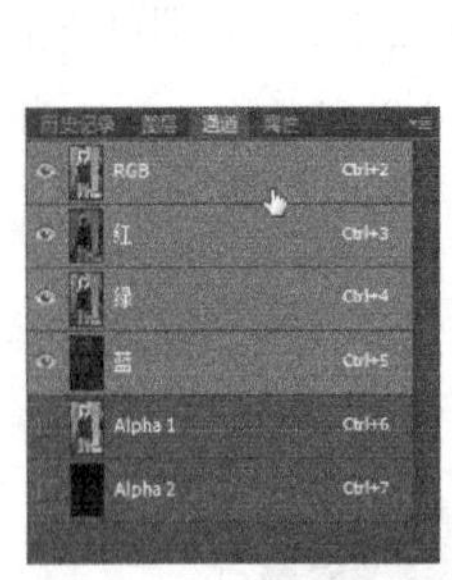

6 新建Alpha3通道

单击【通道】面板下方的【将选区存储为通道】按钮，新建【Alpha3】通道。

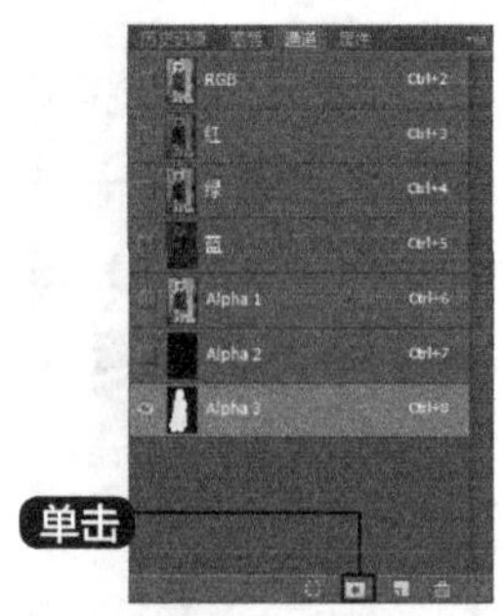

7 选取范围

在【Alpha3】中，白色部分为选取范围，黑色部分为未选取范围。

8 转换通道

用户还可以将Alpha通道转换为专色通道。单击【Alpha1】通道，将该通道选取，然后在通道弹出式菜单中选择【通道选项】命令，在弹出的【通道选项】对话框中单击【专色】单选项，再单击【确定】按钮，即可将当前选取的Alpha通道转换为专色通道。

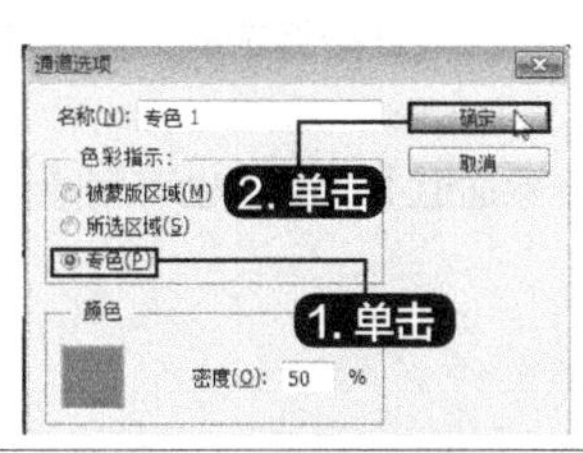

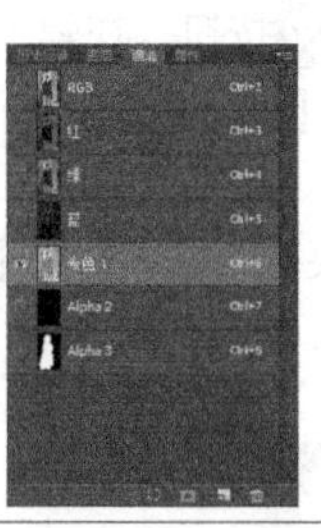

9 创建专色通道

要创建专色通道，可以在【通道】面板的弹出式菜单中选择【新建专色通道】命令，打开如图所示的【新建专色通道】对话框，保持默认设置，然后单击【确定】按钮即可。

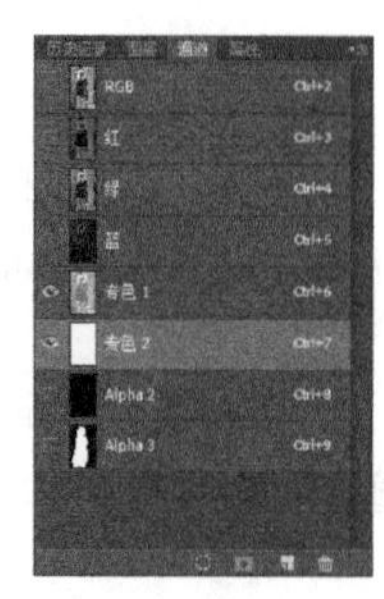

名称：用于设置新建专色通道的名称。

颜色：在右边的颜色框上单击，在弹出的【选择专色】对话框中设置油墨颜色，设置的颜色将在印刷该图像时起作用。

密度：用于设置油墨的密度，在这里设置的密度并不影响打印输出的效果，密度取值范围为0%~100%。数值为0%时，模拟完全显示下层油墨的油墨效果。数值为100%时，模拟完全覆盖下层油墨的油墨效果。

6.5.2 显示/隐藏通道

在【通道】面板中，当通道为可见状态时，该通道左侧会出现一个眼睛图标，单击该图标，可以切换通道的显示与隐藏状态。

单击【通道】面板中的复合通道，可以显示所有默认颜色信息通道。当显示所有默认的颜色信息通道时，复合通道也会显示。

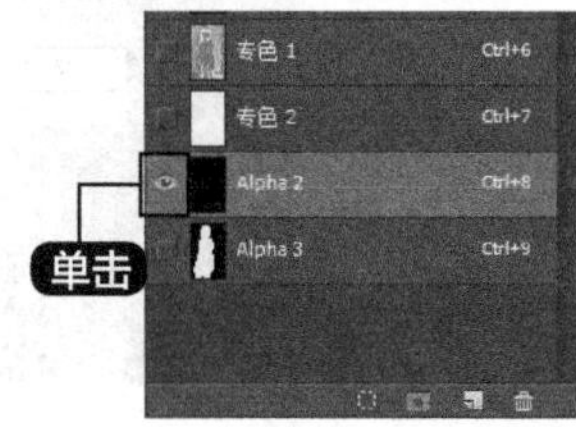

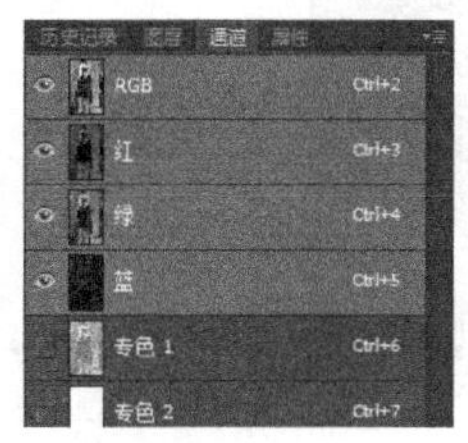

6.5.3 删除通道

在图像中创建通道后，会增加文件大小。如果文档中有不需要的通道，可以将它们删除，以提高电脑的运算速度。

在【通道】面板中，选择需要删除的通道，然后将其拖至【删除通道】按钮上，释放鼠标后即可将其删除。

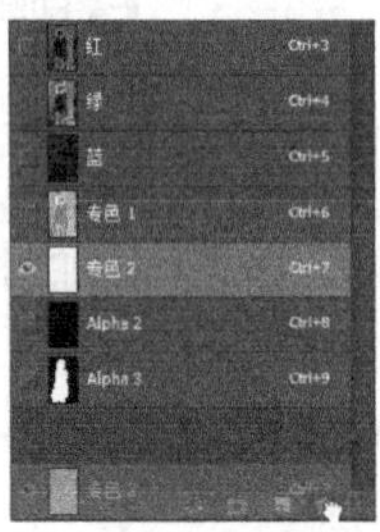

选择需要删除的通道，然后单击【删除通道】按钮，在弹出的【技巧与提示】对话框中单击【是】按钮，即可将其删除。按住【Alt】键单击【删除通道】按钮，可直接将选取的通道删除。

在需要删除的通道上单击鼠标右键，从弹出的快捷菜单中选择【删除通道】命令，也可删除该通道。

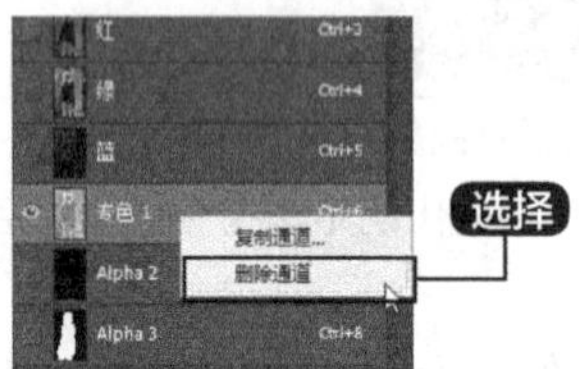

6.5.4 复制通道

在当前图像通道中，可以对一个通道中的图像信息进行复制，再移动到另一个图像文件通道中，而原通道中的图像将保持不变。复制通道的方法包括以下3种。

1 在【通道】面板中，将需要复制的通道拖至【创建新通道】按钮上，当鼠标指针变成状态时释放鼠标即可复制该通道。

2 在需要复制的通道上单击鼠标右键，从弹出的快捷菜单中选择【复制通道】命令，也可复制该通道。

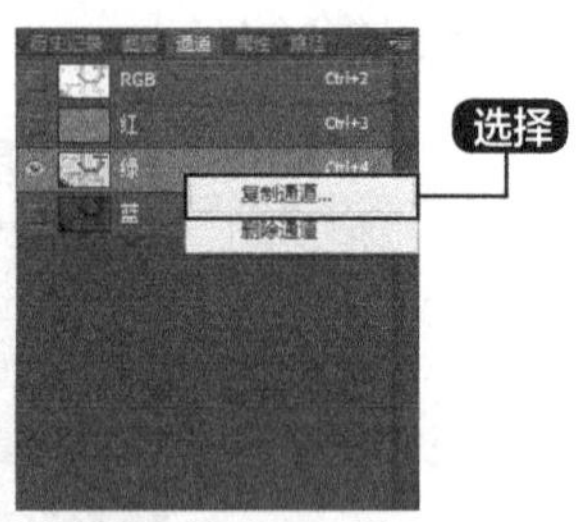

3 选择需要复制的通道，然后在【通道】面板的弹出式快捷菜单中选择【复制通道】命令。即可复制该通道。

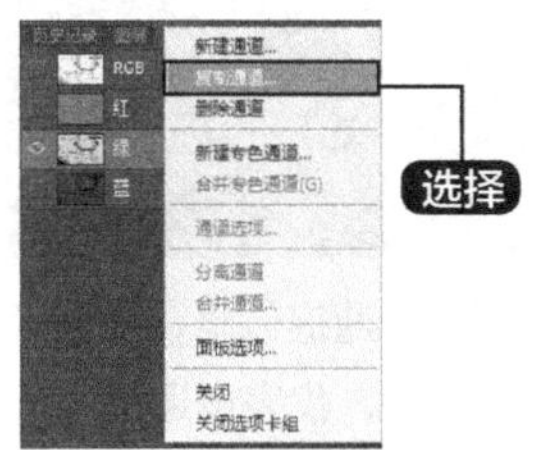

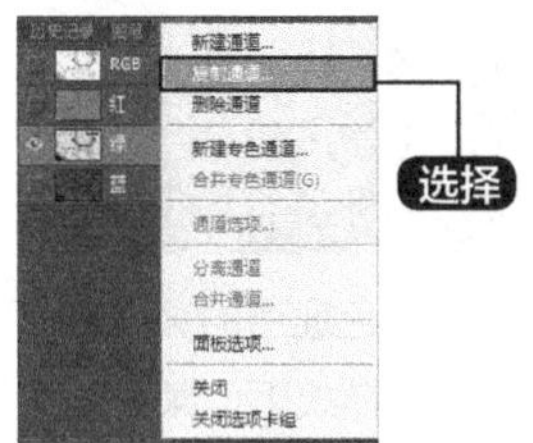

6.6 颜色通道的应用

本节视频教学时间 / 1分钟 

颜色通道在Photoshop CC中的主要作用就是存储颜色信息，任何对图像颜色的调整其实都是对颜色通道的调整，只要了解了什么叫作颜色通道，就可以掌握如何对图像进行颜色调整。

6.6.1 颜色通道用于存储颜色信息

打开图片后，【通道】面板中会自动生成4个通道（其个数由色彩模式决定）。这 4 个通道均为颜色通道，其中RGB通道为复合通道，红通道、绿通道和蓝通道为原色通道，并且每个原色通道为89位灰阶图像。

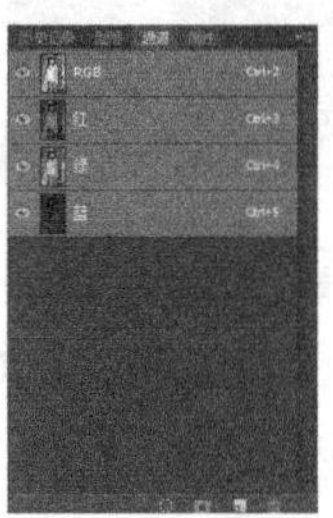

默认情况下为8位灰阶图像。但是可以设置为【通道用原色显示】。此时通道显示结果为彩色。通常情况下，为了便于观察操作，不会这样设置。

其中，每个通道不同的亮度代表该通道颜色信息分布的多少。

通过观察分析可以看到绿色通道的亮度最高，而其他通道偏暗，整幅彩色图像呈现绿色信息。由此可得出结论：在RGB色彩模式下，某个原色通道越亮，代表该通道中颜色信息越丰富。

打开图片后，如果是在CMYK模式下，那么某个通道越暗，代表该通道中的该颜色信息越丰富，通道越亮，代表该通道中的颜色信息越少。

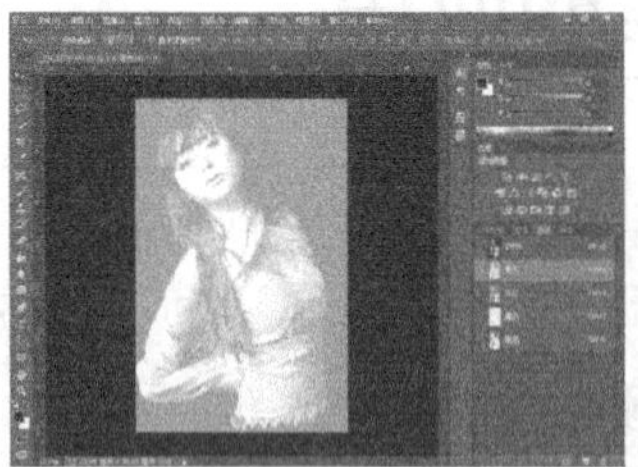

6.6.2 利用颜色通道调整图像色彩

原色通道中存储着图像的颜色信息。图像色彩调整命令主要是通过对通道的调整来起作用的，其原理就是通过改变不同色彩模式下原色通道的明暗分布来调整图像的色彩。

具体操作步骤如下。

1 打开素材文件

打开随书光盘中的“素材\ch06\12.jpg”文件，【通道】面板如图所示。

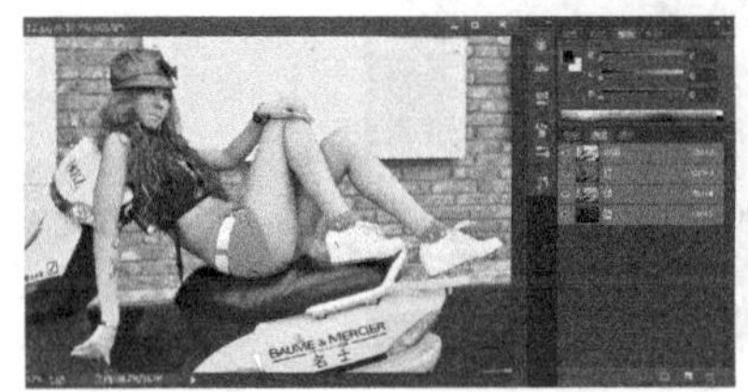

2 执行色阶命令

对其红色通道执行【图像】➤【调整】➤【色阶】命令，结果如图所示。

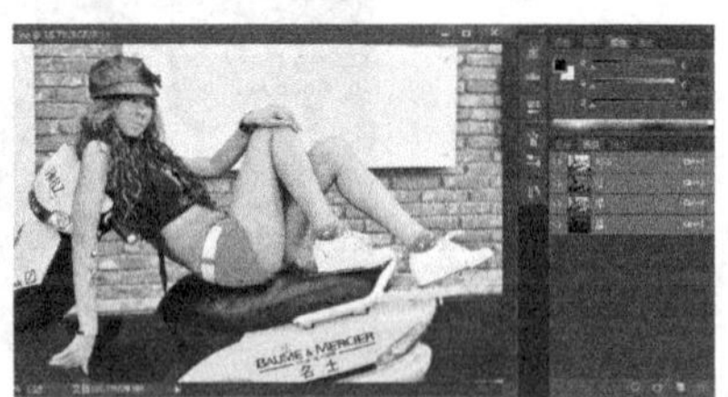

6.7 Alpha通道的应用

本节视频教学时间 / 3分钟

Alpha通道同样是一个8位的灰阶图像（无彩色信息）。默认情况下白色代表选区，黑色代表非选区，灰色代表半选择状态。

Alpha通道用于存储和编辑选区，方法如下。

方法一

在无选区的情况下打开随书光盘中的“素材\ch06\12.jpg”文件，然后直接单击【通道】面板上的【新建】按钮，此时创建的通道内的颜色为黑色，代表没有存储选区。

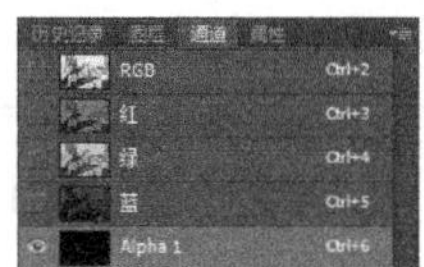

在按【Alt】键的同时单击【新建】按钮，弹出【新建通道】对话框。

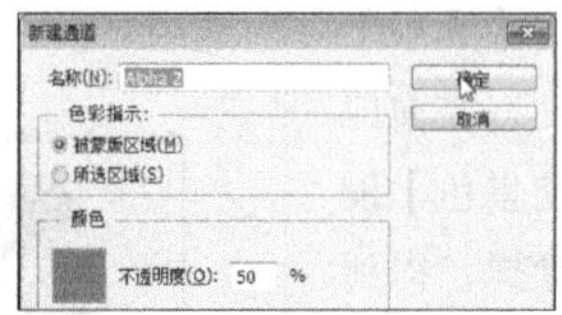

在【新建通道】对话框中可以对新建的通道命名，还可以调整色彩指示类型。

方法二

在有选区的情况下，通过单击按钮创建Alpha通道，其中白色部分代表选择区域，黑色部分代表非选择区域。

方法三

直接将某个通道拖曳到按钮上可以创建一个通道。

利用Alpha通道抠图的步骤如下。

1 打开素材文件

打开随书光盘中的“素材\ch06\13.jpg”和“素材\ch06\14.jpg”文件。

2 打开【通道】面板

选中“素材\ch06\13.jpg”，然后打开【通道】面板。

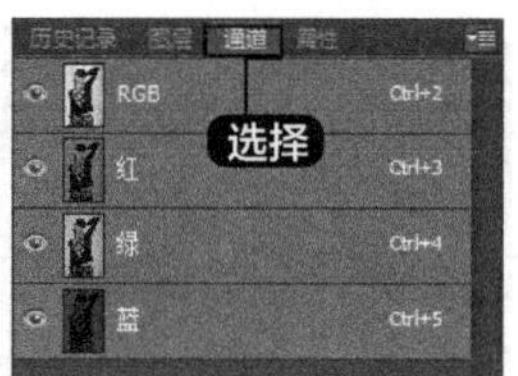

3 创建相同通道

选中红色通道，然后将红色通道复制得到名称为“红 拷贝”的Alpha通道。这样的目的是为了创建一个与红色通道一样的Alpha通道，通过该Alpha通道可以得到头发的选区。按【Ctrl+I】快捷键反相，将需要抠出来的头发变成白色区域（通道抠图的原理就是将需要抠的图变白，不要的变黑）。

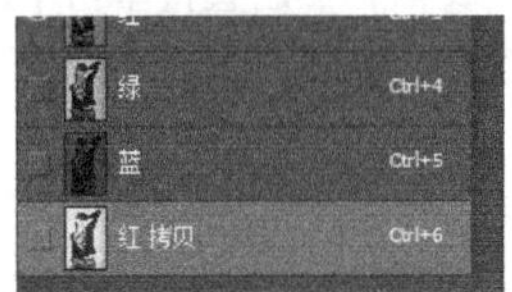

4 色阶

执行【图像】➤【调整】➤【色阶】命令，打开【色阶】对话框，数值设置如图所示。

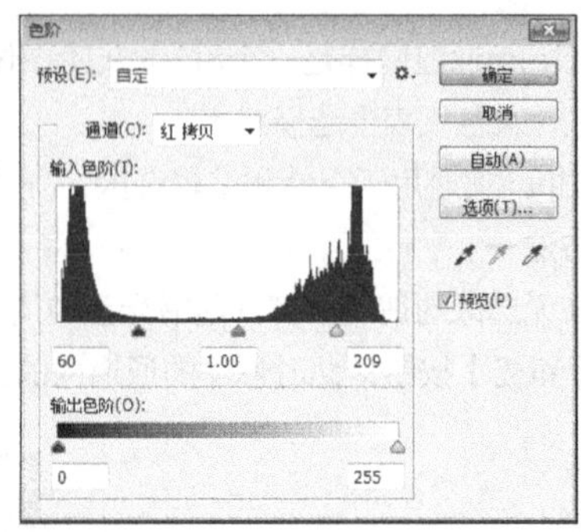

5 设置前景色

将前景色设为白色，选择【画笔工具】，在属性栏中单击【画笔】选项右侧，弹出【画笔】面板，选择需要的画笔形状，将【大小】设为“150”，【硬度】设为“0%”，在窗口将人物部分涂抹为“白色”，将【前景色】设为“黑色”，在窗口的灰色背景中涂抹，得到如图所示的效果。

6 反相

按住【Ctrl】键，单击【红 拷贝】通道获得选区，按【Ctrl+I】快捷键反相。再选择复合通道显示彩色图像。

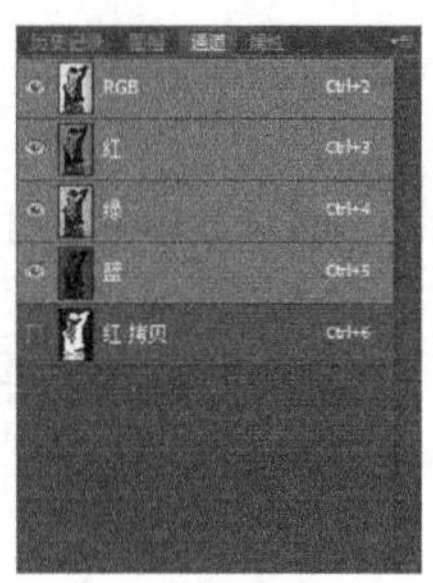

7 拖曳图形

用【钢笔工具】抠出的人物主题和用【通道工具】抠出的部分一起，使用【移动工具】将选区拖曳到“素材\ch06\14.jpg”中。

8 缩放图形

执行【编辑】➤【自由变换】命令对图像进行等比例缩放，调整到合适的大小即可。

还可以利用选区与滤镜对Alpha通道进行编辑以及利用Alpha通道创建特效。

6.8 专色通道的应用

本节视频教学时间 / 1分钟 

专色通道是一种特殊的混合油墨，一般用来替代或者附加到图像颜色油墨中。每个专色通道都有属于自己的印版，在对一张含有专色通道的图像进行印刷输出时，专色通道会作为一个单独的页被打印出来。

要新建专色通道，可从面板的下拉菜单中选择【新建专色通道】命令或者按住【Ctrl】键并单击【新建】按钮，即可弹出【新建专色通道】对话框，设定后单击【确定】按钮。

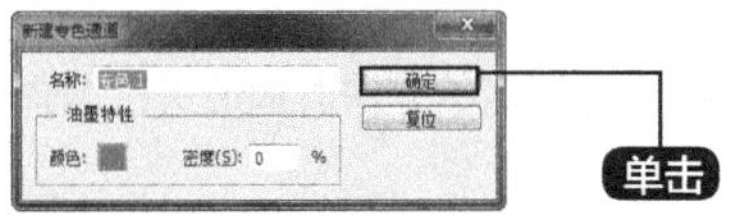

(1)【名称】文本框：可以给新建的专色通道命名。默认的情况下将自动命名为专色1、专色2等。在【油墨特性】选项组中可以设定颜色和密度。

(2)【颜色】设置项：用于设定专色通道的颜色。

(3)【密度】参数框：可以设定专色通道的密度，其范围为0~100%。这个选项的功能对实际的打印效果没有影响，只是在编辑图像时可以模拟打印的效果。这个选项类似于蒙版颜色的透明度。

使用专色通道制作人物剪影的具体操作步骤如下。

1 打开素材文件

打开随书光盘中的“素材\ch06\13.jpg”文件。

2 打开通道面板

打开【通道】面板，按住【Ctrl】键单击【通道】面板下方的【新建】按钮，弹出【新建专色通道】对话框，单击颜色色块。

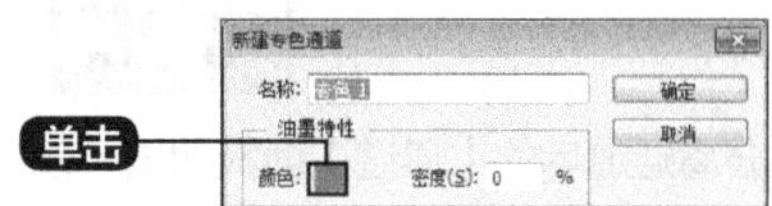

3 设置颜色

弹出【拾色器（专色）】对话框，设置颜色为黑色。

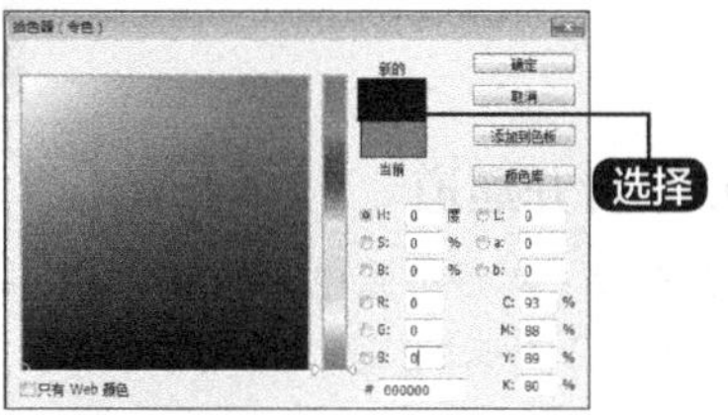

4 选取人物选区

打开【通道】面板，按住【Ctrl】键单击【Alpha1】通道，在图像中选取人物选区。最终剪影效果如图所示。

6.9 编辑通道

本节视频教学时间 / 3分钟 

本节主要讲述使用分离通道和合并通道的方法对通道进行编辑。

6.9.1 分离通道

选择【通道】面板菜单中的【分离通道】命令，可以将通道分离成为单独的灰度图像，其标题栏中的文件名为原文件的名称加上该通道名称的缩写，而原文件则被关闭。当需要在不能保留通道的文件格式中保留单个通道信息时，分离通道是非常有用的。

分离通道后，主通道会自动消失，例如RGB模式的图像分离通道后只得到R、G和B这3个通道。分离后的通道相互独立，被置于不同的文档窗口中，但是它们共存于一个文档，可以分别进行修改和编辑。在制作出满意的效果后还可以再将通道合并。下图所示为分离通道后的各个通道。

分离通道后的【通道】面板如图所示。

6.9.2 合并通道

在完成了对各个原色通道的编辑之后，还可以合并通道。在选择【合并通道】命令时会弹出【合并通道】对话框。

1 使用通道文件

使用6.9.1小节中分离的通道文件。

2 合并通道

单击【通道】面板右侧的小三角，在弹出的下拉菜单中选择【合并通道】命令，弹出【合并通道】对话框。在【模式】下拉列表中选择【RGB颜色】，单击【确定】按钮。

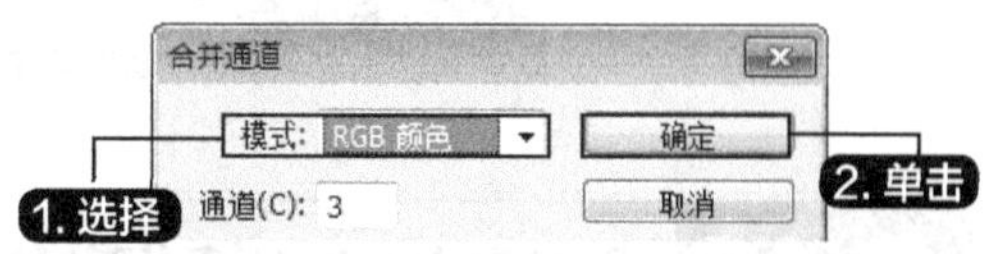

3 设置参数

在弹出的【合并RGB通道】对话框中，分别进行如下设置。

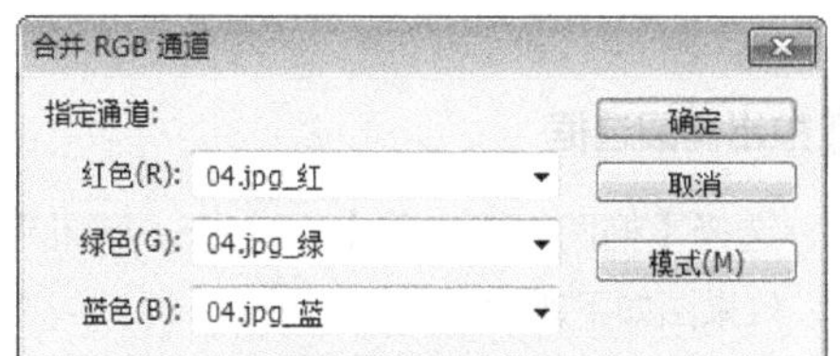

4 单击确定

单击【确定】按钮，将它们合并成一个RGB图像，最终效果如图所示。

6.9.3 将通道图像粘贴到图层

打开【通道】面板，选择需要的通道颜色，按住【Ctrl】键，用鼠标单击所选图层。按【Ctrl+C】快捷键复制通道图像，然后按【Ctrl+V】快捷键粘贴，可以直接粘贴到原图层上，还可以新建透明图层，然后粘贴即可。

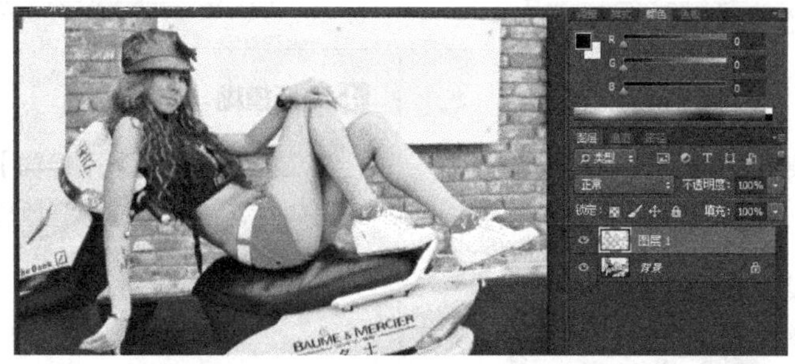

6.9.4 将图层图像粘贴到通道

单击需要复制的图层，按【Ctrl+A】快捷键全选图层，按【Ctrl+C】快捷键复制通道图像。在通道面板中新建一个通道，然后按【Ctrl+V】快捷键粘贴即可。

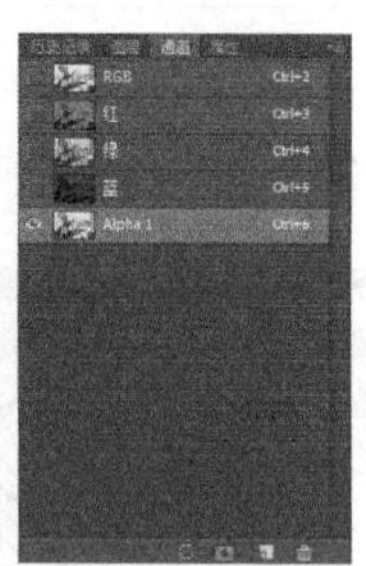

6.10 利用快速蒙版准确羽化图像

本节视频教学时间 / 2分钟

在Photoshop的多种处理过程中，羽化技术都被大量地使用，如抠图、虚光等，但羽化到什么程度为合适，多了不行，少了不对，往往要试验多次，经常叫人苦恼，使用Photoshop中的快速蒙版羽化功能即可完成一个准确的羽化。

1 打开素材文件

打开随书光盘中的“素材\ch06\人物.jpg”文件。

2 拉出椭圆选框

选择【椭圆选框工具】，拉出一个椭圆选框，效果图如下所示。

3 添加快速蒙版

单击【快速蒙版模式编辑】按钮，添加快速蒙版。

4 高斯模糊

选择【滤镜】➤【模糊】➤【高斯模糊】菜单命令，在弹出的【高斯模糊】窗口中调节【半径】参数。单击【确定】按钮。

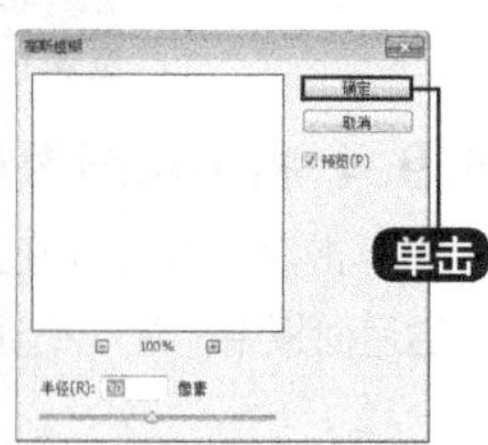

5 单击

单击【以标准模式编辑】按钮，退回到正常视图下。

6 填充白色

按【Ctrl+Shift+I】组合键反选，填充白色。

7 虚化完成

虚化完成后的效果如图所示。

高手私房菜

技巧：使用【计算】命令制作玄妙色彩图像

【计算】命令用于混合两个来自一个或多个源图像的单个通道，然后将结果应用到新图像或新通道中。

第一步：打开文件

选择【文件】➤【打开】菜单命令，打开随书光盘中的“素材\ch06\17.jpg”文件。

第二步：应用【计算】命令

1 选择【计算】命令

选择【图像】➤【计算】菜单命令，在打开的【计算】对话框中设置相应的参数。

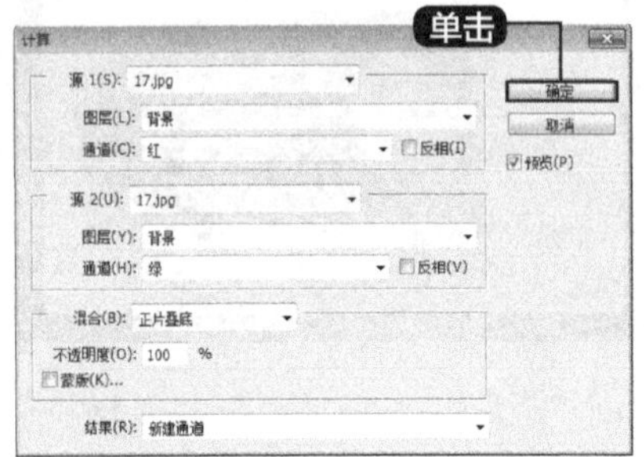

2 新建通道

单击【确定】按钮后，将新建一个【Alpha1】通道。

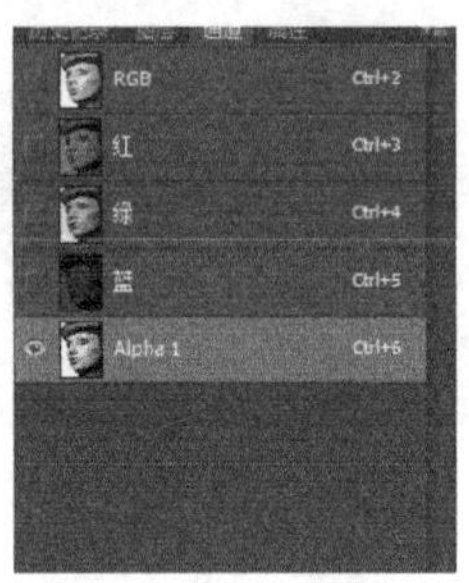

第三步：调整图像

1 得到选区

选择【绿】通道，然后按住【Ctrl】键单击【Alpha1】通道的缩略图，得到选区。

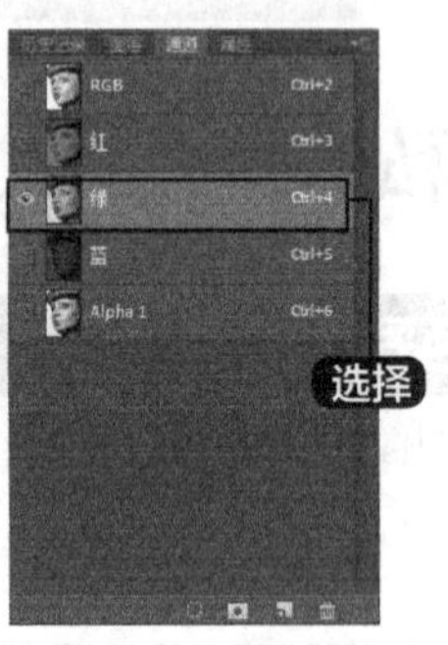

2 设置前景色

设置前景色为白色，按【Alt+Delete】组合键填充选区，然后按【Ctrl+D】组合键取消选区。

3 保存文件

选中RGB通道查看效果，并保存文件。

第 7 章
路径和矢量工具

重点导读

本章视频教学时间：24分钟

本章主要介绍路径的基本操作、矢量工具的基本概念及常用矢量工具的操作。

学习效果图

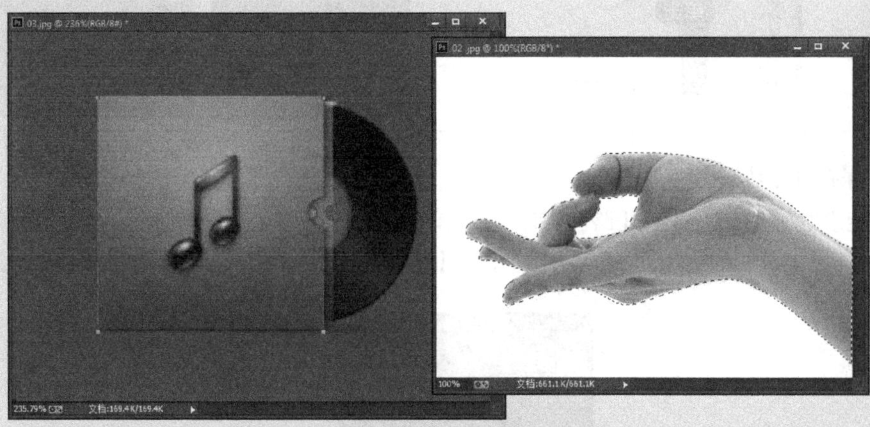

7.1 使用【路径】面板

本节视频教学时间 /5分钟 

在【路径】面板中可以对路径快速而方便地进行管理。【路径】面板可以说是集编辑路径和渲染路径的功能于一身。在这个面板中可以完成从路径到选区和从自由选区到路径的转换，还可以对路径施加一些效果，使路径看起来不那么单调。【路径】面板如下图所示。

7.1.1 创建路径

1 打开【路径】面板

选择【窗口】➤【路径】命令，弹出【路径】面板。

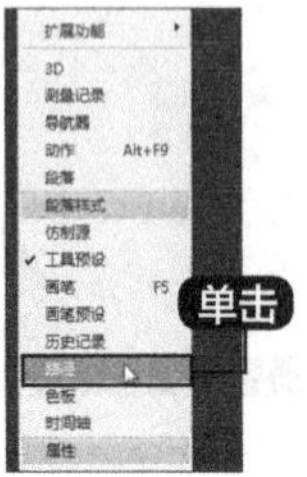

2 建立路径栏

单击【路径】面板中的【创建新路径】按钮，即可创建一个新的路径栏，如下图所示。

7.1.2 保存工作路径

绘制生成工作路径后，会在【路径】面板显示工作路径记录，但是，如果不将已经生成的路径保存，再生成新路径时，会自动清除原有路径，即【路径】面板中只有一个“工作路径”的记录。

通过双击【工作路径】，会弹出【存储路径】对话框，在【名称】文本框输入路径名称，单击【确定】按钮，可以将路径保存。

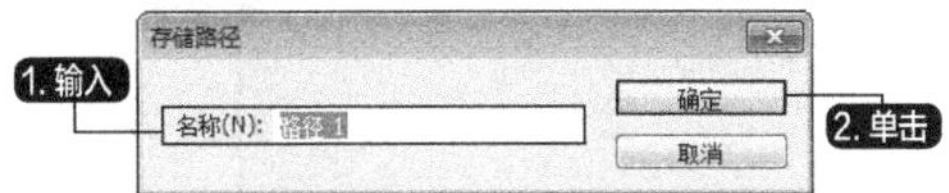

再次生成新的路径时，保存的【路径1】不会被清除，新生成的路径依然采用默认名“工作路径”。

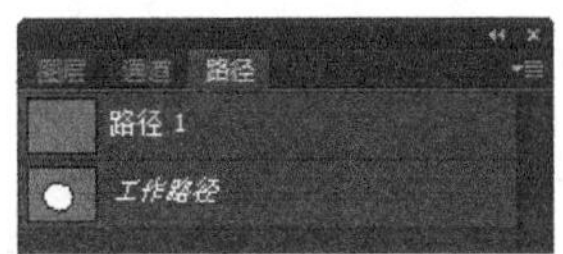

7.1.3 填充路径

单击【路径】面板上的【用前景色填充】按钮可以用前景色对路径进行填充。

1. 用前景色填充路径

1 设置图像尺寸

选择【文件】➤【新建】菜单命令，打开【新建】对话框，设置图像尺寸为“300像素×310像素”，单击【确定】按钮。

2 绘制路径

选择【自定形状工具】绘制一个路径。

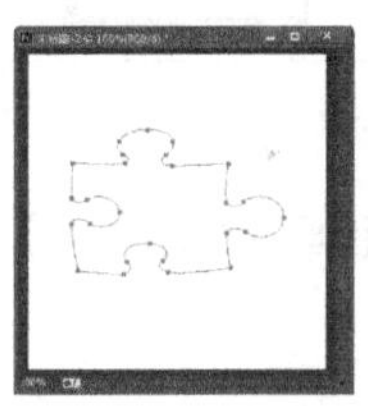

3 填充前景色

单击【路径】面板中的【用前景色填充路径】按钮填充前景色。

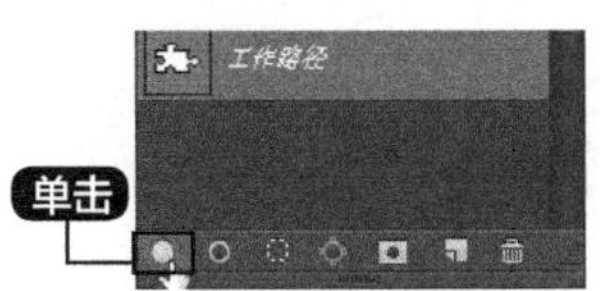

4 效果图

效果如下图所示。

2. 使用技巧

按【Alt】键的同时单击【用前景色填充】按钮可弹出【填充路径】对话框，在该对话框中可设置【使用】的方式、混合模式及渲染的方式，设置完成之后，单击【确定】按钮即可对路径进行填充。

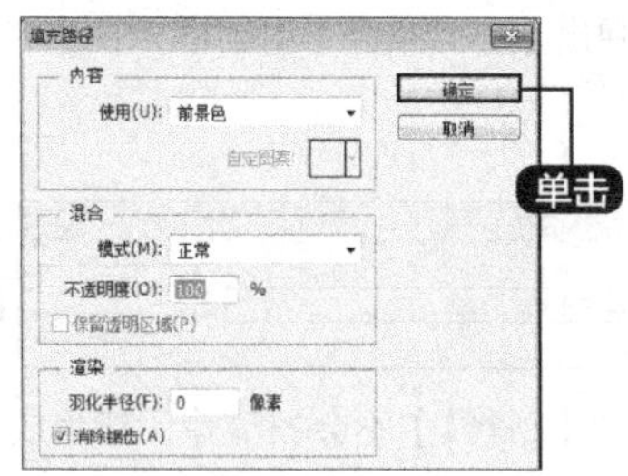

7.1.4 描边路径

单击【用画笔描边路径】按钮可以实现对路径的描边。

1. 用画笔描边路径

1 设置尺寸

选择【文件】➤【新建】菜单命令，打开【新建】对话框，设置图像尺寸为“300像素×310像素”，单击【确定】按钮。

2 绘制路径

选择【自定形状工具】绘制一个路径。

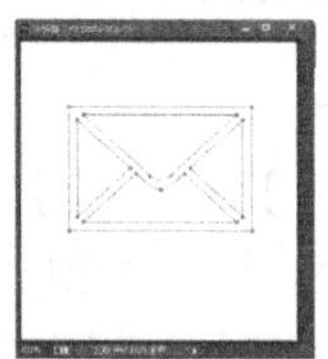

3 填充路径

单击【用画笔描边路径】按钮填充路径。

2. 【用画笔描边路径】使用技巧

描边情况与画笔的设置有关，所以要对描边进行控制，就需先对画笔进行相关设置（例如画笔的大小和硬度等）。按【Alt】键的同时单击【用画笔描边路径】按钮，弹出【描边路径】对话框，设置完描边的方式后，单击【确定】按钮即可对路径进行描边。

7.1.5 路径与选区的转换

单击【将路径作为选区载入】按钮可以将路径转换为选区进行操作，也可以按快捷键【Ctrl+Enter】完成这一操作。

将路径转化为选区的操作步骤如下。

1 打开素材图像

打开随书光盘中的“素材\ch07\02.jpg”图像，选择【魔棒工具】。

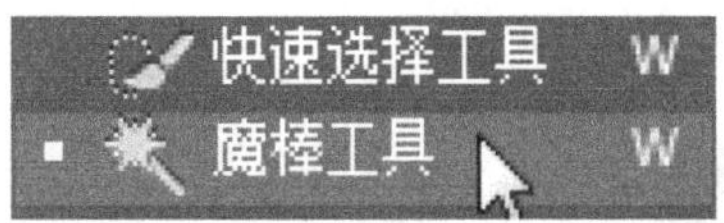

2 创建选区

在手以外的白色区域创建选区。

3 将选区转换为路径

按【Ctrl+Shift+I】组合键反选选区，在【路径】面板上单击【从选区生成工作路径】按钮，将选区转换为路径。

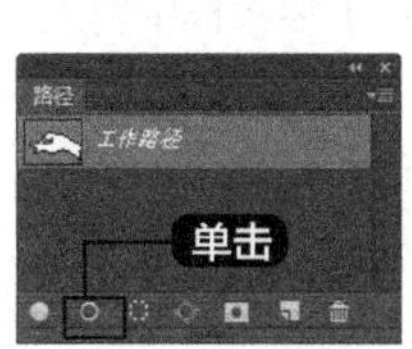

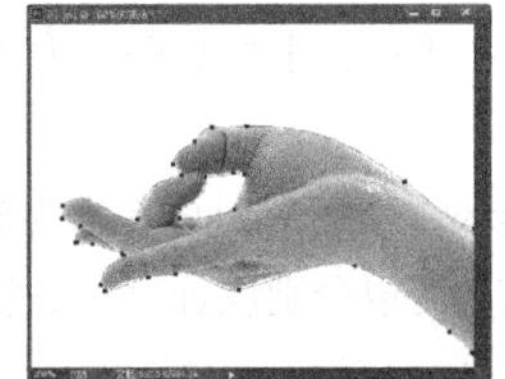

4 将路径载入为选区

单击【将路径作为选区载入】按钮，将路径载入为选区。

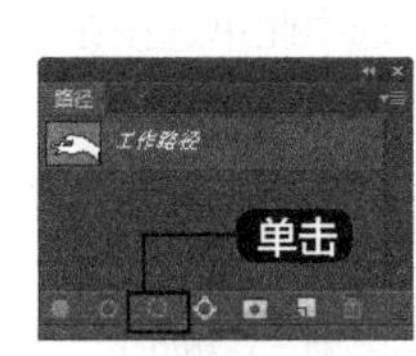

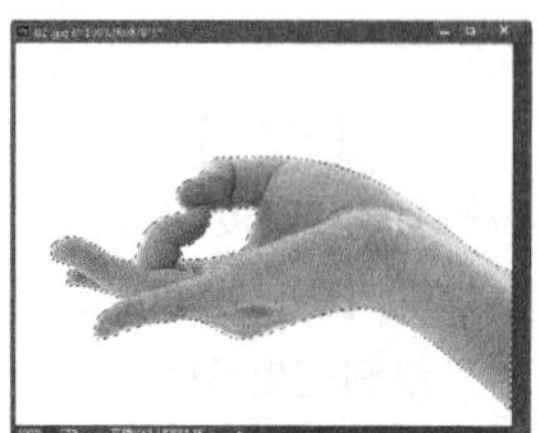

7.2 使用矢量工具

本节视频教学时间 / 9分钟 

矢量工具可以用来绘制矢量图像，常见的矢量工具有形状工具和钢笔工具。下面将详细介绍矢量工具的基础及使用方法。

7.2.1 绘制规则形状

Photoshop CC提供了5种绘制规则形状的工具：【矩形工具】、【圆角矩形工具】、【椭圆工具】、【多边形工具】和【直线工具】。

1. 绘制矩形

使用【矩形工具】可以很方便地绘制出矩形或正方形。

选中【矩形工具】，然后在画布上单击并拖曳鼠标即可绘制出所需要的矩形，若在拖曳鼠标时按住【Shift】键则可绘制出正方形。

矩形工具的属性栏如下。

单击按钮会出现矩形工具选项菜单，其中包括【不受约束】单选按钮、【方形】单选按钮、【固定大小】单选按钮、【比例】单选按钮、【从中心】复选框等。

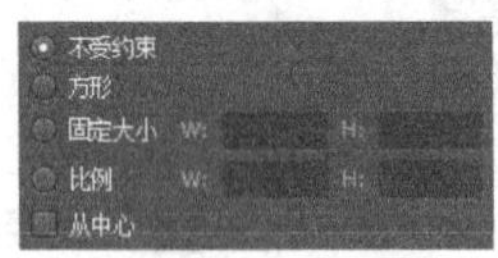

(1)【不受约束】单选按钮：选中此单选按钮，矩形的形状完全由鼠标的拖曳决定。

(2)【方形】单选按钮：选中此单选按钮，绘制的矩形为正方形。

(3)【固定大小】单选按钮：选中此单选按钮，可以在【W：】参数框和【H：】参数框中输入所需的宽度和高度的值，默认的单位为像素。

(4)【比例】单选按钮：选中此单选按钮，可以在【W：】参数框和【H：】参数框中输入所需的宽度和高度的整数比。

(5)【从中心】复选框：选中此复选框，拖曳矩形时，鼠标指针的起点为矩形的中心。

绘制完矩形后，右侧会出现【属性】面板，在其中可以分别设置矩形四个角的圆角值。

使用矩形工具绘制图形的操作步骤如下。

1 设置图像尺寸

选择【文件】➤【新建】菜单命令，打开【新建】对话框，设置图像尺寸为“300像素×310像素”，单击【确定】按钮。

2 绘制矩形

选择【矩形工具】，在新建的文件上拖曳鼠标绘制一个矩形。

提示

使用【圆角矩形工具】可以绘制具有平滑边缘的矩形。其使用方法与【矩形工具】相同，只需用鼠标在画布上拖曳即可。

【圆角矩形工具】的属性栏与【矩形工具】的相同，只是多了【半径】参数框一项。

【半径】参数框用于控制圆角矩形的平滑程度。输入的数值越大越平滑，输入0时则为矩形，有一定数值时则为圆角矩形。

2. 绘制椭圆

使用【椭圆工具】可以绘制椭圆，按住【Shift】键可以绘制圆。【椭圆工具】属性栏的用法和前面介绍的属性栏基本相同，这里不再赘述。

椭圆工具

1 设置图像尺寸

选择【文件】➤【新建】菜单命令，打开【新建】对话框，设置图像尺寸为“300像素×310像素”，单击【确定】按钮。

2 绘制椭圆

选择【椭圆工具】，在新建的文件上拖曳鼠标绘制一个椭圆。

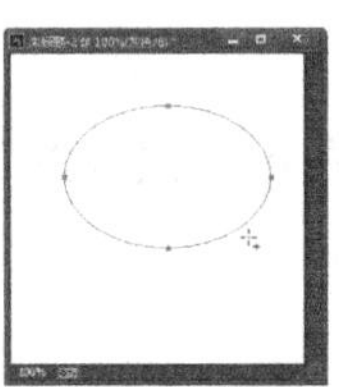

提示

使用【多边形工具】可以绘制出所需的正多边形。绘制时，鼠标指针的起点为多边形的中心，而终点则为多边形的一个顶点。

【边】参数框：用于输入所需绘制的多边形的边数。

单击属性栏中的按钮，可打开【多边形选项】设置框，其中包括【半径】、【平滑拐角】、【星形】、【缩进边依据】和【平滑缩进】等选项。

❶【半径】参数框：用于输入多边形的半径长度，单位为像素。

❷【平滑拐角】复选框：选中此复选框，可使多边形具有平滑的顶角。多边形的边数越多越接近圆形。

❸【星形】复选框：选中此复选框，可使多边形的边向中心缩进呈星状。

❹【缩进边依据】设置框：用于设定边缩进的程度。

❺【平滑缩进】复选框：只有选中【星形】复选框时此复选框才可选。选中【平滑缩进】复选框可使多边形的边平滑地向中心缩进。

使用【直线工具】可以绘制直线或带有箭头的线段。

使用的方法是：以鼠标指针拖曳的起始点为线段起点，拖曳的终点为线段的终点。按住【Shift】键可以将直线的方向控制在0°、45°或90°方向。

单击属性栏中的按钮可弹出【箭头】设置区，包括【起点】、【终点】、【宽度】、【长度】和【凹度】等项。

❶【起点】、【终点】复选框：二者可选择一个，也可以都选，用以决定箭头在线段的哪一方。

❷【宽度】参数框：用于设置箭头宽度和线段宽度的比值，可输入10%～1000%的数值。

❸【长度】参数框：用于设置箭头长度和线段宽度的比值，可输入10%~5000%的数值。

❹【凹度】参数框：用于设置箭头中央凹陷的程度，可输入－50%～50%的数值。

7.2.2 绘制不规则形状

使用【自定义形状工具】可以绘制不规则的图形或自定义图形。

1.【自定形状工具】的属性栏参数设置

【形状】设置项用于选择所需绘制的形状。单击【形状】下拉框右侧的小三角按钮会出现形状面板，这里存储着可供选择的形状。

单击面板右上侧的【设置】按钮，可以弹出一个下拉菜单。

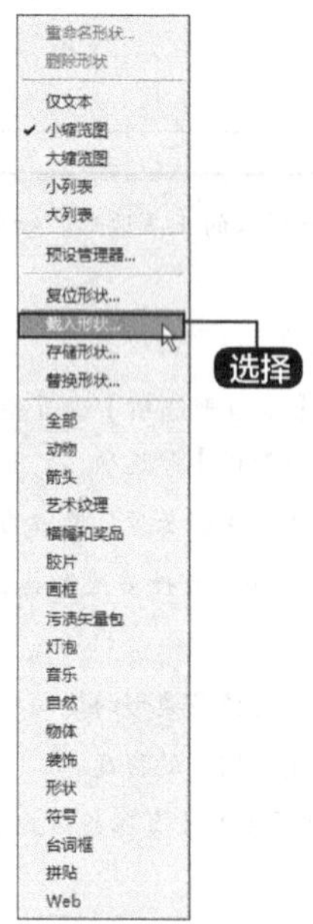

从中选择【载入形状】菜单项可以载入外形文件，其文件类型为*.CSH。

2. 使用【自定形状工具】绘制图画

1 设置图像尺寸

选择【文件】➤【新建】菜单命令，打开【新建】对话框，设置图像尺寸为“100像素×100像素”，单击【确定】按钮。

2 选择图形

选择【自定形状工具】，在【自定义形状】下拉列表中选择图形。设置前景色为黑色。

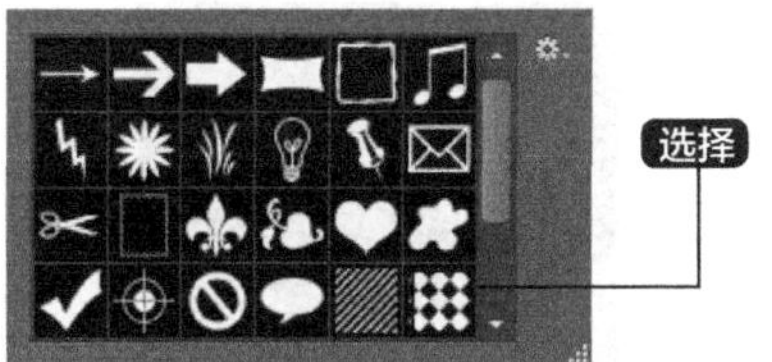

3 绘制不同的形状

在图像上单击鼠标，并拖曳鼠标即可绘制一个自定义形状，多次单击并拖曳鼠标可以绘制出大小不同的形状。

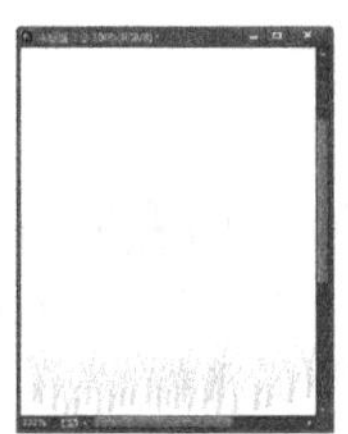

4 新建图层

新建一个图层。选择其他形状，继续绘制，直至完成绘制。

7.2.3 使用【钢笔工具】

【钢笔工具】是创建路径的主要工具。它不仅可以用来选取图像，而且可以绘制卡通动漫图。作为一个优秀的设计师应能熟练地使用它。

1. 绘制直线

1 打开素材文件

打开随书光盘中的“素材\ch07\03.jpg”文件。

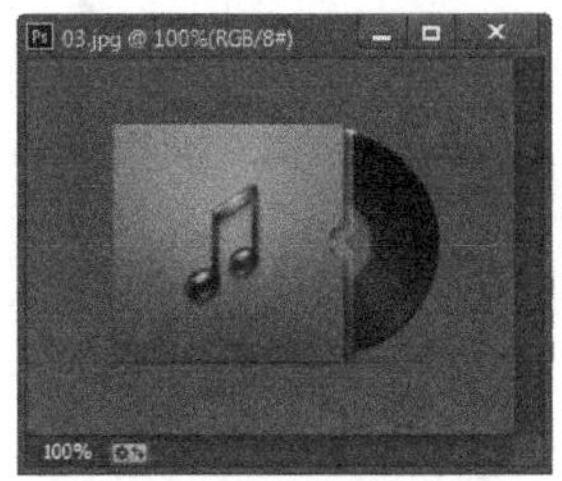

2 选择路径

选择【钢笔工具】，在工具栏中选择【路径】选项。将指针移至画面中（指针变为状），单击可创建一个锚点，如下图所示。

3 创建第二个锚点

放开鼠标按键，将指针移至下一处位置单击，创建第二个锚点，两个锚点会连接成一条由角点定义的直线路径。在其他区域单击可继续绘制直线路径。如下图所示。

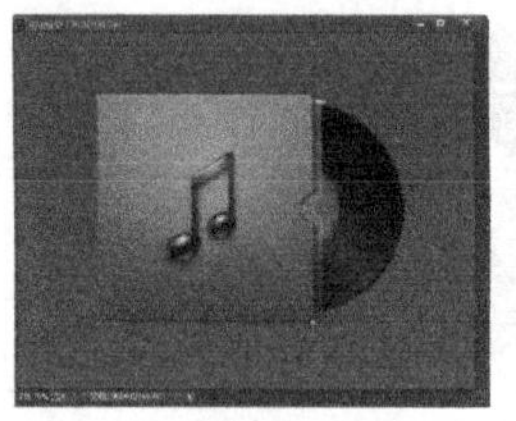

4 闭合路径

如果要闭合路径，可以将光标放在路径的起点，当指针变为 状时，单击即可闭合路径。如下图所示。

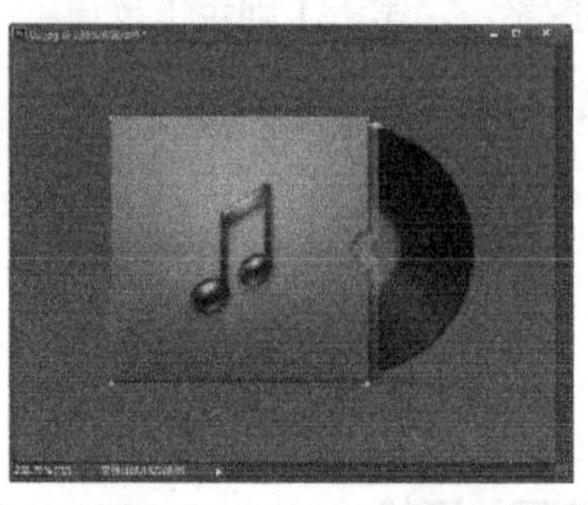

提示

直线的绘制方法比较简单，在操作时只能单击，不要拖曳鼠标，否则将创建曲线路径。如果要绘制水平、垂直或以45° 角为增量的直线，可以按住【Shift】键操作。

2. 绘制曲线

1 新建一个空白文档

新建一个空白文档。

2 创建平滑点

选择【钢笔工具】，在工具栏中选择【路径】选项，在画面中单击并向上拖曳创建一个平滑点。如下图所示。

3 创建第二个平滑点

将指针移到下一处位置，单击并向下拖曳鼠标，创建第二个平滑点（在拖曳的过程中可以调整方向线的长度和方向，进而影响由下一个锚点生成的路径的走向，因此，要绘制好曲线路径，需要控制好方向线。

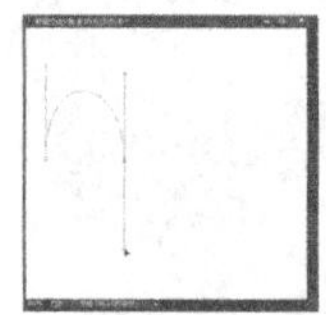

4 继续创建平滑点

继续创建平滑点即可生成一段光滑、流畅的曲线。如下图所示。

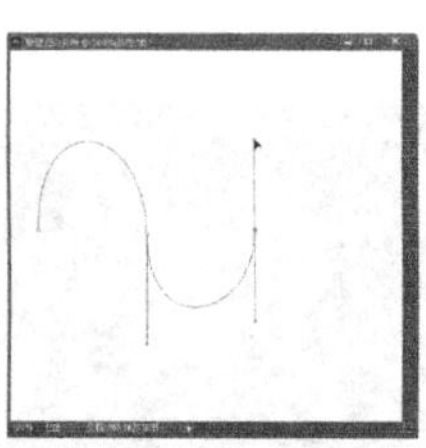

7.3 实战演练——制作水晶质橙子

本节视频教学时间 / 8分钟

本实例主要通过使用【路径】面板制作水晶质橙子，效果如图所示。

1 输入“水晶质橙子”

单击【文件】➤【新建】菜单命令。在弹出的【新建】对话框的【名称】文本框中输入“水晶质橙子”，设置【宽度】为“10厘米”，【高度】为“10厘米"，【分辨率】为“150像素/英寸”，【颜色模式】为“RGB颜色、8位”，【背景内容】为“白色”。单击【确定】按钮。

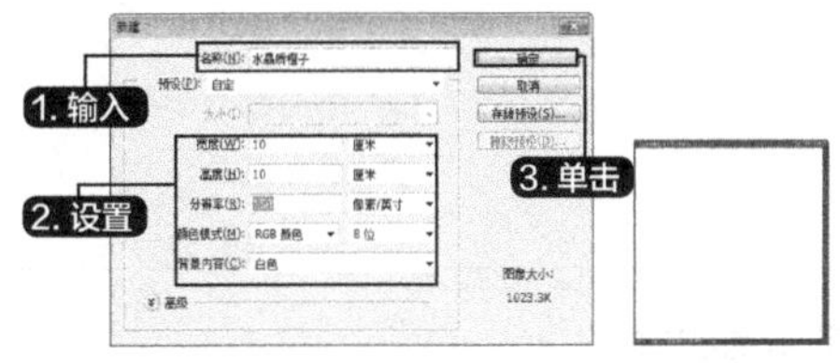

2 选择【路径】模式

选择【椭圆工具】，在工具选项板【选择工具模式】下拉菜单中选择【路径】模式，然后在画布上绘制出一个椭圆。

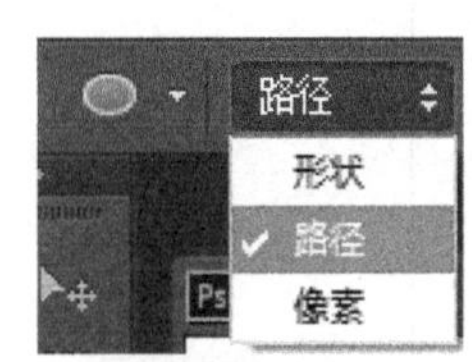

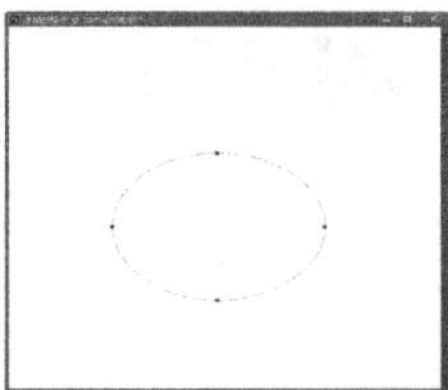

3 选择路径

打开【路径】面板，选择路径，然后单击【将路径作为选区载入】按钮。

4 选择【渐变填充工具】

选择【渐变填充工具】，在【渐变编辑器】中设置“浅黄”为（R:255,G:238,B:48），“橘黄”为（R:255,G:172,B:27），效果如图所示。

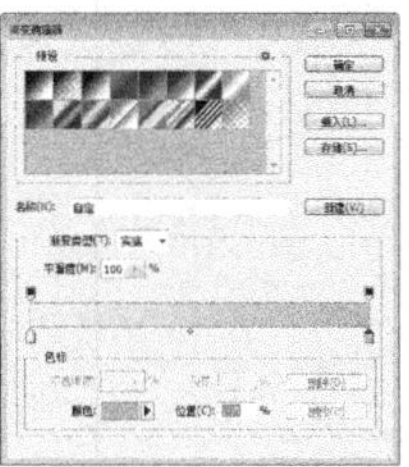

5 填充选区

单击【确定】按钮，对选区进行填充。

6 绘制区域路径

选择【钢笔工具】，在画布中绘制出橙子的暗部区域路径，并转换为选区，如图所示。

7 渐变

选择【渐变填充工具】，在【渐变编辑器】中设置“浅黄”为（255:220:30），“橘黄”为（255:145:3），进行填充，效果如图所示。

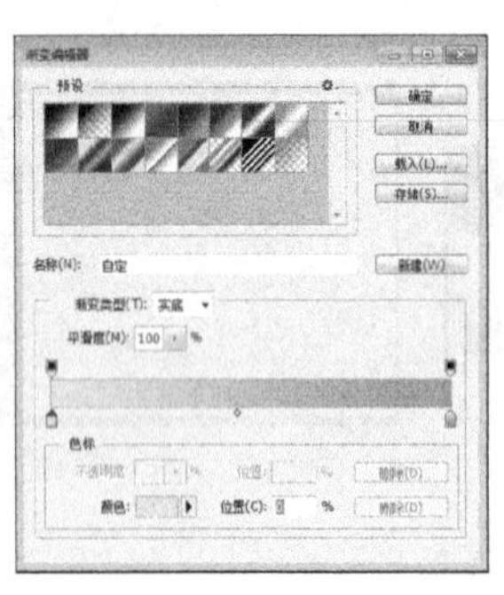

8 绘制高光区域路径

选择【钢笔工具】，在画布中绘制出橙子的高光区域路径，并转换为选区，如图所示。

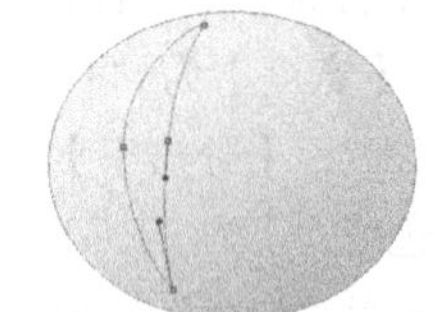

9 填充

新建图层，选择【渐变填充工具】，在【渐变编辑器】中设置渐变由白色到透明，对高光部分进行填充，并适当调整位置大小及不透明度，效果如图所示。

10 不透明度

新建图层，选择【套索工具】在画布中绘制高光几何图案，并填充为“白色”，适当调整位置大小及不透明度，效果如图所示。

11 在图像顶部绘制椭圆

选择【矩形选框工具】，在图像顶部绘制椭圆，并填充为（128:78:0），调整位置及大小，橙子的最终效果如图所示。

高手私房菜

技巧：路径的运算方法

用魔棒和快速选择等工具选取对象时，通常都要对选区进行相加、相减等运算，以使其符合要求，使用钢笔工具或形状工具时，也要对路径进行相应的运算，才能得到想要的轮廓。

单击路径工具选项栏中的【路径操作】按钮，可以在打开的下拉菜单中选择路径运算方式。如图所示。

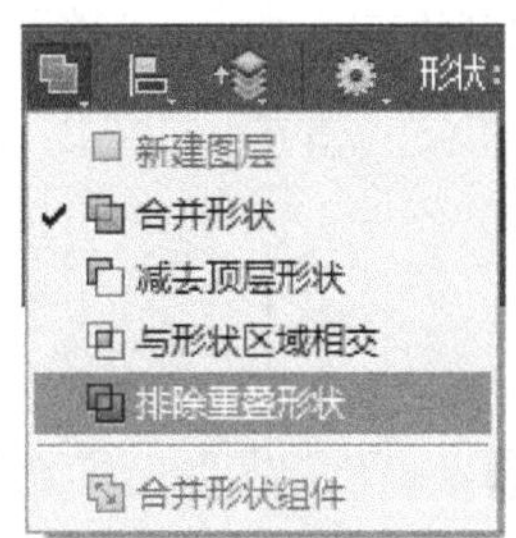

选择【新建图层】菜单命令，可以创建新的路径层。

选择【合并形状】菜单命令，新绘制的图形会与现有的图形合并。

选择【减去顶层形状】菜单命令，可从现有的图形中减去新绘制的图形。

选择【与形状区域相交】菜单命令，得到的图形为新图形与现有图形相交的区域。

选择【排除重叠形状】菜单命令，得到的图形为合并路径中排除重叠的区域。

选择【合并形状组件】菜单命令，可以合并重叠的路径组件。

下面以合并形状为例减少具体操作步骤。

1 设置尺寸

选择【文件】➤【新建】菜单命令，打开【新建】对话框，设置图像尺寸为“300像素×310像素”，单击【确定】按钮。

2 绘制图形

用图形工具在新建的图像上绘制两个图形，如下图所示。

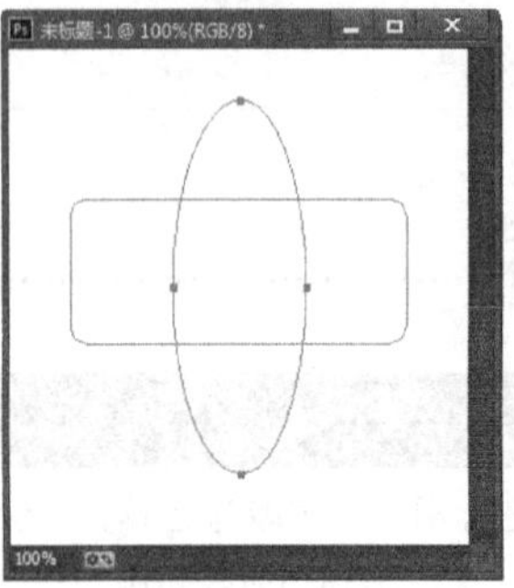

3 选中

按住【Shift】键选择【直接选择工具】，将两个图形同时选中。

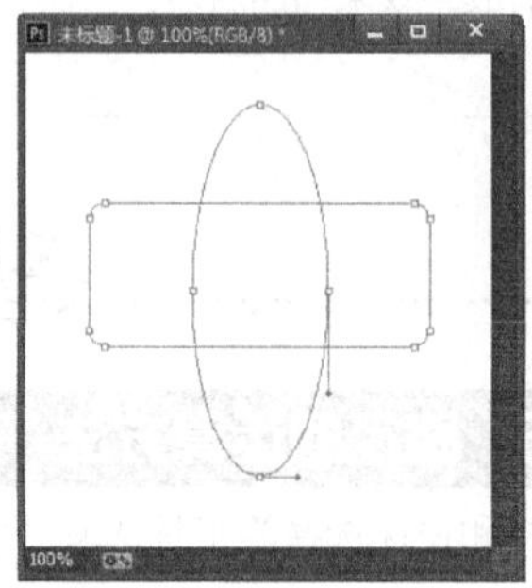

4 合并

单击【路径操作】按钮，在打开的下拉菜单中选择【合并形状组件】。

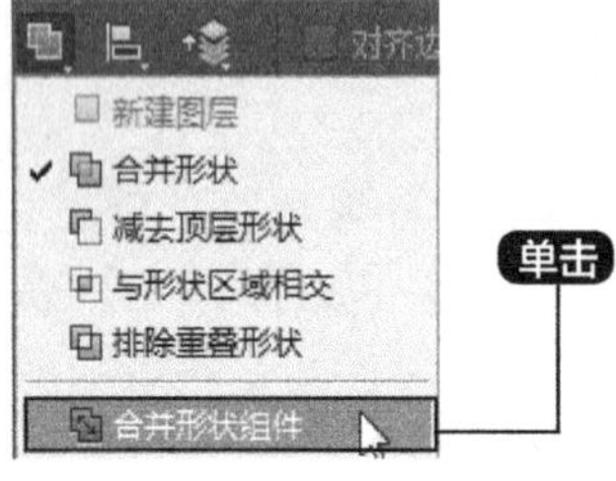

5 效果图

效果如下图所示。

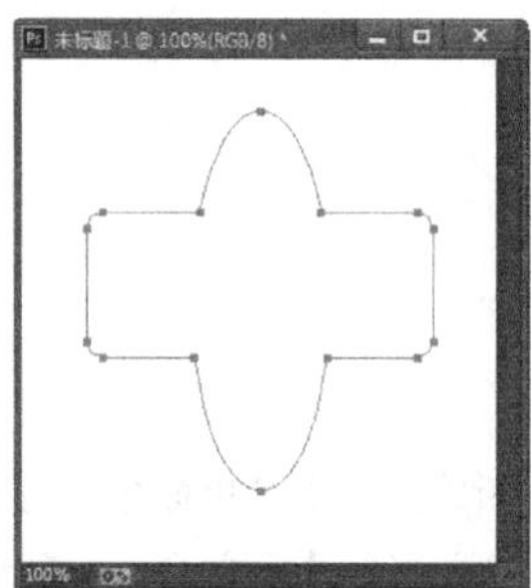

第 8 章 文字设计

重点导读

本章视频教学时间：29分钟 

使用Photoshop CC中的各种功能命令，可以制作出各种绚丽的效果，其中，在文字特效制作方面很突出，如立体文字、火焰文字及各种材质效果的文字。

学习效果图

8.1 文字的输入

本节视频教学时间 / 7分钟 

输入文字的工具有【横排文字工具】T、【直排文字工具】IT、【横排文字蒙版工具】T和【直排文字蒙版工具】IT 4种，这4种工具主要用来建立文字选区。

利用文字输入工具可以输入两种类型的文字：点文字和段文字。

(1) 点文字用在较少文字的场合，例如标题、产品和书籍的名称等。输入时选择文字工具，然后在画布中单击输入即可，它不会自动换行。

(2) 段文字主要用于报纸杂志、产品说明和企业宣传册等。输入时可选择文字工具，然后在画布中单击并拖曳鼠标生成文本框，在其中输入文字即可。它会自动换行形成一段文字。

8.1.1 横排文字工具

在工具栏选择【横排文字工具】T就可以输入横排文字了，具体操作步骤如下。

1 打开素材文件

打开随书光盘中的“素材\ch08\01.jpg”文件。

2 输入文字

选择【横排文字工具】T，在文档中单击鼠标输入文字，例如“闪动浪漫情怀”，设置自己喜欢的字体样式和字体颜色，具体的设置方法我们将在10.3.1章节中介绍，效果如下图所示。

> **提示**
> 当创建文字时，在【图层】面板中会添加一个新的文字图层，在Photoshop中，还可以创建文字形状的选框。但在Photoshop中，因为【多通道】、【位图】或【索引颜色】模式不支持图层，所以不会为这些模式中的图像创建文字图层。在这些图像模式中，文字显示在背景上。

8.1.2 直排文字工具

当需要运用竖排文字效果时，就需要通过【直排文字工具】来完成，具体操作步骤如下。

1 打开素材文件

打开随书光盘中的“素材\ch08\02.jpg”文件。

2 直排文字

选择【直排文字工具】，在文档中单击鼠标输入文字，例如“春天的气息”，效果如图所示。

8.1.3 横排文字蒙版工具

使用【横排文字蒙版工具】可以创建横排文字选区。可以对其进行移动、复制和填充等操作。

1 打开素材文件

在打开随书光盘中的“素材\ch08\03.jpg”文件。选择【横排文字蒙版工具】，在文档中单击鼠标输入文字，例如“幸福的人”，可以看到文字呈横排文字选区状，效果如图所示。

2 填充前景色

使用组合键【Alt+Delete】为文字填充前景色，再使用组合键【Ctrl+D】取消选区，效果如图所示。

8.1.4 直排文字蒙版工具

在工具栏中选择【直排文字蒙版工具】可以创建直排文字选区。具体操作步骤如下。

1 打开素材文件

在打开随书光盘中的“素材\ch08\04.jpg”文件。选择【直排文字蒙版工具】，在文档中单击鼠标输入文字，例如“放飞心情”，可以看到文字呈直排文字选区状，效果如图所示。

2 填充背景色

使用组合键【Ctrl+Delete】为文字填充背景色，再使用组合键【Ctrl+D】取消选区，效果如图所示。

8.1.5 创建点文字

点文字是一个水平或垂直的文本行。处理标题等字数较少的文字时，可以通过点文字来完成。下面看一下创建点文字的具体操作步骤。

1 设置字体

打开随书光盘中的“素材\ch08\09.jpg”文件，在工具栏中选择【横排文字工具】T（也可以选择【直排文字工具】IT创建直排文字），在工具状态栏中设置字体、大小和颜色。

2 输入内容

在需要输入文字的位置单击鼠标即可输入内容。效果如图所示。

8.1.6 创建段文字

段文字是在定界框内输入文字，它具有自动转行、可调整文字区域大小的优势。在需要处理文字量较大的文本（如宣传手册）时，可使用段文字来完成。下面看一下创建段文字的具体操作步骤。

1 文字

在工具栏中选择【横排文字工具】T（也可以选择【直排文字工具】IT创建直排文字），在工具状态栏中设置字体、大小和颜色。

2 效果图

在画面中单击鼠标拖曳出一个定界框，在需要输入文字的位置单击鼠标即可输入内容。效果如图所示。

8.2 字符与段落面板

本节视频教学时间 / 8分钟

输入文字之前，我们可以在工具选项栏或者【字符】面板中设置文字的大小、字体和颜色等属性，而创建文字之后，也可以通过以上两种方法修改字符属性。【字符】面板只能处理被选择的字符，【段落】面板则不论是否选择了字符，都可以处理整个段落。

8.2.1 设置文字属性

在Photoshop 中，通过文字工具的属性栏可设置文字的方向、大小、颜色和对齐方式等。

1 打开素材文件

打开随书光盘中的“素材\ch08\01.jpg”文件。选择【文字工具】T，在文档中单击鼠标，输入标题文字。

2 输入文本

选择【文字工具】T，在文档中单击鼠标并向右下角拖曳出一个界定框，此时画面中会呈现闪烁的光标，在界定框内输入文本。

3 设置字体

在工具属性栏中设置【字体】为“方正黄草简体”，【大小】为“72点”，【颜色】为“白色”。效果如图所示。

4 设置文本框内的文字

选择文本框内的文字，在工具属性栏中设置【字体】为“方正楷体简体”，【大小】为“20点”，【颜色】为“白色”。

8.2.2 设置段落属性

创建段落文字后，可以根据需要调整界定框的大小，文字会自动在调整后的界定框中重新排列，通过界定框还可以旋转、缩放和斜切文字。下面讲解设置段落属性的方法。

1 打开素材文件

打开随书光盘中的“素材\ch08\05.psd”文档。选择文字后，在属性栏中单击【切换字符和段落面板】按钮，弹出【字符】面板，切换到【段落】面板。

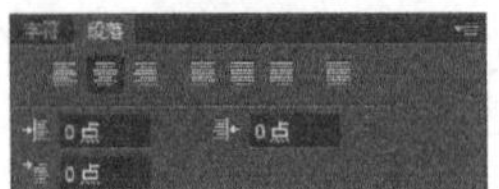

2 对齐文本

在【段落】面板上单击【最后一行右对齐】按钮，将文本对齐。

3 效果图

最终效果如下图所示。

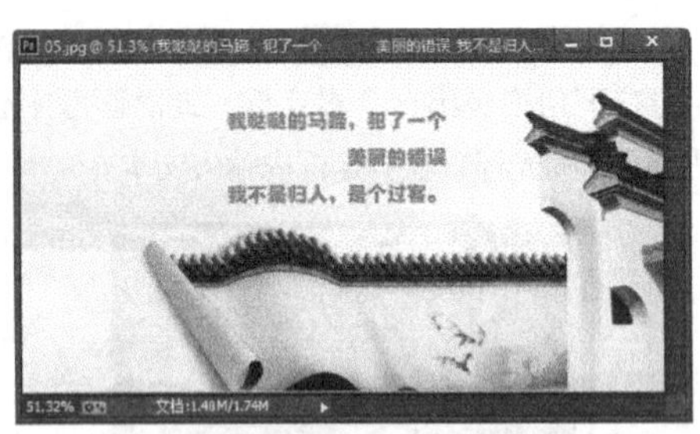

提示

要在调整界定框大小时缩放文字，应在拖曳手柄的同时按住【Ctrl】键。

若要旋转界定框，可将指针定位在界定框外，此时指针会变为弯曲的双向箭头↰形状。

按住【Shift】键并拖曳可将旋转限制为按15°角进行。若要更改旋转中心，按住【Ctrl】键并将中心点拖曳到新位置即可，中心点可以在界定框的外面。

8.3 字符样式和段落样式

本节视频教学时间 / 1分钟

Photoshop CC中的【字符样式】和【段落样式】面板可以保存文字样式，并可快速应用于其他文字、线条或文本段落，从而极大地节省了我们的操作时间。

字符样式是诸多字符属性的集合，例如，字体、大小、颜色等。单击【字符样式】面板中的【创建新字符样式】按钮，可创建一个空白的字符样式，双击它可以打开【字符样式选项】对话框，在该对话框中可以设置字符属性。

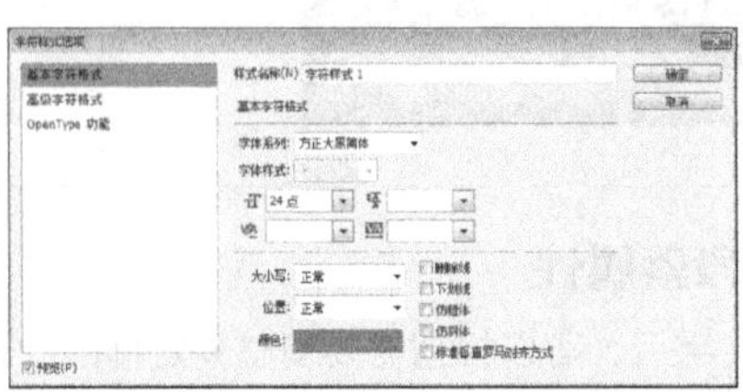

对其他文本应用字符样式时，只需选择文字图层，单击【字符样式】面板中的样式即可。

段落样式的创建和使用方法与字符样式基本相同。单击【段落样式】面板中的【创建新字符样式】按钮，创建空白样式，然后双击该样式，可以打开【段落样式选项】对话框设置段落属性。

8.4 变形文字

本节视频教学时间 / 3分钟

为了增强文字的效果，可以创建变形文本。

1．创建变形文字

1 打开素材文档

打开随书光盘中的“素材\ch08\06.jpg”文档。

2 选择文字

在需要输入文字的位置输入文字，然后选择文字。

3 创建变形文本

在属性栏中单击【创建变形文本】按钮 ，在弹出的【变形文字】对话框的【样式】下拉列表中选择【拱形】选项，并设置其他参数。

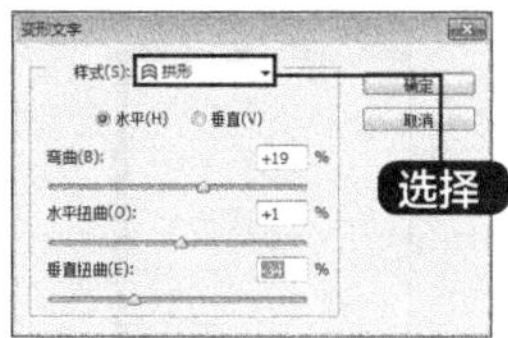

4 效果图

单击【确定】按钮，调整文字颜色为绿色，最终效果如下图所示。

2. 【变形文字】对话框的参数设置

⑴【样式】下拉列表：用于选择哪种风格的变形。单击右侧的三角按钮 可弹出样式风格菜单。

⑵【水平】单选项和【垂直】单选项：用于选择弯曲的方向。

⑶【弯曲】、【水平扭曲】和【垂直扭曲】设置项：用于控制弯曲的程度，输入适当的数值或者拖曳滑块均可。

8.5 文字的编辑

本节视频教学时间 / 5分钟

在输入文字后，我们需要通过编辑文字使文字达到预期的效果。

8.5.1 文字栅格化处理

文字图层是一种特殊的图层，要想对文字进行进一步的处理，可以对文字进行栅格化处理，即将文字转换成一般的图像再进行处理。

下面来讲解文字栅格化处理的方法。

1 选择文字图层

用【移动工具】 选择文字图层。

2 栅格化

选择【图层】➤【栅格化】➤【文字】菜单命令，栅格化后的效果如图所示。

> **提示**
> 文字图层被栅格化后，就成为了一般图形而不再具有文字的属性。文字图层变为普通图层后，可以对其直接应用滤镜效果。

8.5.2 文字转化为形状

在Photoshop CC中，将文字转换为形状后，就可以使用编辑路径的方法对文字形状进行各种富有创意的编辑，使文字产生特殊的字体效果。

1 新建文件

按组合键【Ctrl+N】新建一个文件。

2 横排文字

在工具栏中选择【横排文字工具】T 输入内容。例如，输入“向阳花”，设置字体为“文鼎特粗黑简”，调整文字大小。

3 类型

选择【类型】➤【转化为形状】菜单命令。

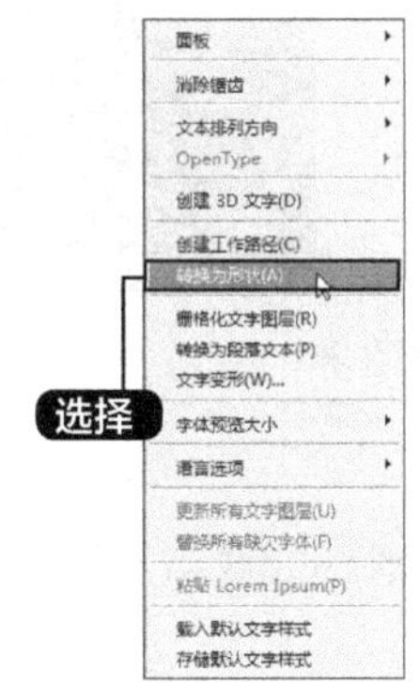

4 直接选择工具

在工具栏中选择【直接选择工具】，在“向”字上单击，则会显示该形状中的所有锚点。

5 路径

在路径上单击鼠标右键，可以选择添加锚点、删除锚点和创建选区等选项。路径变化后如图所示。

8.5.3 路径文字

路径文字可以使用沿着用钢笔工具或形状工具创建的工作路径的边缘排列的文字。路径文字可以分为绕路径文字和区域文字两种。

绕路径文字是文字沿路径放置，可以通过对路径的修改来调整文字组成的图形效果。

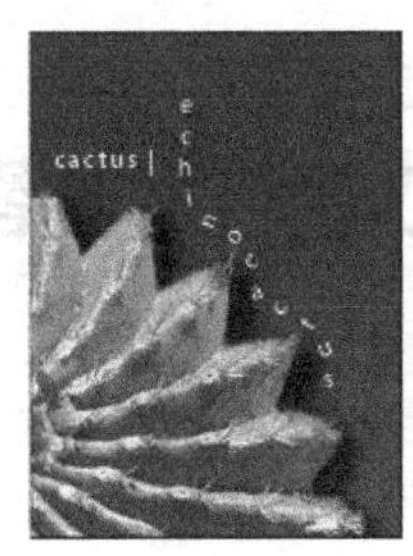

区域文字是文字放置在封闭路径内部，形成和路径相同的文字块，然后通过调整路径的形状来调整文字块的形状。

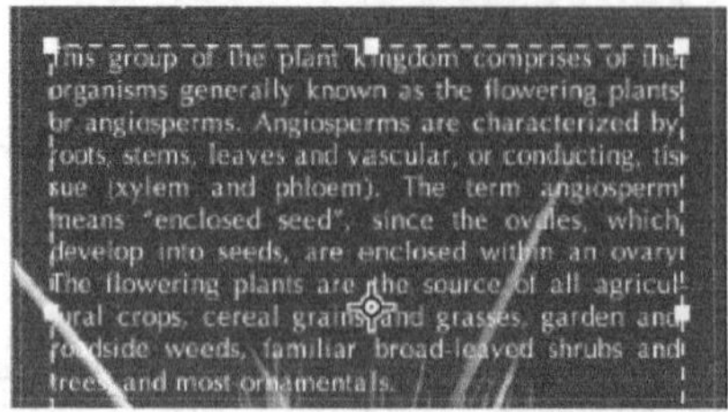

下面创建绕路径文字效果。

1 打开素材文件

打开随书光盘中的“素材\ch08\07.jpg”图像。

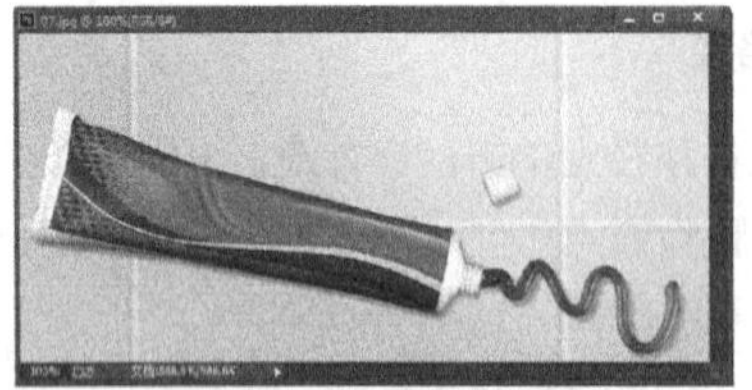

2 路径

选择【钢笔工具】，在工具属性栏中单击【路径】按钮，然后绘制希望文本遵循的路径。

3 输入文字

选择【文字工具】T，将指针移至路径上，当指针变为形状时在路径上单击，然后输入文字即可。

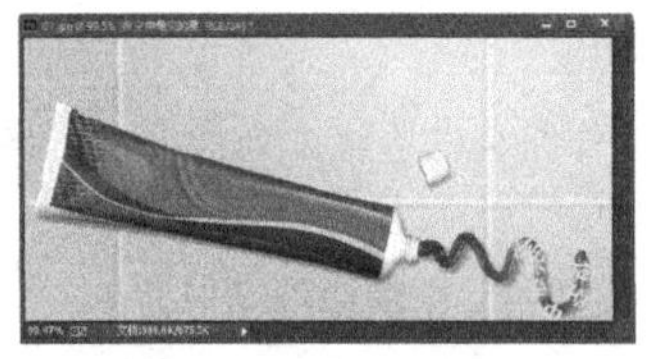

4 沿路径拖曳

选择【直接选择工具】，当指针变为形状时沿路径拖曳即可。

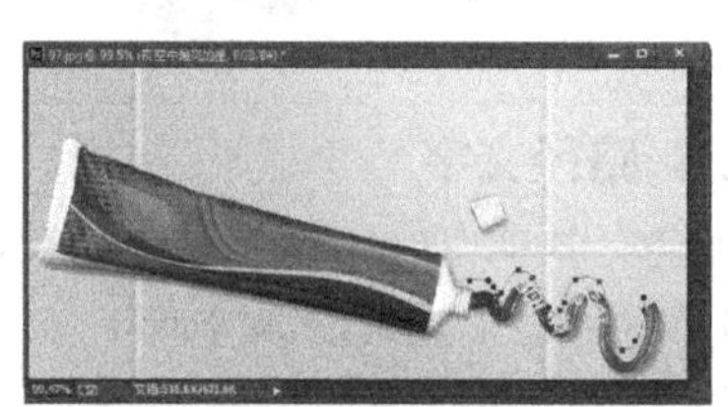

8.6 实战演练——点文字与段落文字的转换

本节视频教学时间 / 2分钟 

Photoshop 中的点文字和段落文字是可以相互转换的。如果是点文字，可选择【类型】➤【转化为段落文字】菜单命令，将其转化为段落文字后各文本行彼此独立排行，每个文字行的末尾（最后一行除外）都会添加一个回车字符；如果是段落文字，可选择【类型】➤【转化为点文本】菜单命令，将其转化为点文字。具体操作步骤如下。

1 创建文档

按组合键【Ctrl+N】新建一个【宽度】为“500”像素、【高度】为“500”像素、【分辨率】为“72”的文档。

2 创建新图层

在文档中输入点文字“乡愁”，创建新图层。

3 点文字变为段落文本

选择文字图层，在菜单栏中选择【类型】➤【转化为段落文本】菜单命令，则此时的点文字变为段落文本。

4 转化为点文本

选择文字图层，在菜单栏中选择【类型】➤【转化为点文本】菜单命令。这时，“乡愁”二字又变为了点文本。

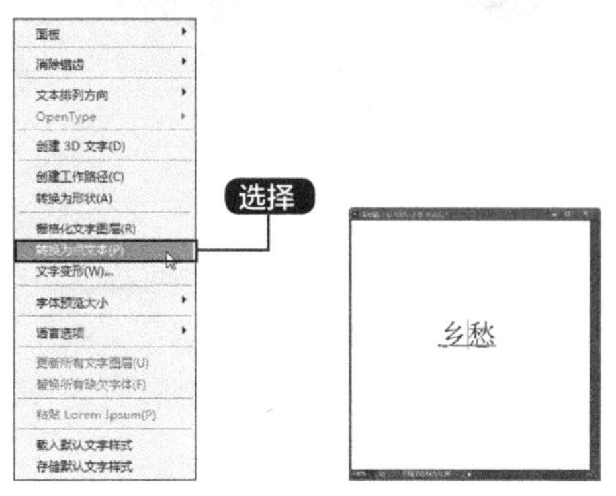

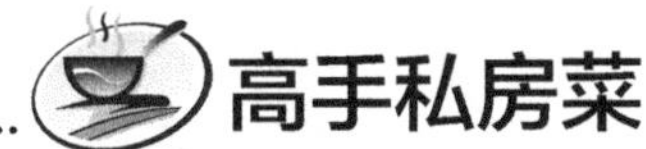

技巧：使用【钢笔工具】和【文字工具】创建效果

使用Photoshop的【钢笔工具】和【文字工具】可以创建区域文字效果。具体的操作步骤如下。

1 打开素材文件

打开随书光盘中的“素材\ch08\08.jpg”文档。

2 创建封闭路径

选择【钢笔工具】，创建封闭路径。

3 输入文字到路径

选择【文字工具】，将指针移至路径内，当指针变为形状时，在路径内单击并输入文字或将复制的文字粘贴到路径内即可。

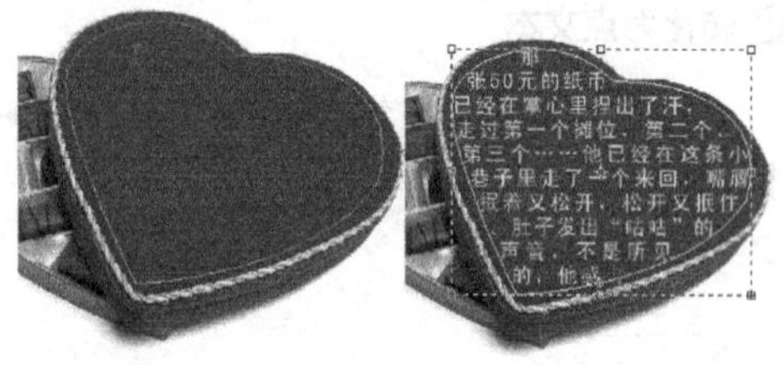

4 调整路径

还可以通过调整路径的形状来调整文字块的形状。选择【直接选择工具】，然后对路径进行调整即可。

第 9 章 滤镜的使用

重点导读

本章视频教学时间：52分钟 

滤镜产生的复杂数字化效果源自摄影技术，滤镜不仅可以改善图像的效果并掩盖其缺陷，还可以在原有图像的基础上产生许多特殊的效果。

学习效果图

9.1 认识滤镜库

本节视频教学时间 / 2分钟

滤镜是应用于图片后期处理的，用于增强图片画面的艺术效果。所谓滤镜就是把原有的画面进行艺术过滤，得到一种艺术或更完美的展示，滤镜功能是Photoshop的强大功能之一。

下面通过为图像添加木刻效果介绍滤镜库的具体操作。

1 打开文件

打开随书光盘中的“素材\ch09\建筑.jpg”文件。

2 选择滤镜

选择【滤镜】➤【滤镜库】菜单命令，弹出【滤镜库】窗口。

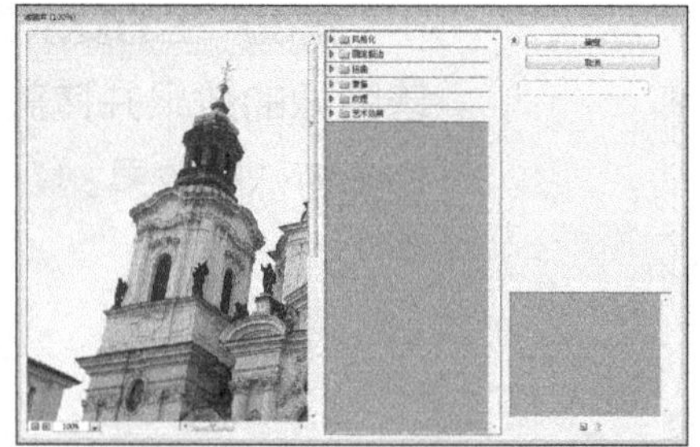

3 选择艺术效果

在【滤镜库】窗口中，选择【艺术效果】➤【木刻】命令。

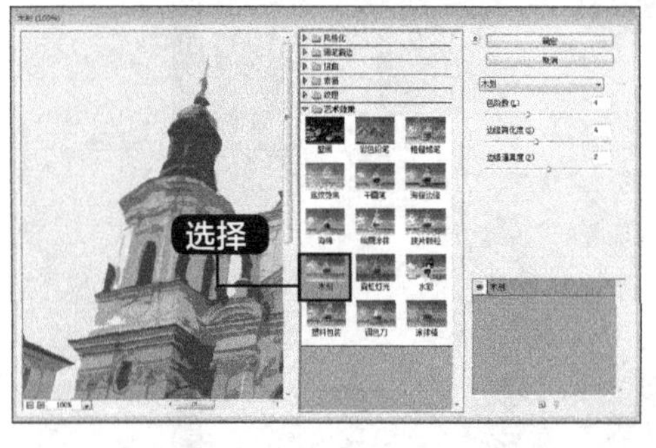

4 完成效果

单击【确定】按钮，完成木刻效果，效果图如下。

9.2 【镜头矫正】滤镜

本节视频教学时间 / 2分钟 

使用【镜头矫正】滤镜可以调整图像角度，使因拍摄角度不好造成的倾斜瞬间矫正。

1 打开文件

打开随书光盘中的"素材\ch09\01.jpg"文件。选择【滤镜】➤【镜头矫正】，弹出【镜头矫正】对话框，选择左侧的【拉直工具】，在倾斜的图形中绘制一条直线，该直线用于定位调整后图像正确的垂直轴线，可以选择图像中的参照物拉直线。

2 调整

拉好直线后松开鼠标，图像自动调整角度，一次没有调整好，可以重复多次操作，本来倾斜的图像变得很正，调整完成后，单击【确定】按钮。

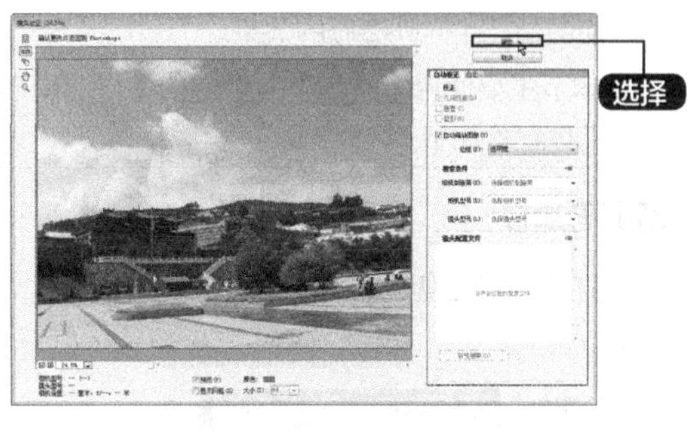

3 图像矫正完毕

返回图像界面，图像矫正完毕。

9.3 【液化】滤镜

本节视频教学时间 / 3分钟 

【液化】滤镜可用于推、拉、旋转、反射、折叠和膨胀图像的任意区域。创建的扭曲可以是细微的或剧烈的，这就使【液化】命令成为修饰图像和创建艺术效果的强大工具。

⑴【向前变形工具】按钮：在拖曳鼠标时可向前推动像素。

⑵【重建工具】按钮：用来恢复图像，在变形的区域单击拖曳鼠标或拖曳鼠标进行涂抹，可以使变形区域恢复为原来的效果。

⑶【褶皱工具】按钮：在图像中单击鼠标或拖曳鼠标时可以使像素向画笔区域的中心移动，使图像产生向内收缩的效果。

⑷【膨胀工具】按钮：在图像中单击鼠标或拖曳鼠标时可以使像素向画笔区域的外部移动，使图像产生向外膨胀的效果。

本节主要使用【液化】命令中的【向前变形工具】来对脸部进行矫正，使脸型变得更加完美，具体操作如下。

1 打开素材

打开随书光盘中的“素材\ch09\02.jpg”文件。

2 液化

选择【滤镜】➤【液化】菜单命令，在弹出的【液化】对话框中选择【向前变形工具】，并在【液化】对话框中设置【画笔大小】为“100”，【画笔压力】为“100”，然后对图像脸部进行推移。最后单击【确定】按钮。

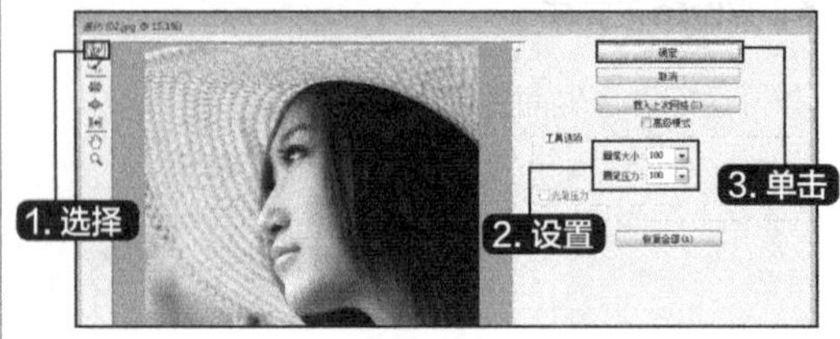

9.4【油画】滤镜

本节视频教学时间 / 2分钟 

【油画】滤镜是新增的滤镜，它使用Mercury图形引擎作为支持，能让我们的作品快速呈现为油画效果，还可以控制画笔的样式以及光线的方向和亮度，以产生出色的效果。

【油画】对话框中的各个参数如下。

描边样式：用来调整笔触样式。

描边清洁度：用来设置纹理的柔化程度。

缩放：用来对纹理进行缩放。

硬毛刷细节：用来设置画笔细节的丰富程度，该值越高，毛刷纹理越清晰。

角方向：用来设置光线的照射角度。

闪亮：可以提高纹理的清晰度，产生锐化效果。

9.5 【消失点】滤镜

本节视频教学时间 / 3分钟 

【消失点】滤镜可以在包含透视平面（例如，建筑物侧面或任何矩形对象）的图像中进行透视校正编辑。

> **提示**
>
> ① 通过使用消失点，可以在图像中指定平面，然后应用诸如绘画、仿制、复制或粘贴以及变换等编辑操作。所有编辑操作都将采用所处理平面的透视。
>
> ② 利用消失点，不用再将所有图像内容都在单一平面上修饰。相反，你将以立体方式在图像中的透视平面上工作。
>
> ③ 使用消失点来修饰、添加或移去图像中的内容时，系统可正确确定这些编辑操作的方向，并且将它们缩放到透视平面。
>
> ④ 要使用消失点，请打开【消失点】对话框（选取【滤镜】➤【消失点】），该对话框包含用于定义透视平面的工具、用于编辑图像的工具以及图像预览。
>
> ⑤ 在预览图像中指定透视平面，就可以在这些平面中绘制、仿制、复制、粘贴和变换内容。

下面通过实例来介绍消失点的具体操作方法。

1 打开文件

打开随书光盘中的“素材\ch09\苹果.jpg”文件。

2 创建平面工具

选择【滤镜】➤【消失点】菜单命令，在弹出的【消失点】对话框中单击【创建平面工具】按钮，创建如下图形。

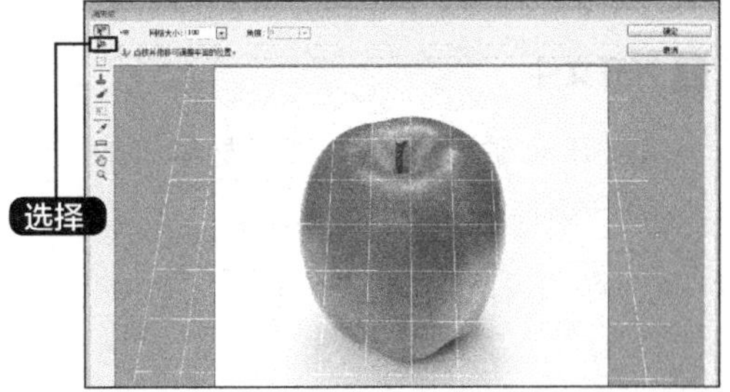

3 选框工具

单击【选框工具】按钮，选择没有苹果的部分。

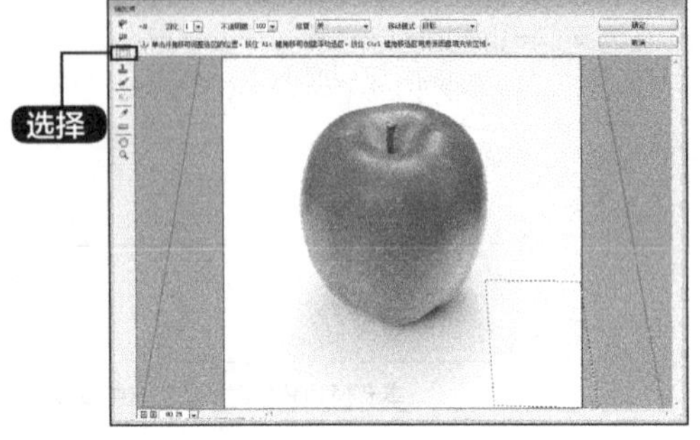

4 拖曳选框内容

按住【Alt】键，将选框内容拖曳到苹果处。

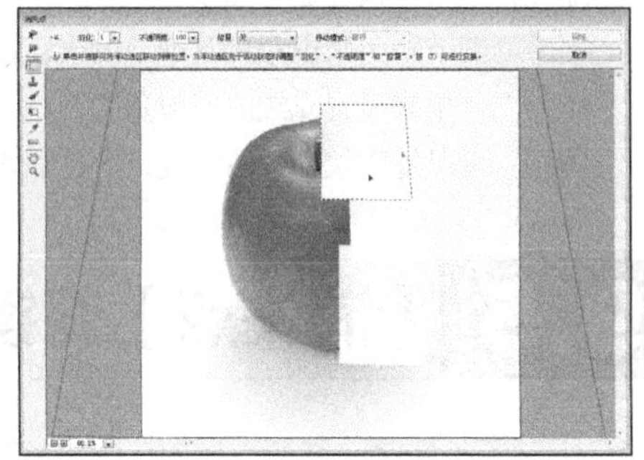

5 效果图

最终效果图如图所示。

9.6 【风格化】滤镜

本节视频教学时间 / 4分钟

【风格化】滤镜通过置换像素和通过查找并增加图像的对比度，在选区中生成绘画或印象派的效果。在使用【查找边缘】和【等高线】等突出显示边缘的滤镜后，可应用【反相】命令用彩色线条勾勒彩色图像的边缘或用白色线条勾勒灰度图像的边缘。

9.6.1 查找边缘

【查找边缘】滤镜能自动搜索图像像素对比度变化剧烈的边界，将高反差区变亮，低反差区变暗，其他区域则介于两者之间，硬边变为线条，而柔边变粗，形成一个清晰的轮廓。下面介绍查找边缘的具体应用方法。

1 打开文件

打开随书光盘中的“素材\ch09\庄园.jpg”文件。

2 滤镜

选择【滤镜】➤【风格化】➤【查找边缘】菜单命令，效果如图所示。

9.6.2 等高线

⑴【等高线】滤镜可以查找主要亮度区域的转换并为每个颜色通道淡淡地勾勒主要亮度区域的转换，以获得与等高线图中的线条类似的效果。

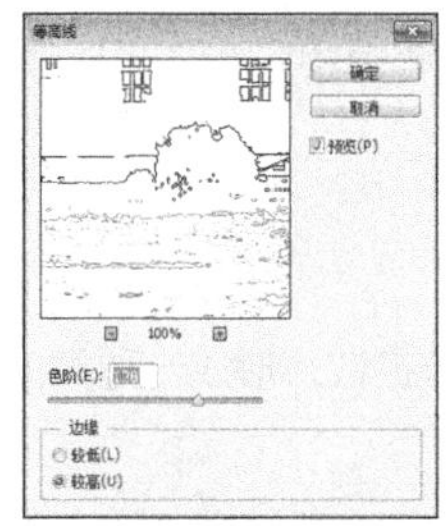

⑵【等高线】对话框中的各个参数如下。

色阶：用来设置描绘边缘的基准亮度等级。

方向：用来设置处理图像边缘的位置，以及边界产生方法。选择“较低”时，可以在基准亮度等级以下的轮廓上生成等高线；选择“较高”时，则在基准亮度等级以上的轮廓上生成等高线。

9.6.3 风

通过【风】滤镜可以在图像中放置细小的水平线条来获得风吹的效果。方法包括【风】、【大风】（用于获得更生动的风效果）和【飓风】（使图像中的线条发生偏移）。

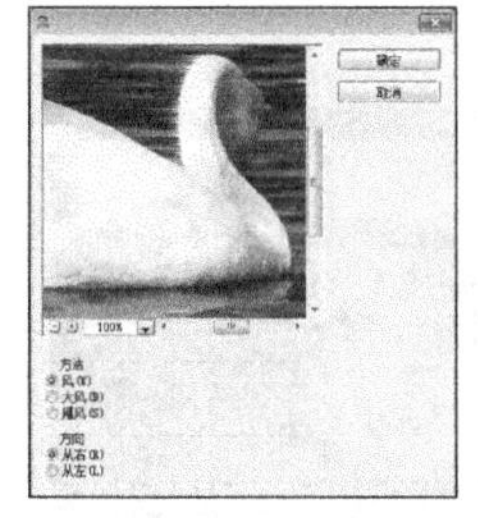

【风】对话框中的各个参数如下。

方法：用来设置风的等级。

方向：用来设置风的方向。

9.6.4 浮雕效果

【浮雕效果】滤镜可以通过勾画图像或选区的轮廓和降低周围色值来生成凸起或凹陷的浮雕效果。

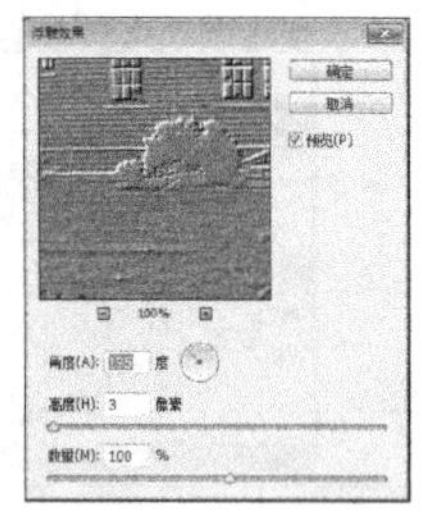

【浮雕效果】对话框中的各个参数如下。

角度：用来设置照射浮雕的光线角度。它会影响浮雕的凸出位置。

高度：用来设置浮雕效果凸起的高度。

数量：用来设置浮雕滤镜的作用范围，该值越高，边界越清晰，小于40%时，整个图像会变灰。

风格化滤镜还包含其他滤镜效果。

1.【扩散】滤镜

可以使图像中相邻的像素按规定的方式有机移动，使图像扩散，形成一种类似于透过磨砂玻璃观察对象时的分离模糊效果。

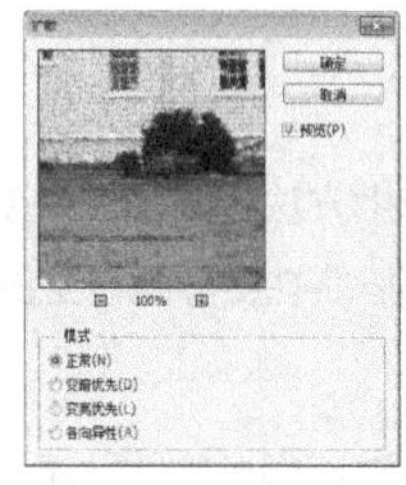

2.【拼贴】滤镜

将图像分解为一系列拼贴，使选区偏离其原来的位置。

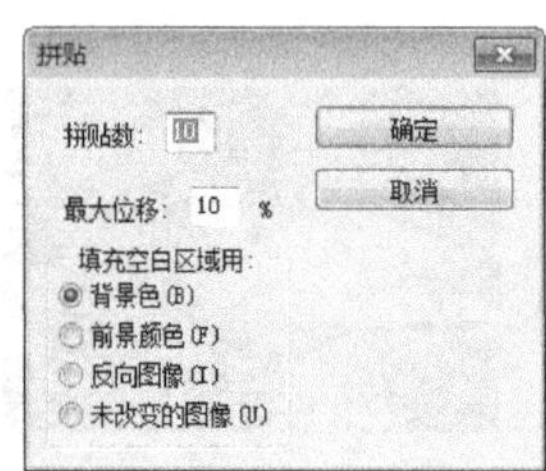

3.【曝光过度】滤镜

【曝光过度】滤镜可以混合负片和正片图像，模拟出摄影中增加光线强度而产生的过度曝光效果。

4.【凸出】滤镜

【凸出】滤镜赋予选区或图层一种3D纹理效果。

9.7 【模糊】滤镜

本节视频教学时间 / 8分钟 

模糊滤镜组中包含14种滤镜，它们可以削弱相邻像素的对比度并柔化图像，使图像产生模糊效果。在去除图像的杂色或者创建特殊效果时会经常用到此类滤镜。该滤镜组中的场景模糊、光圈模糊等滤镜非常适合处理数码照片。

9.7.1 场景模糊

【场景模糊】滤镜可以对图片进行焦距调整，这跟拍摄照片的原理一样，选择好相应的主体后，主体之前及之后的物体就会相应地模糊。选择的镜头不同，模糊的方法也略有差别。不过场景模糊可以对一幅图片全局或多个局部进行模糊处理，具体操作如下。

1 打开文件

打开随书光盘中的“素材\ch09\03.jpg”文件。

2 打开【场景模糊】控制面板

选择【滤镜】➤【模糊】➤【场景模糊】菜单命令，打开【场景模糊】控制面板。

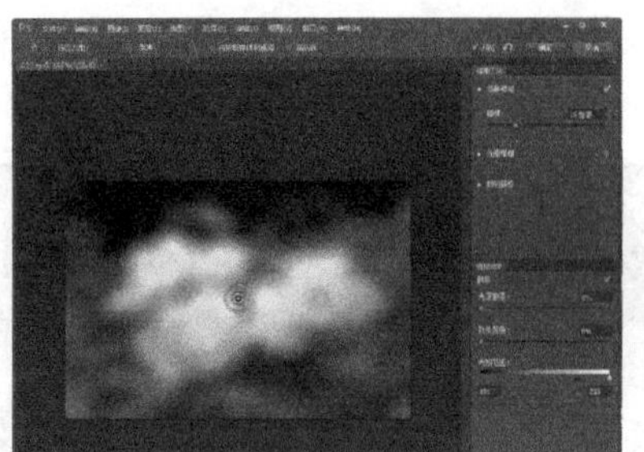

3 增加模糊点

用户可以通过增加多个模糊点来分别调整照片的模糊效果，单击【确定】按钮。

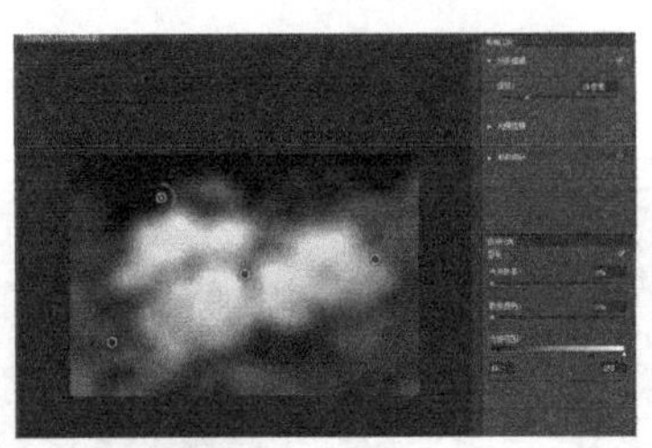

4 模糊之后效果

应用场景模糊之后的效果如图所示。

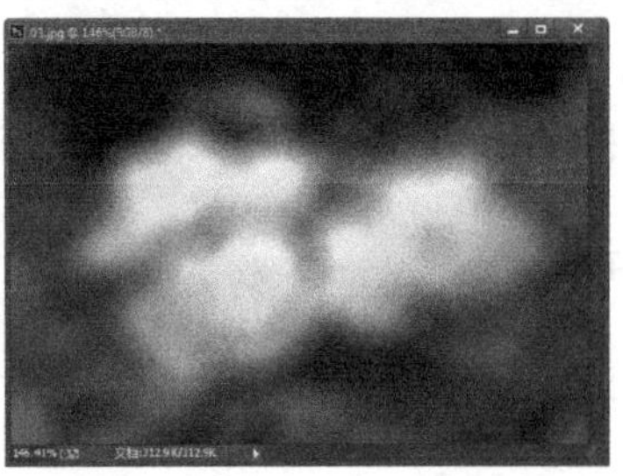

9.7.2 光圈模糊

【光圈模糊】滤镜，顾名思义就是用类似相机的镜头来对焦，焦点周围的图像会相应地模糊。

1 打开文件

打开随书光盘中的“素材\ch09\04.jpg”文件。

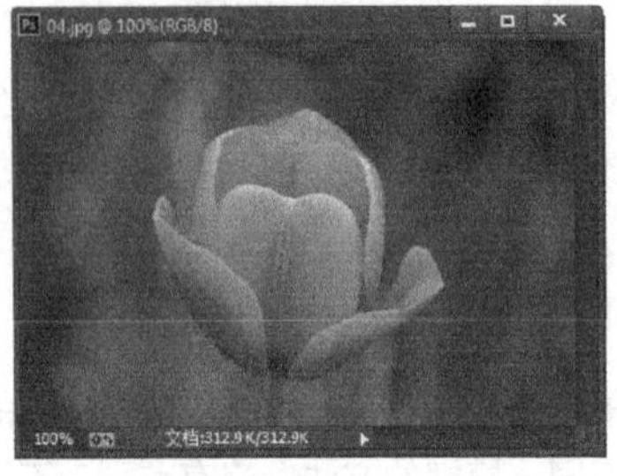

2 打开【光圈模糊】控制面板

选择【滤镜】➤【模糊】➤【光圈模糊】菜单命令，打开【光圈模糊】控制面板。

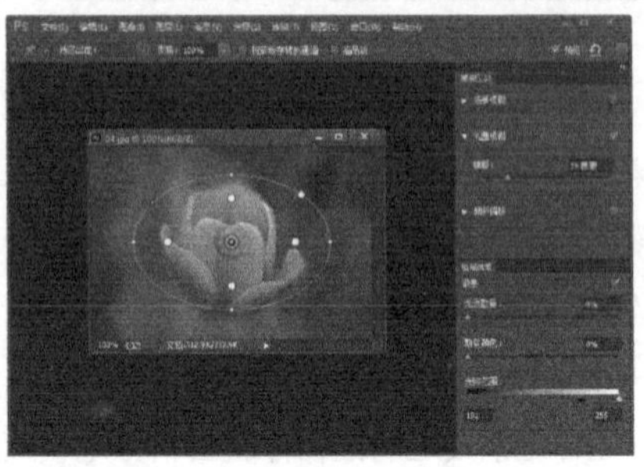

3 添加多个光圈模糊点

用户可以通过主界面上部的模糊控制面板上聚焦的下拉滑块来调整照片光圈模糊的强弱程度，还可以通过移动控制点来设置模糊效果，用户可以为一张图片添加多个光圈模糊点。

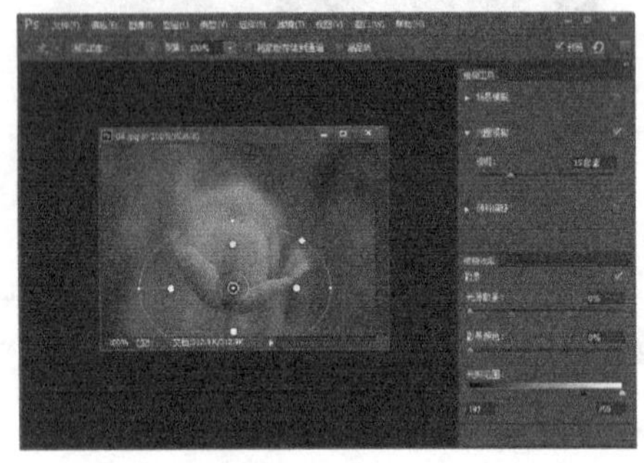

4 光圈模糊之后的效果

应用光圈模糊之后的效果如图所示。

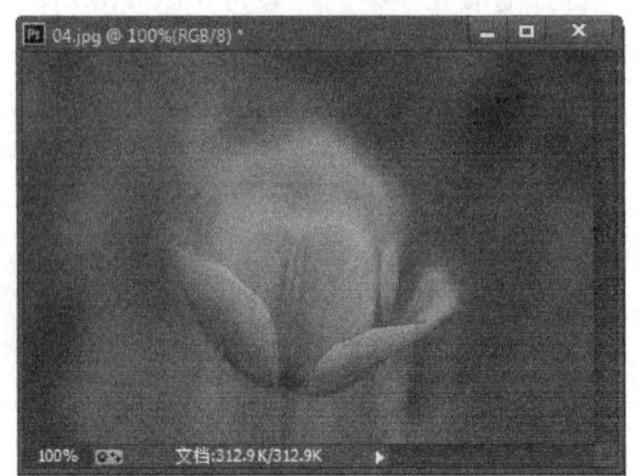

9.7.3 移轴模糊

【移轴模糊】滤镜是用来模拟移轴镜头的虚化效果的。

1 打开文件

打开随书光盘中的“素材\ch09\05.jpg”文件。选择【滤镜】➤【模糊】➤【移轴模糊】菜单命令，打开【移轴模糊】控制面板。

2 边框控制

在【移轴模糊】控制面板中，通过边框的控制点改变倾斜偏移的角度以及效果的作用范围。

3 调整模糊的起始点

通过边缘的两条虚线为移轴模糊过渡的起始点，通过调整移轴范围调整模糊的起始点。

4 模糊的强弱程度

在移轴控制中心的控制点，拖曳该点可以调整移轴效果在照片上的位置以及移轴形成模糊的强弱程度。

5 移轴模糊后的效果

设置完成后，可以看到应用移轴模糊之后的效果。

9.7.4 表面模糊

【表面模糊】滤镜在保留边缘的同时模糊图像，其用于创建特殊效果并消除杂色或粒度。

【表面模糊】对话框中的各个参数如下。

⑴ 半径：用来指定模糊取样区域的大小。

⑵ 阈值：用来控制相邻像素色调值与中心像素值相差多大时才能成为模糊的一部分，色调值差小于阈值的像素被排除在模糊之外。

9.7.5 动感模糊

【动感模糊】滤镜沿指定方向（－360° ～+360° ）以指定距离（1～999）进行模糊。此滤镜的效果类似于以固定的曝光时间给一个移动的对象拍照。

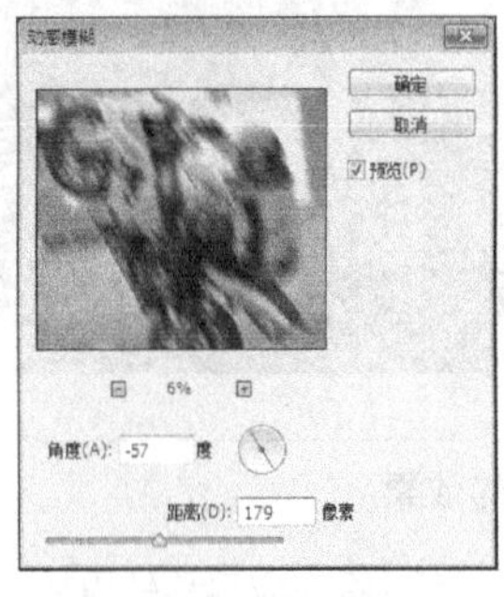

【动感模糊】对话框中的各个参数如下。

⑴ 角度：用来设置模糊的方向，可以输入角度数值，也可以拖曳指针调整角度。

⑵ 距离：用来设置像素移动的距离。

9.7.6 方框模糊

【方框模糊】滤镜可以基于相邻像素的平均颜色值来模糊图像，生成类似于方块状的特殊模糊效果。“半径”值可以调整用于计算给定像素平均值的区域大小。

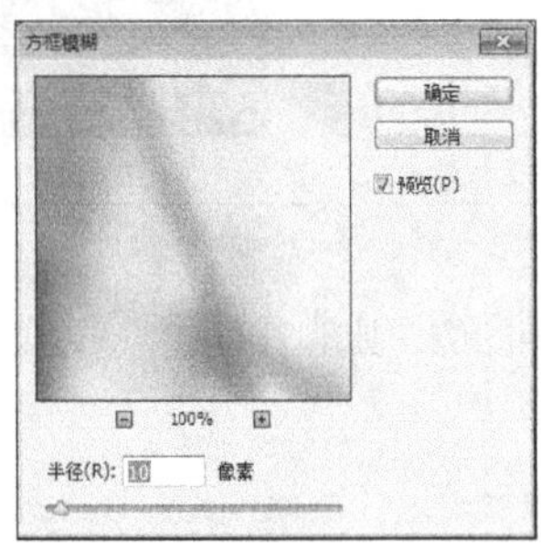

【方块模糊】对话框中的各个参数如下。

半径：用来指定模糊取样区域的大小。

9.7.7 高斯模糊

【高斯模糊】滤镜使用可调整的量快速模糊选区。高斯是指当Photoshop将加权平均应用于像素时生成的钟形曲线。【高斯模糊】滤镜添加低频细节，并产生一种朦胧效果。

【高斯模糊】对话框中的参数如下。

半径：用来指定模糊取样区域的大小。

模糊滤镜还包含其他滤镜效果。

1. 【进一步模糊】

【进一步模糊】滤镜是对图像进行轻微模糊的滤镜，它可以在图像中有显著颜色变化的地方消除杂色，同时，【进一步模糊】滤镜所产生的效果要比【模糊】滤镜强3~4倍。

2. 【径向模糊】

【径向模糊】滤镜模拟缩放或旋转的相机所产生的模糊，产生一种柔化的模糊。

3. 【镜头模糊】

【镜头模糊】滤镜向图像中添加模糊以产生更窄的景深效果，以便使图像中的一些对象在焦点内，而使另一些区域变模糊。

4. 【模糊】

【模糊】滤镜是对图像进行轻微模糊的滤镜，它可以在图像中有显著颜色变化的地方消除杂色，它对边缘过于清晰、对比度过于强烈的区域进行光滑处理。

5. 【平均】

【平均】滤镜可以查找图像的平均颜色，然后以该颜色填充图像，创建平滑的外观。

6. 【特殊模糊】

【特殊模糊】滤镜提供了半径、阈值和模糊品质等设置选项，可以精确地模糊图像。

7. 【形状模糊】

【形状模糊】滤镜可以使用指定的形状创建特殊的模糊效果。

9.8 【扭曲】滤镜

本节视频教学时间 / 4分钟 

【扭曲】滤镜将图像进行几何扭曲，创建 3D 或其他整形效果。注意：这些滤镜可能占用大量内存。可以通过【滤镜库】来应用【扩散亮光】、【玻璃】和【海洋波纹】等滤镜。

9.8.1 波浪

波浪效果是在选区上创建波状起伏的图案，像水池表面的波浪。具体操作如下。

1 打开文件

打开随书光盘中的“素材\ch09\水杯.jpg”文件。

2 设置滤镜

选择【滤镜】➤【扭曲】➤【波浪】菜单命令，在弹出的【波浪】窗口单击【确定】按钮，即可看到波浪的效果图。

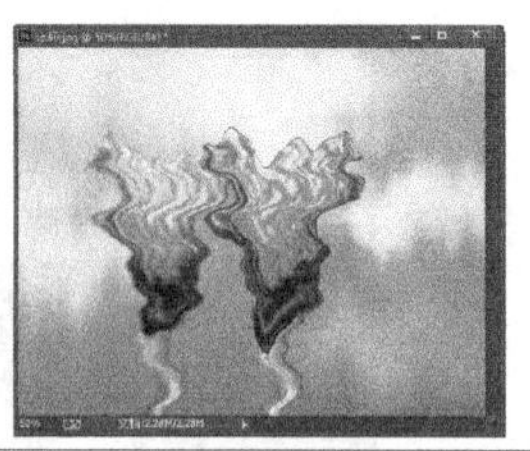

【波浪】对话框中的各个参数如下。

(1) 生成器数：用来设置产生波纹效果的震源总数。

(2) 波长：用来设置相邻两个波峰间的水平距离，它分为最小波长和最大波长两大部分，最小波长不能超过最大波长。

(3) 比例：用来控制水平和垂直方向的波动幅度。

(4) 类型：【正弦】、【三角形】和【方形】分别设置产生波浪效果的形态，如下图所示。

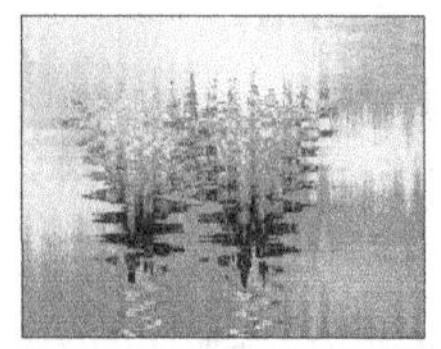

9.8.2 波纹

【波纹】滤镜与【波浪】滤镜的工作方式相同，但提供的选项较少，只能控制波纹的数量和波纹的大小。

【波浪】对话框中的各个参数如下。

(1) 数量：用来设置波纹的数量。

(2) 大小：用来设置波纹的大小。

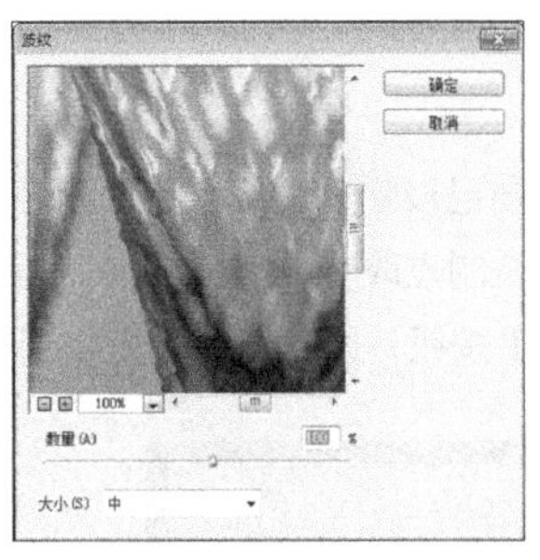
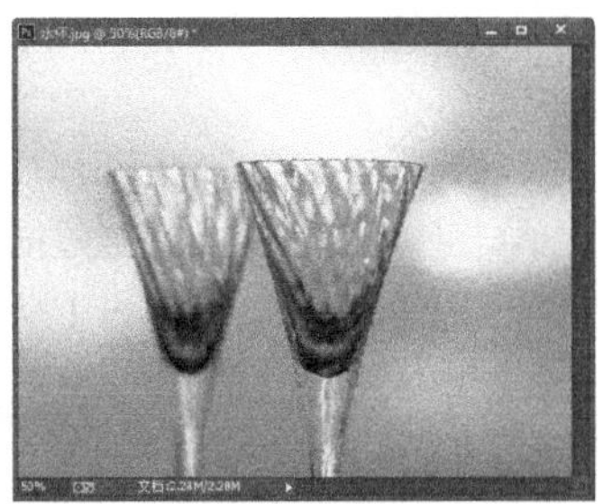

9.8.3 极坐标

【极坐标】滤镜可以将图文从极坐标转换为平面坐标。使用该滤镜可以创建18世纪流行的曲面扭曲效果。

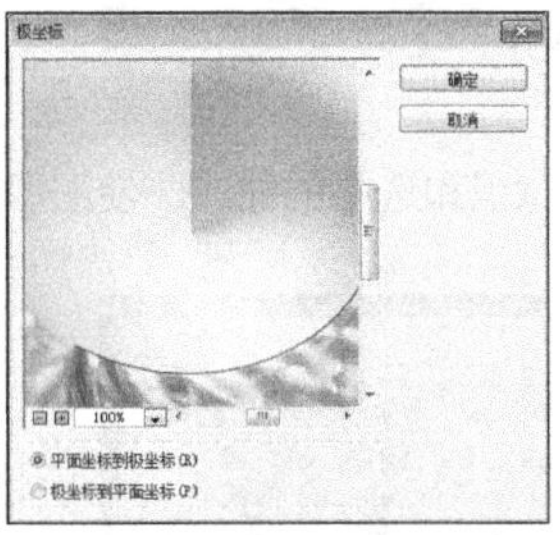
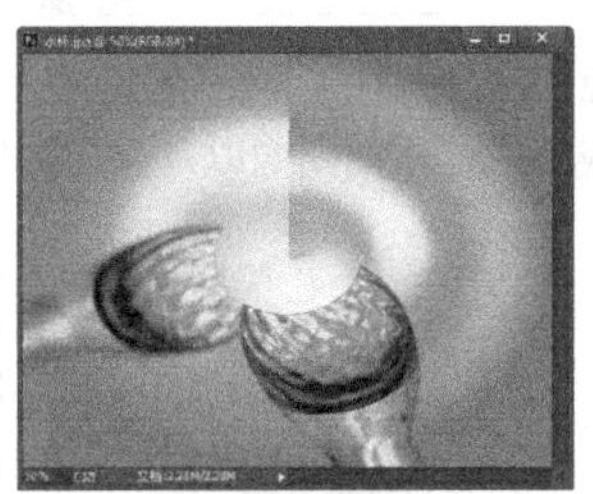

9.8.4 挤压

【挤压】滤镜能够使图像的中心产生凸起或凹下的效果。正值（最大值是100%）将选区向中心挤压；负值（最小值是 -100%）将选区向外挤压。

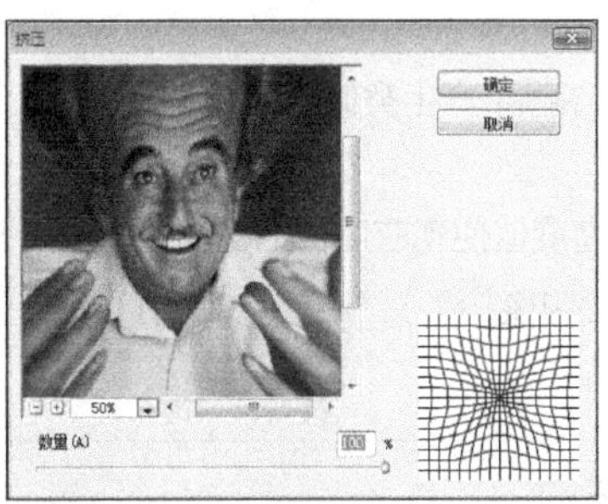

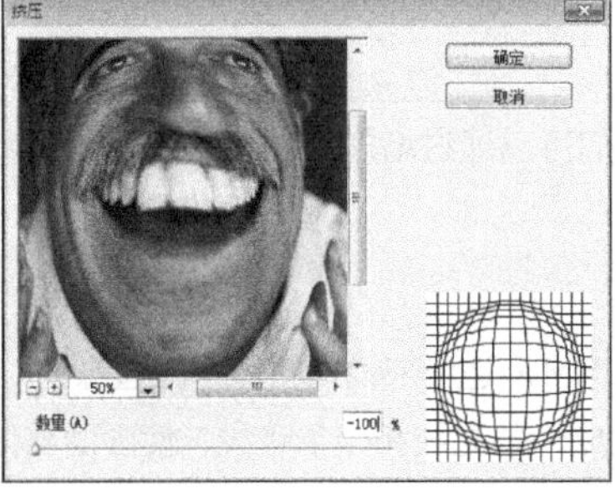

【扭曲滤镜】还包含其他滤镜效果。

1.【切变】滤镜

【切变】滤镜是比较灵活的滤镜，我们可以按照自己设定的曲线来扭曲图像。打开【切变】对话框以后，在曲线上单击可以添加控制点，通过拖曳控制点改变曲线形状即可扭曲图像。如果要删除某个控制点，将它拖至对话框外即可。单击【默认】按钮，即可将曲线恢复到初始的直线状态。

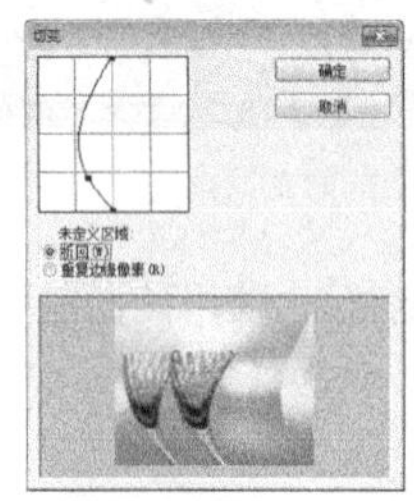
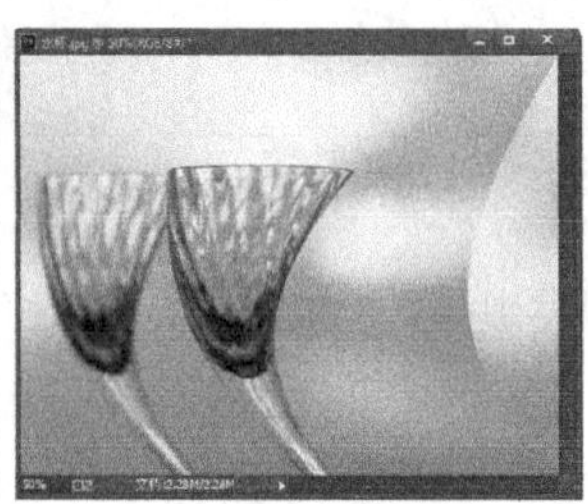

2.【球面化】滤镜

通过将选区折成球形、扭曲图像以及伸展图像意识和选中的曲线，使图像产生3D效果。

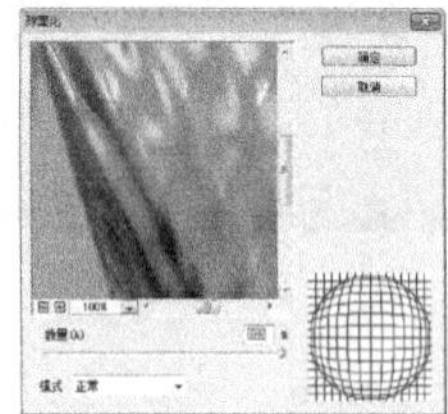
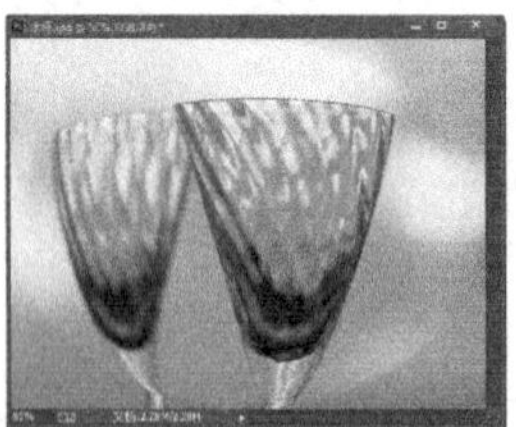

3.【水波】滤镜

【水波】滤镜可以模拟水池的波纹，在图像中产生类似于向水池中投入石子后水面的变化形态。

4.【置换】滤镜

【置换】滤镜可以根据另一张图片的亮度值使现有图像的像素重新排列并产生位移。在使用该滤镜前需要准备好一张用于置换的PSD格式图像。

9.9【锐化】滤镜

本节视频教学时间 / 3分钟 

【锐化】滤镜组中包含5种滤镜，它们可以通过增加相邻像素间的对比度来聚焦模糊的图像，使图像变得清晰。

9.9.1 USM锐化

USM锐化是一个常用的技术，简称USM，是用来锐化图像中的边缘的。USM可以快速调整图像边缘细节的对比度，并在边缘的两侧生成一条亮线和一条暗线，使画面整体更加清晰。对于高分辨率的输出，通常锐化效果在屏幕上显示比印刷出来的更明显。

USM锐化的具体操作如下。

1 打开文件

打开随书光盘中的“素材\ch09\水杯.jpg”文件。选择【滤镜】➤【锐化】➤【USM锐化】菜单命令，在弹出的【USM锐化】窗口中单击【确定】按钮。

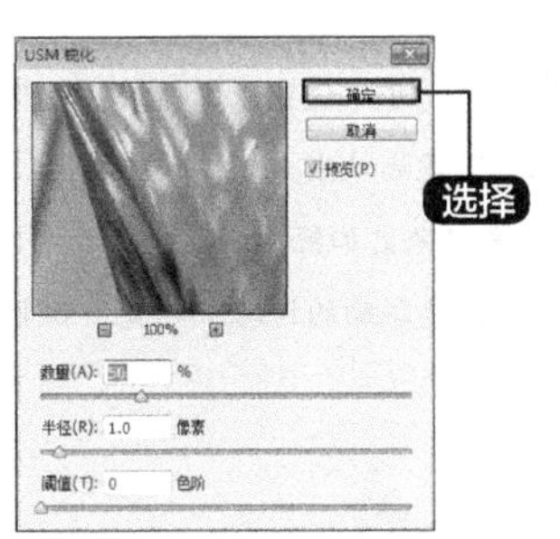

2 效果图

USM锐化的效果图如下。

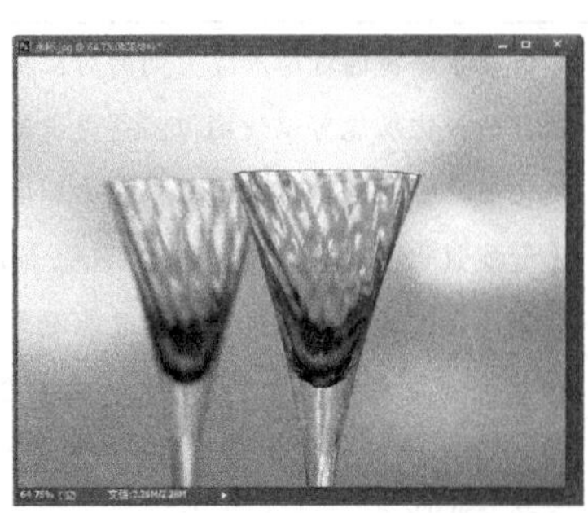

【USM锐化】对话框中的各个参数如下。

⑴ 数量：设置锐化量，值越大，像素边缘的对比度越强，使其看起来更加锐利。

⑵ 半径：指定锐化的半径。该设置决定了边缘像素周围影响锐化的像素数。图像的分辨率越高，半径设置应越大。

⑶ 阈值：指定像邻像素之间的比较值。该设置决定了像素的色调必须与周边区域的像素相差多少才被视为边缘像素，进而使用USM滤镜对其进行锐化。默认值为0，这将锐化图像中所有的像素。

9.9.2 防抖

【防抖】滤镜能够在几乎不增加噪点、不影响画质的前提下，使因轻微抖动而造成的模糊能瞬间重新清晰起来。

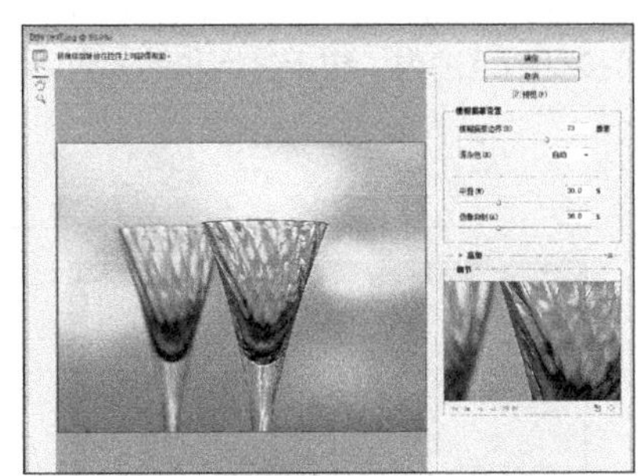

9.9.3 进一步锐化

【进一步锐化】滤镜通过增加像素间的对比度使图像变得清晰，锐化效果比【锐化】滤镜效果明显。

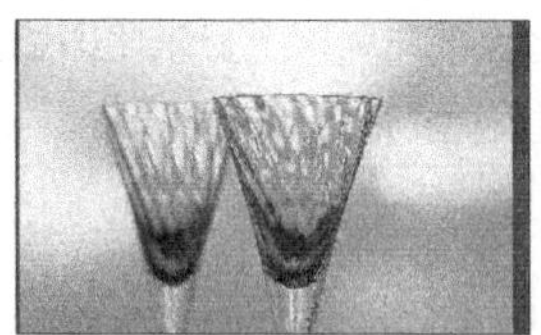

提示

【锐化】滤镜通过增加像素间的对比度使图像变得清晰，锐化效果不是很明显。

软件的锐化功能可以使图像显得更清晰，但如直接对全图锐化，会使噪点更明显，比较好的选择是只锐化照片中的物体边缘，不锐化柔和区域（如人物面部）。

【智能锐化】滤镜具有【USM锐化】滤镜所没有的锐化控制功能，可以设置锐化算法，或控制在阴影和高光区域中的锐化量，而且能避免色晕等问题，以使图像细节逐渐清晰。

❶ 数量：设置锐化量，值越大，像素边缘的对比度越强，图像看起来更加锐利。

❷ 半径：决定边缘像素周围受锐化影响的锐化数量，半径越大，受影响的边缘就越宽，锐化的效果也就越明显。

❸ 减少杂色：减少因锐化产生的杂色效果，加大值会较少锐化效果。

❹ 移去：设置对图像进行锐化的锐化算法。

❺ "高斯模糊"是"USM锐化"滤镜使用的方法；"镜头模糊"将检测图像中的边缘和细节；"动感模糊"尝试减少由于相机或主体移动而导致的模糊效果。

9.10 【视频】滤镜

本节视频教学时间 / 2分钟

视频滤镜组中包含两种滤镜，它们可以处理以隔行扫描方式的设备中提取的图像，将普通图像转换为视频设备可以接受的图像，以解决视频图像交换式系统差异的问题。选择【滤镜】➤【视频】菜单命令，即可使用视频滤镜。

9.10.1 NTSC颜色

【NTSC颜色】滤镜可以将色域限制在电视机颜色可接受的范围内，防止过饱和的颜色渗到电视扫描中，使Photoshop中的图像可以被电视接收。

NTSC颜色滤镜的具体操作如下。

1 打开文件

打开随书光盘中的"素材\ch09\衣服.jpg"文件。

2 效果图

选择【滤镜】➤【视频】➤【NTSC颜色】菜单命令，效果图如图所示。

9.10.2 逐行

通过隔行扫描方式显示画面的电视，以及视频设备中捕捉的图像都会出现扫描线，【逐行】滤镜可以去除视频中的奇数或偶数的隔行线，使在视频上捕捉的运动图像变得平滑。

消除：选择“奇数行”，可删除奇数扫描线；选择“偶数行”，可删除偶数扫描线。

创建新场方式：用来设置消除后以何种方式来填充空白区域。选择“复制”，可复制被删除部分周围的像素来填充空白区域；选择“插值”，则利用被删除部分周围的像素，通过插值的方法进行填充。

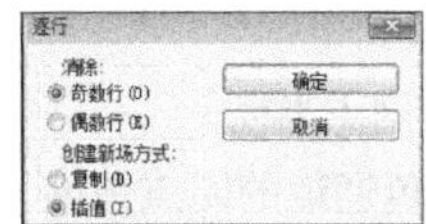

9.11 【像素化】滤镜

本节视频教学时间 / 2分钟

【像素化】滤镜组中包含了7种滤镜，它们可以通过使单元格中颜色相近的像素结成块来清晰地定义一个选区，可用于创建彩块、点状、晶格和马赛克等特殊效果。

9.11.1 彩块化

【彩块化】滤镜可以使纯色或相近颜色的像素结成像素块。使用该滤镜处理扫描的图像时，可以使其看起来像手绘的图像，也可以实现使现实主义图像产生类似抽象派的绘画效果。

彩块化的具体操作如下。

1 打开文件

打开随书光盘中的“素材\ch09\人物.jpg”文件。

2 效果图

选择【滤镜】➤【像素化】➤【彩块化】菜单命令，效果图如下。

9.11.2 彩色半调

【彩色半调】滤镜可以使图像变为网点状效果。它先将图像的每一个通道划分出矩形区域，再以和矩形区域亮度成比例的圆形替代这些矩形，图形的大小与矩形的亮度成比例，高光部分生成的网点较小，阴影部分生成的网点较大。

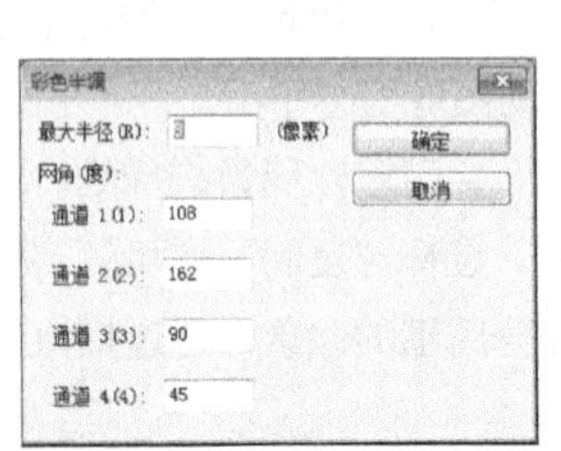

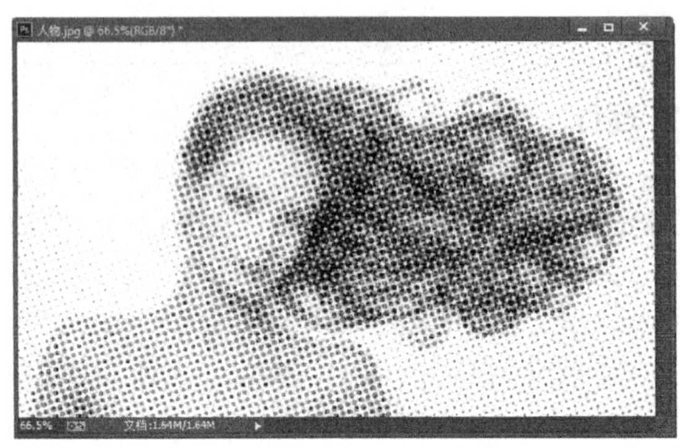

【彩色半调】对话框中的各个参数如下。

⑴ 最大半径：用来设置生成的最大网点半径。

⑵ 网角（度）：用来设置各个原色通道的网点角度。如果图像为灰度模式，只能用“通道1”；图像为RGB模式，可以使用3个通道；图像为CMYK模式，可以使用所有通道。当各个通道的网角设置的数值相同时，生成的网点会重叠显示出来。

9.11.3 点状化

【点状化】滤镜可以将图像中的颜色分散为随机分布的网点，如同点状绘画效果，背景色将作为网点之间的画布区域。使用该滤镜时，可通过“单元格大小”来控制网点大小。

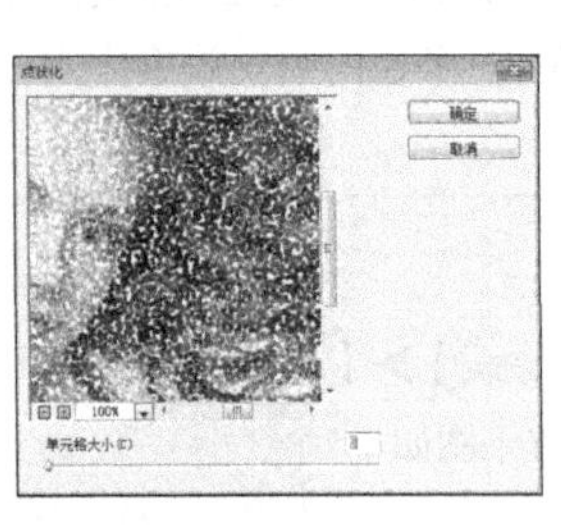

9.11.4 晶格化

【晶格化】滤镜可以使用图像中相近的像素集中到多边形色块中，产生类似结晶的颗粒效果。使用该滤镜时，可通过“单元格大小”来控制多边形色块的大小。

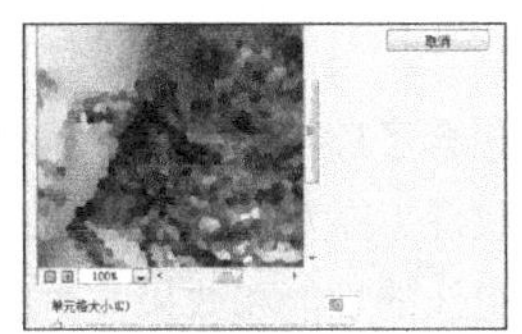

提示

1.【马赛克】滤镜

【马赛克】滤镜可以使像素结为方块状，再给块中的像素应用平均的颜色，创建出马赛克的效果。使用该滤镜时，可通过“单元格大小”调整马赛克的大小。

2.【碎片】滤镜

【碎片】滤镜可以把图像的像素复制4次，再将它们平均，并使其相互偏移，使图像产生一种类似于相机没有对准焦距所拍摄出的模糊效果。

3.【铜版雕刻】滤镜

【铜板雕刻】滤镜可以在图像中随机生成各种不规则的直线、曲线和斑点，使图像产生年代久远的金属板效果。

9.12【渲染】滤镜

本节视频教学时间 / 4分钟

【渲染】滤镜组包含5种滤镜，这些滤镜可以在图像中创建灯光的效果、3D效果、云彩效果、折射和模拟的光反射，是非常重要的特效制作滤镜。

9.12.1 分层云彩

【分层云彩】滤镜可以使云彩数据和现有的像素混合，其方式与“差值”模式混合颜色相同。第一次使用该滤镜时，图像的某些部分会被反相为云彩图案，多次应用滤镜之后，就会创建出与大理石纹理相似的凸缘与叶脉图案。

【分层云彩】滤镜的具体操作步骤如下。

1 打开文件

打开随书光盘中的“素材\ch09\风景.jpg”文件。

2 效果图

选择【滤镜】➤【渲染】➤【分层云彩】菜单命令，效果图如下。

9.12.2 光照效果

【光照效果】是一个强大的灯光效果制作滤镜，它包含了17种光照样式、3种光源，可以在RGB图像上产生无数种光照效果，它还可以使用灰度文件的纹理（称为凸凹图）产生类似3D效果。

该滤镜运用了全新的64位光照效果库，可以获得更佳的性能和效果。图形引擎技术能够在视窗中预览各种光照效果。

1. 添加和删除光源

灯光：包括聚光灯、点光和无限光3种类型。单击其中任意一个按钮，即可在窗口中添加相应的光源。

2. 调整聚光灯

Photoshop提供了3种光源："聚光灯""点光"和"无限光"，我们按下一个灯光按钮（聚光灯、点光和无线光）或在"光照类型"选项下拉列表中选择一种光源以后，就可以在对话框左侧调整它的位置和照射范围。

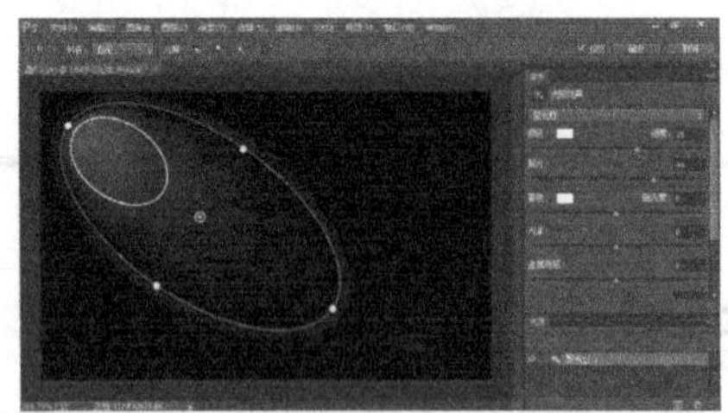

聚光灯可以投射一束椭圆形的光柱。我们可以通过以下方法调整聚光灯。

(1) 移动聚光灯：拖曳灯光中心的控制点可以移动灯光。

(2) 旋转聚光灯：将指针放在聚光灯外，单击并拖曳鼠标可以旋转聚光灯，调整灯光照射方向。

(3) 调整长度和宽度：拖曳聚光灯顶部或底部的控制点可以调节灯光的宽度；拖曳两侧的控制点可以调节灯光的长度。

(4) 调整聚光角度：拖曳灯光中心的白色框，可以调整聚光角度。

(5) 调整灯光强度：将指针放在控制点上单击并拖曳鼠标，可以调整灯光强度。

3. 调整点光

点光可以使光在图像的正上方向各个方向照射，就像一张纸上方的灯泡一样。创建点光后，拖曳点光中心的控制点可以移动灯光位置。

将指针放在绿色边框上（边框会变为黄色），拖曳鼠标可以调整灯光照射范围。

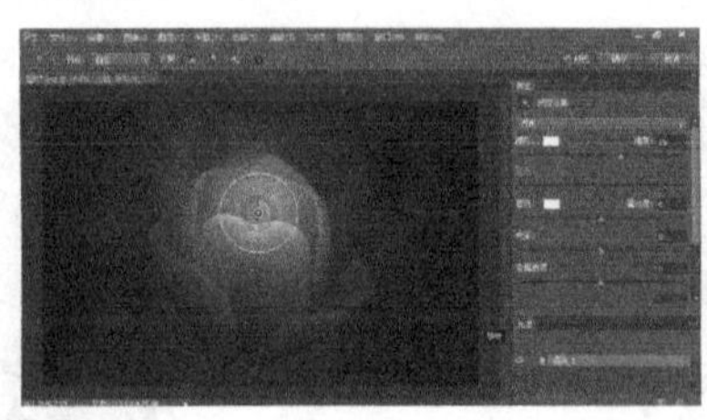

提示　点光和无线光的强度的调整方法与聚光灯相同。

4. 调整无限光

无限光是从远处照射的光，这样光照角度不会发生变化，就像太阳光一样。拖曳控制点可以调整光源方向。

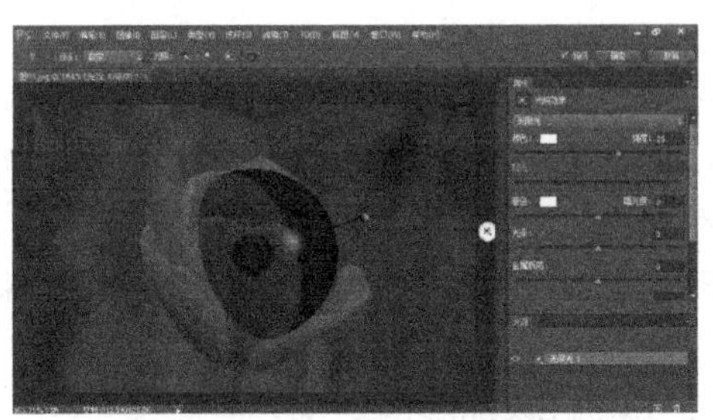

5. 设置灯光属性

(1) 颜色：单击该选项右侧的颜色块，可在打开的【拾色器】中调整灯光颜色。

(2) 聚光：用来调整灯光强度，该值越高，光线越强烈。

(3) 着色：单击【着色】右侧的颜色块，可以在打开的【拾色器】中设置环境光的颜色。

(4) 光泽：用来设置灯光在图像表面的反射程度。

(5) 金属质感：用来设置反射的光线是光源色彩，还是图像本身的颜色。该值越高，反射光越接近反射体本身的颜色；该值越低，反射光线越接近光源颜色。

(6) 环境：如果要调整环境光的强度，可以拖曳"环境"选项中的滑块，"环境"值越高，环境光越接近于颜色框中设定的颜色；如果"环境"为负值，则环境光为设定色样的互补色。

(7) 高度：该值为正值时，可增强光照；为负值时，则减弱光照。

6. 设置纹理通道

【光照效果】滤镜可以通过一个通道中的灰度图像来控制光从图像反射的方式，生成立体效果。

9.12.3 镜头光晕

【镜头光晕】滤镜可以模拟亮光照射到摄像机镜头所产生的折射，常用来表现玻璃、金属等反射光，或用来增强日光和灯光效果。

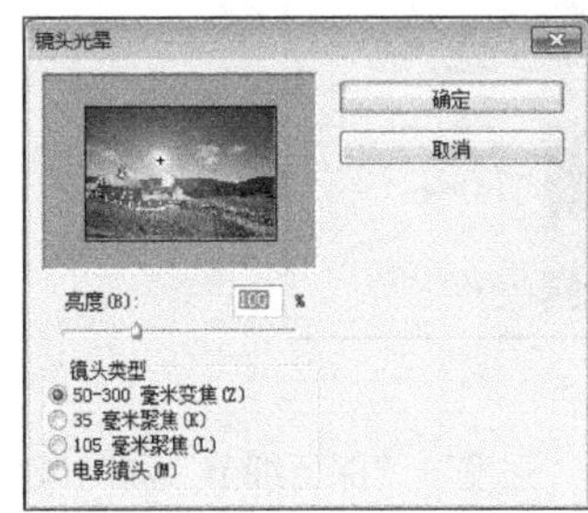

【镜头光晕】对话框中的各个参数如下。

(1) 光晕中心：在对话框中的图像缩览图上单击或拖曳十字线，可以指定光晕的中心。

(2) 亮度：用来控制光晕的强度，变化范围为10%~300%。

(3) 镜头类型：可模拟不同类型镜头产生的光晕。

【渲染】滤镜还包含其他滤镜效果。

1. 【纤维】滤镜

可以使用前景色和背景色随机创建编织纤维效果。

【纤维】对话框中的各个参数如下。

❶ 差异：用来设置颜色的变化方式，该值较低时会产生较长的颜色条纹；该值较高时会产生较短的颜色分布变化更大的纤维。

❷ 强度：用来控制纤维的外观，该值较低时会产生松散的织物效果，该值较高时会产生较短的绳状纤维。

❸ 随机化：单击该按钮可随机生成新的纤维外观。

2. 【云彩】滤镜

可以使用介于前景色与背景色之间的随机值生成柔和的云彩图案。

9.13 【杂色】滤镜

本节视频教学时间 / 2分钟

【杂色】滤镜组包含5种滤镜，它们可以添加或去除杂色或带有随机分布色阶的像素，创建与众不同的纹理，也用于去除有问题的区域。

9.13.1 减少杂色

使用数码相机拍照时如果用很高的ISO设置、曝光不足或者用较慢的快门速度在黑暗区域中拍照，就可能会导致出现杂色。【减少杂色】滤镜对于除去照片中的杂色非常有效。

图像的杂色显示为随机的五官像素，它们不是图像细节的一部分。【减少杂色】滤镜可通过对整个图像或各个通道的设置，减少图像中的杂色。

1. 设置基本选项

【基本】选项用来设置滤镜的基本参数，包括“强度”“保留细节”和“减少杂色”等。

(1) 设置：单击【存储当前设置的拷贝】按钮 ，可以将当前设置的调整参数保存为一个预设，以后需要使用该参数调整图像时，可在【设置】下拉列表中将它选择，从而对图像自动调整。如果要删除创建的自定义预设，可单击【删除当前设置】按钮 。

(2) 强度：用来控制应用于所有图像通道的亮度杂色减少量。

(3) 保留细节：用来设置图像边缘和图像细节的保留程度。当该值为100%时，可保留大多数图像细节，但会将亮度杂色减到最少。

(4) 减少杂色：用来消除随机的颜色像素，该值越高，减少的杂色越多。

(5) 锐化细节：用来对图像进行锐化。

(6) 移去JPEG不自然感：可以去除由于使用低JPEG品质设置存储图像而导致的斑驳的图像伪像和光晕。

2. 设置高级选项

勾选对话框中的【高级】选项后，可以显示【高级】选项。其中，【整体】选项卡与【基本】选项卡中的选项完全相同。【每通道】选项卡可以对各个颜色通道进行处理。如果亮度杂色在一个或两个颜色通道中比较明显，便可以从【通道】菜单中选取颜色通道，拖曳【强度】和【保留细节】滑块来减少该通道中的杂色。

9.13.2 蒙尘与划痕

【蒙尘与划痕】滤镜可通过更改相异的像素来减少杂色，该滤镜对于去除扫描图像中的杂点和折痕特别有效。为了在锐化图像和隐藏瑕疵之间取得平衡，可尝试【半径】与【阈值】设置的各种组合。【半径】值越高，模糊程度越强；【阈值】则用于定义像素的差异有多大才能被视为杂点，该值越高，去除杂点的效果就越弱。

【蒙尘与划痕】滤镜的具体操作如下。

1 打开文件

打开随书光盘中的“素材\ch09\风景.jpg”文件。选择【滤镜】➤【杂色】➤【蒙尘与划痕】菜单命令，在弹出的【蒙尘与划痕】对话框中单击【确定】按钮。

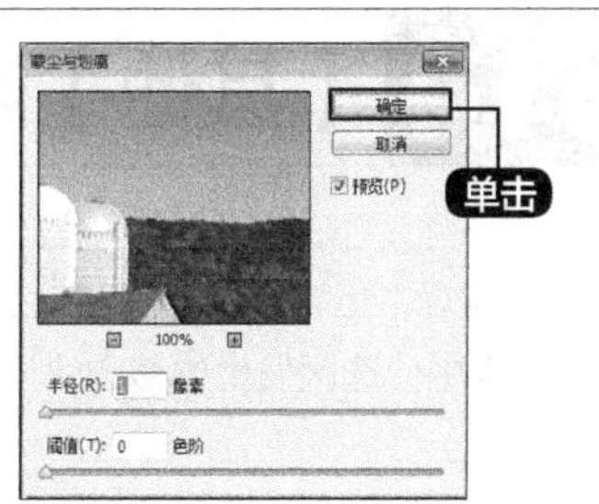

2 效果图

蒙尘与划痕的效果图如下。

9.13.3 去斑

【去斑】滤镜可以检测图像边缘发生显著颜色变化的区域，并模糊出除边缘外的所有选区，消除图像中的斑点，同时保留细节。对于扫描的图像，可以使用该滤镜进行去网处理。

【杂色滤镜】中还包含其他滤镜模式。

1. 【添加杂色】滤镜

可以将随机的像素应用于图像，模拟在高速胶片上的拍照效果。该滤镜可用来减少羽化选区或渐变填充中的条纹，使经过重大修饰的区域看起来更加真实。或者在一张空白图像上生成随机的杂点，制作成杂纹或其他底纹。

2. 【中间值】滤镜

通过混合选区中的像素的亮度来减少图像的杂色。该滤镜可以搜索像素选区的半径范围以查找亮度相近的像素，扔掉与相邻像素差异太大的像素，并用搜索到的像素的中间亮度值替换中心像素，在消除或减少图像的动感效果时非常有用。

9.14 【其他】滤镜

本节视频教学时间 / 6分钟 

其他滤镜组中包含5种滤镜，在它们当中，又允许用户自定义滤镜的命令，也有使用滤镜修改蒙版、在图像中使选区发生位移和快速调整颜色的命令。

9.14.1 高反差保留

【高反差保留】滤镜可以在有强烈颜色转变发生的地方按指定的半径保留边缘细节，并且不显示图像的其余部分。该滤镜对于从扫描图像中取出艺术线条和大的黑白区域非常有用。通过“半径”值可调整原图像保留的程度，该值越高，保留的原图像越多。

【高反差保留】滤镜的具体操作如下。

1 打开素材

打开随书光盘中的“素材\ch09\书籍jpg”文件。选择【滤镜】➤【其他】➤【高反差保留】菜单命令，在弹出的【高反差保留】对话框中单击【确定】按钮。

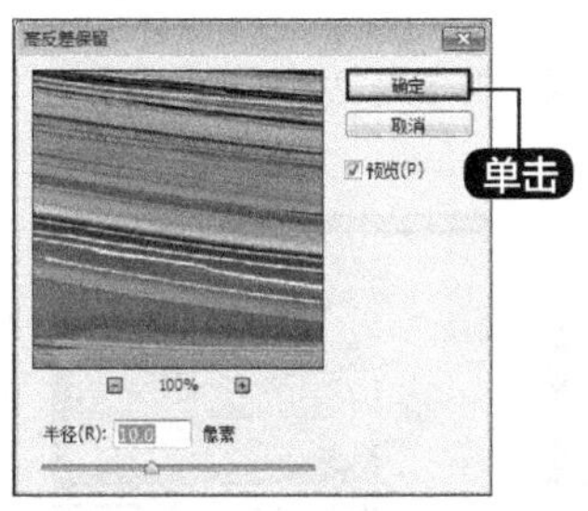

2 效果图

高反差保留的效果图如下。

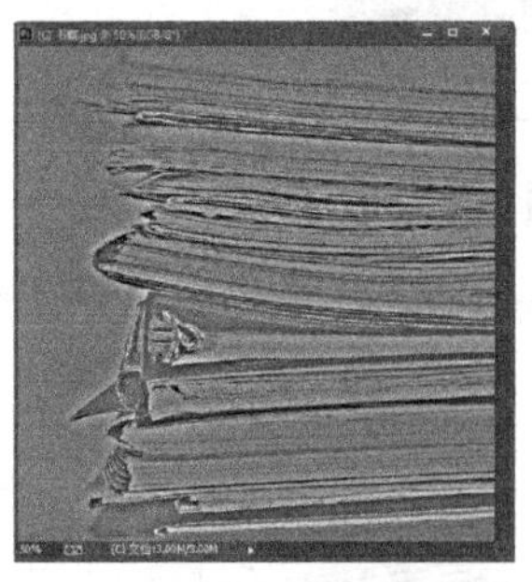

9.14.2 位移

【位移】滤镜可以水平或垂直偏移图像，对于由偏移生成的空缺区域，还可以用不同的方式来填充。

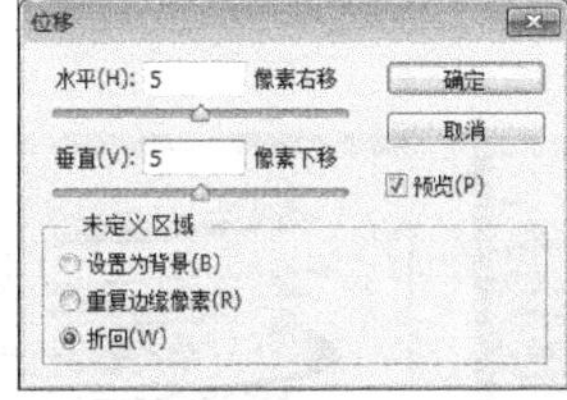

【位移】对话框中的各个参数如下。

(1) 水平：用来设置水平偏移的距离。正值向右偏移，左侧留下空缺；负值向左偏移，右侧出现空缺。

(2) 垂直：同来设置垂直偏移的距离。正值向下偏移，上侧留下空缺；负值向上偏移，下侧出现空缺。

(3) 自定义区域：用来设置偏移图像后产生的空缺部分的填充方式。选择“设置为背景”，以背景色填充空缺部分；选择“重复边缘像素”，可在图像边界不完整的空缺部分填入扭曲边缘的像素颜色。

9.14.3 自定

【自定】滤镜是Photoshop为我们提供的可以自定义滤镜效果的功能。它根据预定义的数学运算更改图像中每个像素的亮度值，这种操作与通道的加、减计算类似。用户可以存储创建的自定滤镜，并将它们用于其他Photoshop图像。

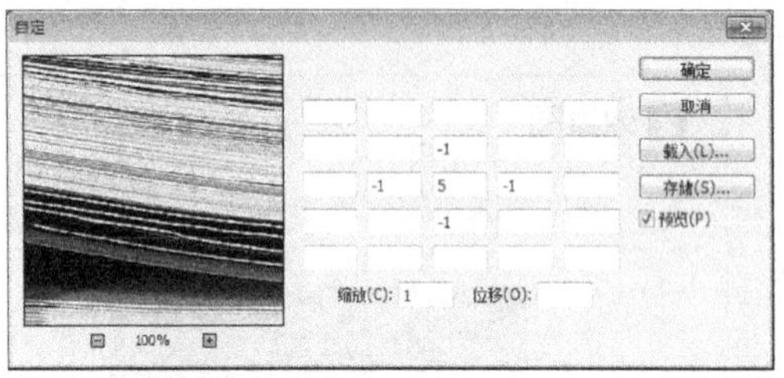

9.14.4 最大值

【最大值】滤镜具有应用阻塞的效果，可以扩展白色区域、阻塞黑色区域。

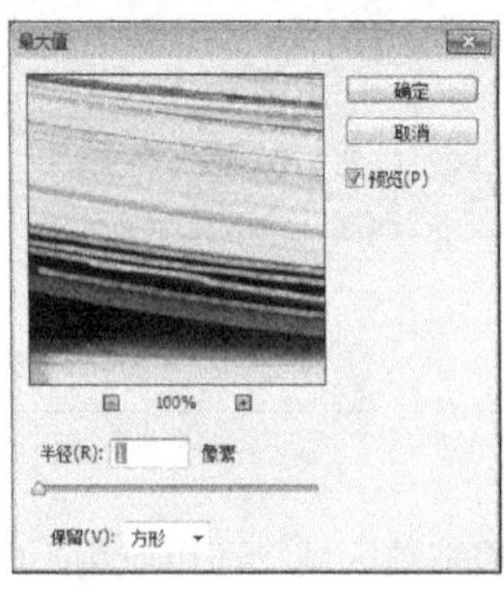

9.14.5 最小值

【最小值】滤镜具有应用伸展的效果，可以扩展黑色区域、阻塞白色区域。

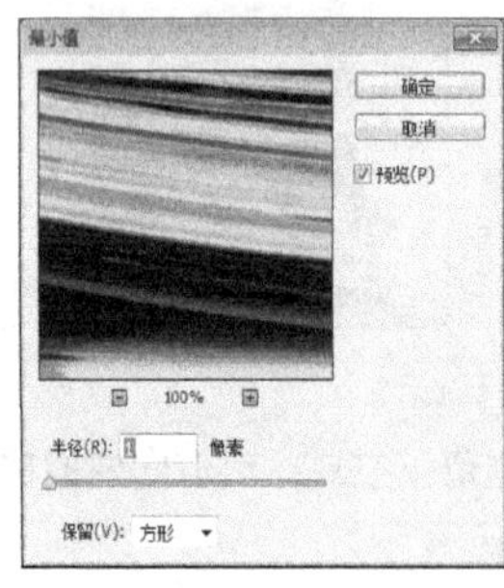

9.15 综合实战——制作怀旧照片的色彩效果

本节视频教学时间 / 3分钟 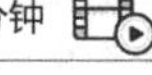

下面介绍制作怀旧照片的色彩效果。

1 打开素材文件

打开随书光盘中的“素材\ch09\老照片.jpg”文件。执行【滤镜】➤【镜头校正】命令，打开【滤镜校正】对话框，选择【自定】，【晕影】参数的设置如下图所示，使画面四周变暗。

2 向图像中添加杂色

执行【滤镜】➤【杂色】➤【添加杂色】命令，设置参数如下，向图像中添加杂色。

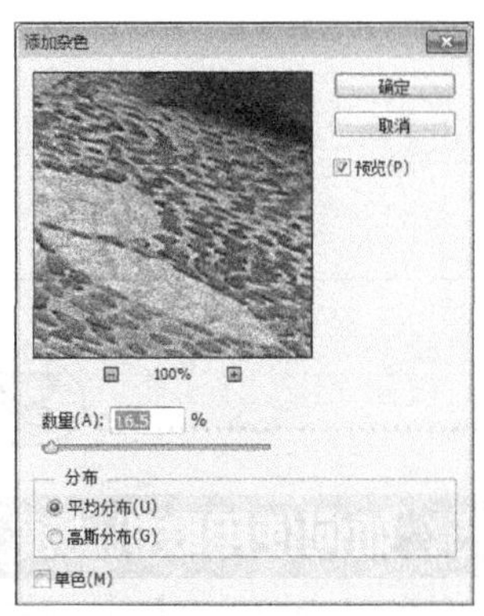

3 效果图

添加杂色后的结果如下图所示。

4 创建新的填充或调整图层

单击【图层】面板中的【创建新的填充或调整图层】按钮。

5 拾取颜色

选择【纯色】命令，打开【拾色器】拾取颜色，如下图所示。

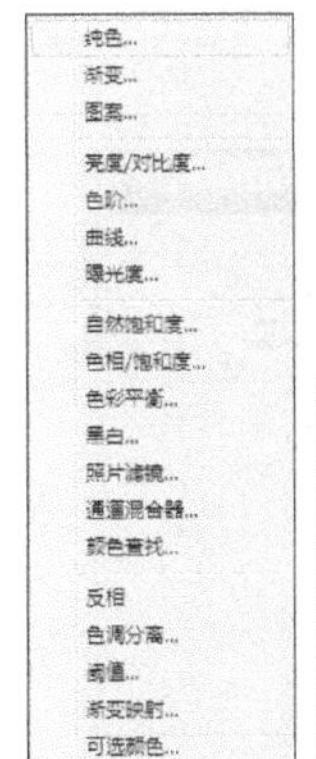

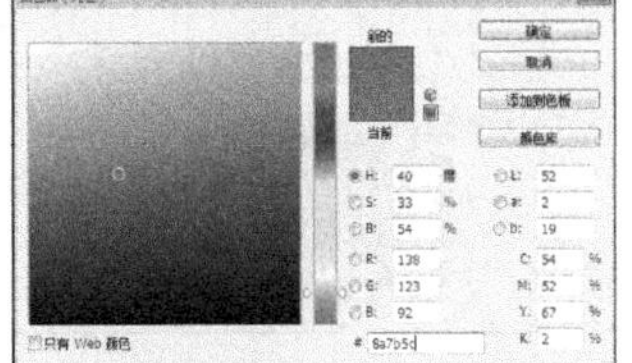

6 设置混合模式

选择该图层，将【混合模式】设置为“颜色”，如下图所示。

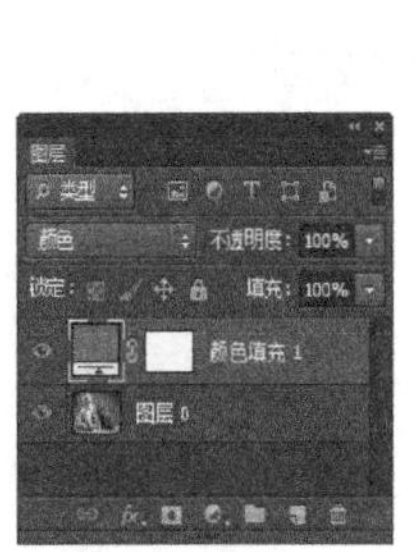
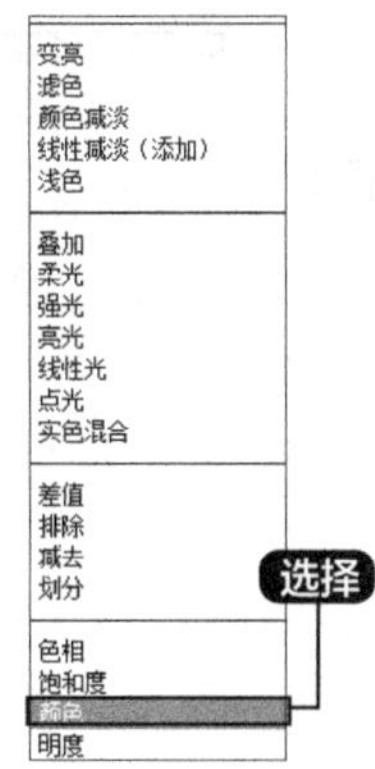

7 效果图

得到最终的效果图。

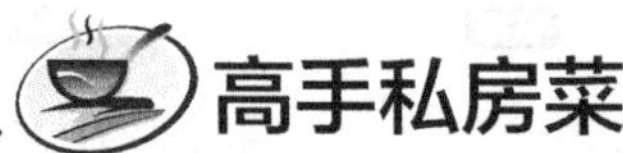

高手私房菜

技巧：如何使用联机滤镜

执行【滤镜】菜单中的【浏览联机滤镜】菜单命令，可以链接到Adobe网站。查找需要的滤镜和增效工具以便使用。

1 执行滤镜

执行【滤镜】➤【浏览联机滤镜】菜单命令。

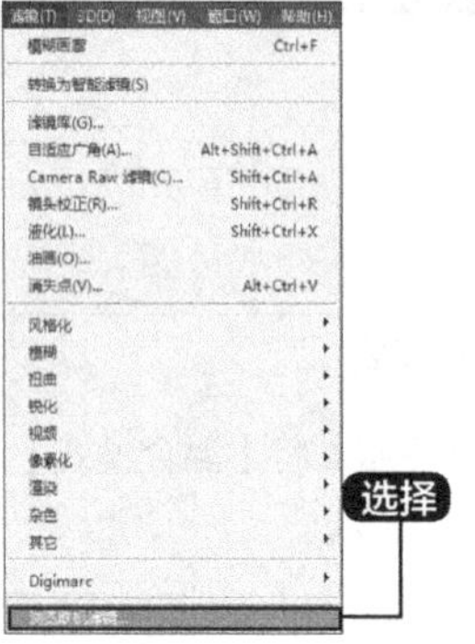

2 查找滤镜和增效工具

打开Adobe网站，查找需要的滤镜和增效工具。

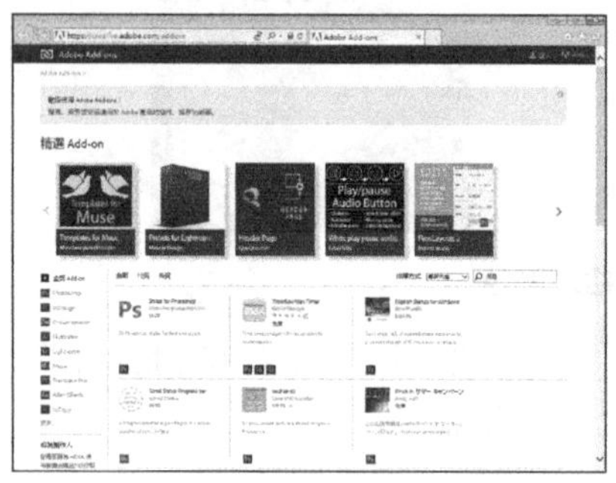

3 下载

下载需要的滤镜和增效工具。

第10章 综合实战——文字设计

重点导读

本章视频教学时间：16分钟 

文字是设计作品的重要组成部分，它不仅用来传递信息，还能起到美化版面、强化主题的作用。本章主要来学习如何使用Photoshop CC设计和制作文字。

学习效果图

10.1 制作立体文字

本节视频教学时间 / 4分钟

使用Photoshop CC可以制作绚丽、真实的立体文字效果，具体操作步骤如下。

1 创建空白文档

打开Photoshop CC，单击【文件】➤【新建】菜单命令，弹出【新建】对话框，输入相关参数，创建一个“600像素×300像素”的空白文档，单击【确定】按钮。

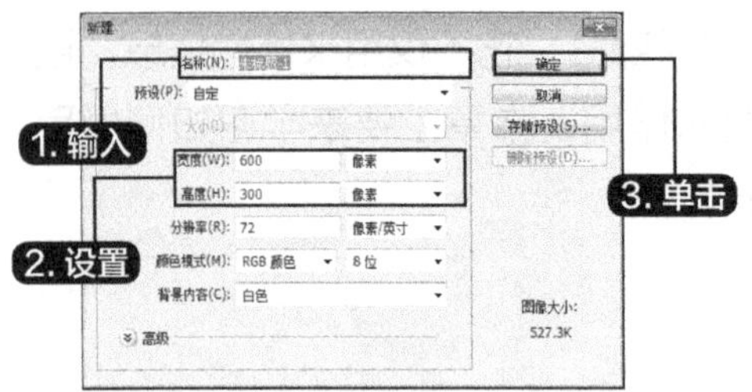

2 插入文字内容

使用工具栏中的【横排文字工具】在文档中插入要制作立体效果的文字内容，文字颜色和字体可自行定义，本实例采用黑色。

3 将矢量文字变成像素图像

在文字图层上单击鼠标右键，在弹出的快捷菜单中选择【栅格化文字】菜单命令，将矢量文字变成像素图像。

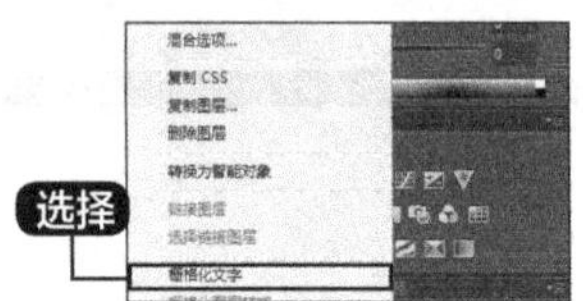

4 文字变形

选择【编辑】➤【自由变换】菜单命令，对文字执行变形操作，调整到合适的角度。在文字自由变形时，需要注意透视原理。

5 复制图层

对文字图层进行复制，生成文字副本图层。

6 设置图层样式

选择副本图层，双击图层弹出【图层样式】对话框，单击选中【斜面和浮雕】复选框，调整【深度】为“350%”，【大小】为“2像素”。

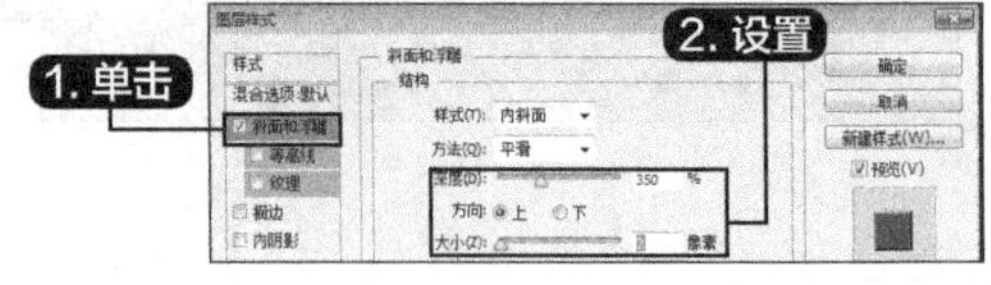

7 设置叠加颜色

单击选中【颜色叠加】复选框，设置叠加颜色为“红色”，单击【确定】按钮。

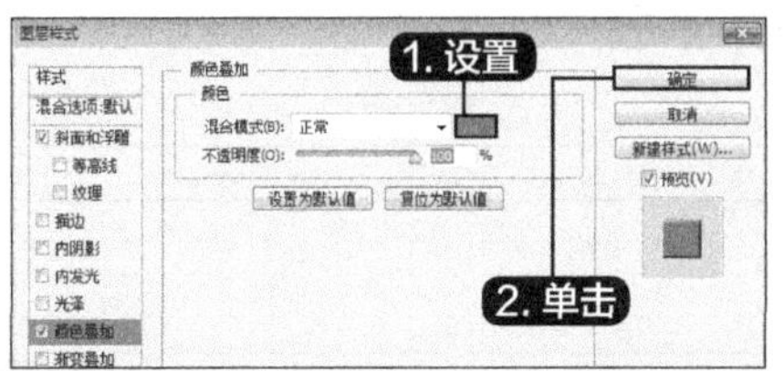

8 新建图层

新建【图层1】，把【图层1】拖曳到文字副本图层下面。

9 合并图层

在文字副本图层上单击鼠标右键，在弹出的快捷菜单中选择【向下合并】菜单命令，将文字副本图层合并到【图层1】上，得到新图层。

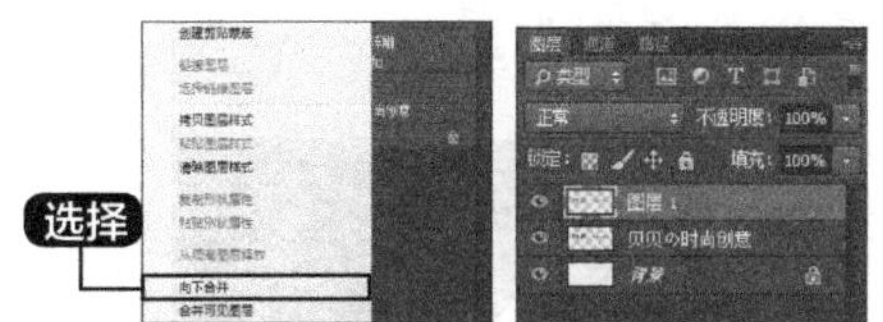

10 复制变形

选择【图层1】，按【Ctrl+Alt+T】组合键进行复制变形，在属性栏中输入纵横拉伸的百分比例均为“101.00%”，然后使用小键盘方向按键，向右移动两个像素。

11 效果图

按【Ctrl+Alt+Shift+T】组合键复制【图层1】，并使用方向键向右移动一个像素，经过多次重复操作，得到如下图所示的立体效果。

12 拖曳图层

合并除了背景层和原始文字图层之外的所有图层，并将合并后的图层拖曳到文字图层的下方。

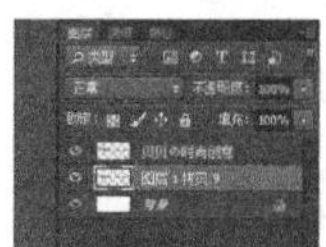

13 拉伸变形

选择文字图层，按【Ctrl+T】组合键对图形执行拉伸变形操作，使其刚好能盖住制作立体效果的表面，按【Enter】键生效。

14 选择图层样式

双击文字图层，弹出【图层样式】对话框，单击选中【渐变叠加】复选框，设置渐变样式，在选中的样式上单击，然后单击【确定】按钮。

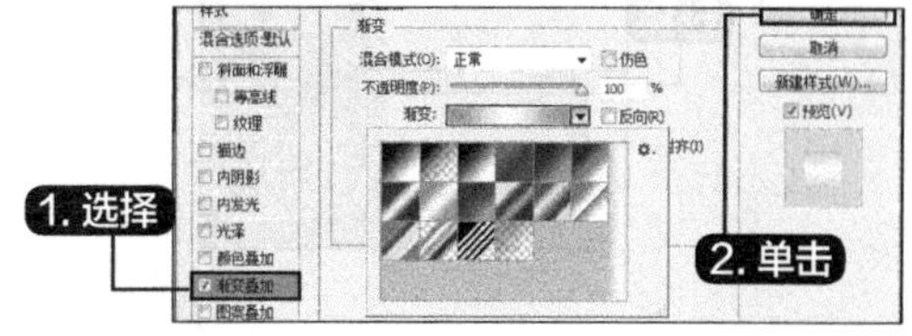

15 效果图

立体文字效果制作完成，如下图所示。

10.2 制作燃烧的文字

本节视频教学时间 / 5分钟

本实例通过复习使用文字工具、滤镜和图层样式命令等来制作燃烧的文字效果。具体操作步骤如下。

1 创建空白文档

打开Photoshop CC，单击【文件】➤【新建】菜单命令，弹出【新建】对话框，设置【名称】为“燃烧的文字”，输入相关参数，创建一个“600像素×600像素”、【分辨率】为“200像素/英寸”、【颜色模式】为“RGB颜色”的空白文档，单击【确定】按钮。

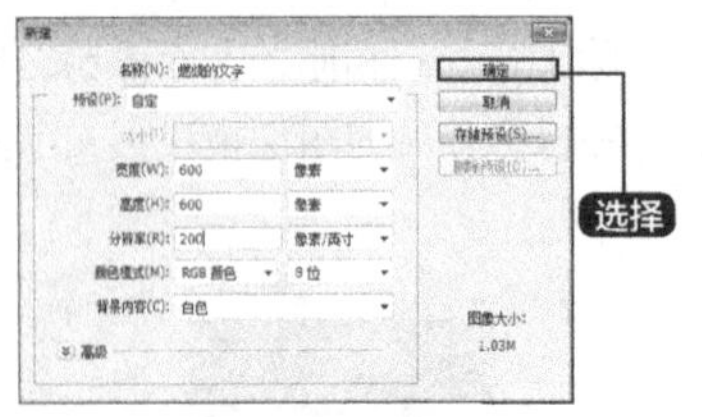

2 输入文字

将背景填充为黑色，前景色设置为白色，然后输入文字“火”。

3 选择【栅格化字体】

在文字图层上单击鼠标右键，在弹出的快捷菜单中选择【栅格化文字】菜单命令。

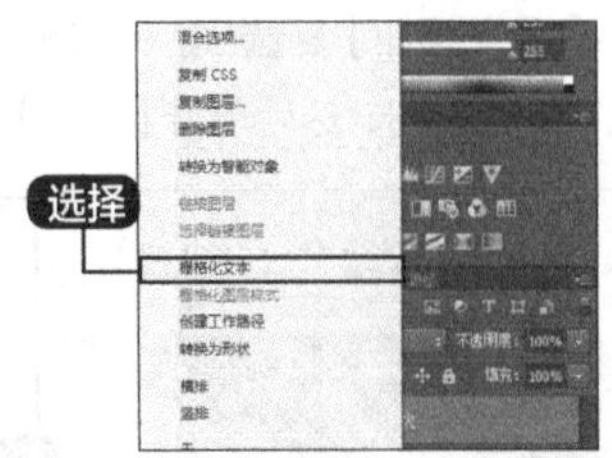

4 选择【旋转90°】命令

将栅格化的文字复制一层，选择副本图层，选择【编辑】➤【变换】➤【旋转90°（顺时针）】菜单命令。

5 选择【风】命令

选择【滤镜】➤【风格化】➤【风】菜单命令。

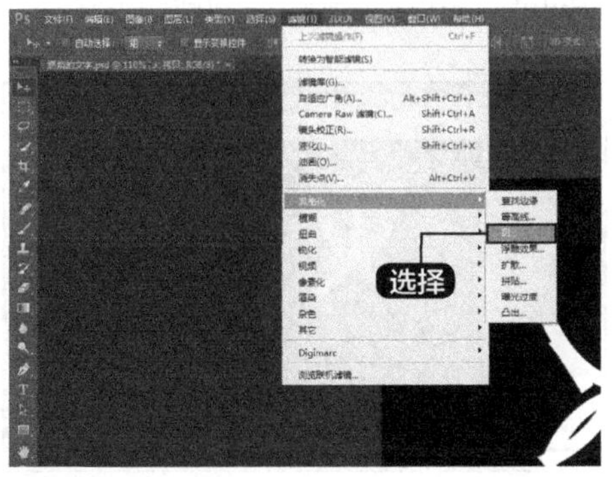

6 设置参数

弹出【风】对话框，设置参数如下图所示，单击【确定】按钮。

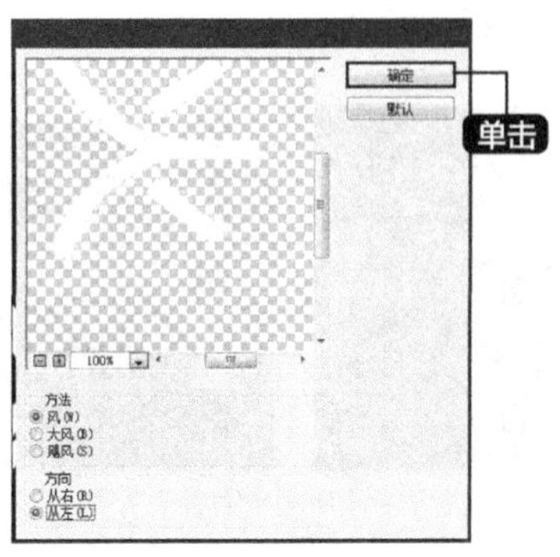

7 加强效果

按【Ctrl+F】组合键两次，加强一下风的效果。

8 选择【旋转90° 】命令

选择【编辑】➤【变换】➤【旋转90°（逆时针）】菜单命令。旋转后的效果如下图所示。

9 复制副本图层

选择【火 拷贝】图层，然后将其复制一层为【火 拷贝2】。

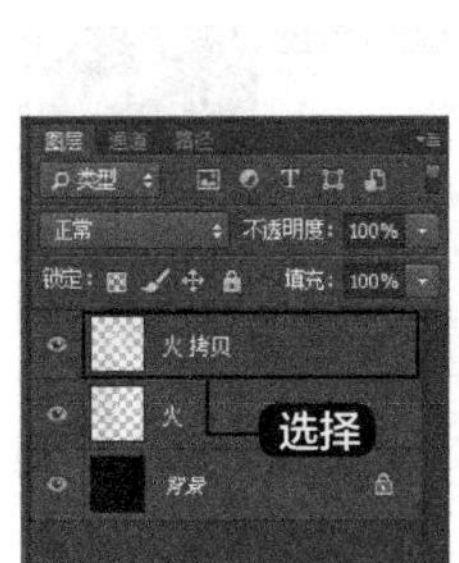

10 设置高斯模糊

选择【滤镜】➤【模糊】➤【高斯模糊】菜单命令，弹出【高斯模糊】对话框，将【半径】设置为“2像素”，单击【确定】按钮。

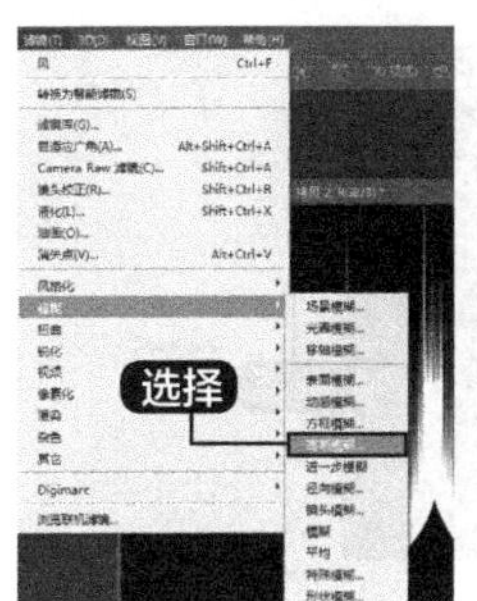

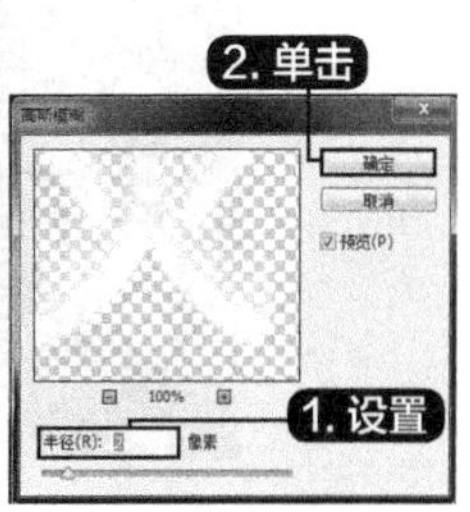

11 新建合并图层

在【火 拷贝2】图层下新建一个【图层1】，然后用黑色填充背景，把【图层1】与【火 拷贝2】图层合并为一个图层。

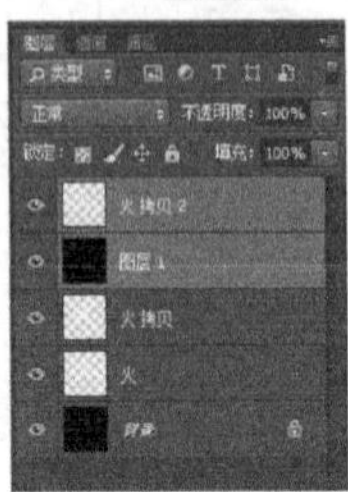

12 液化

选择合并后的图层，选择【滤镜】➤【液化】命令，在弹出的对话框中先用大画笔涂出大体走向，再用小画笔突出小火苗。

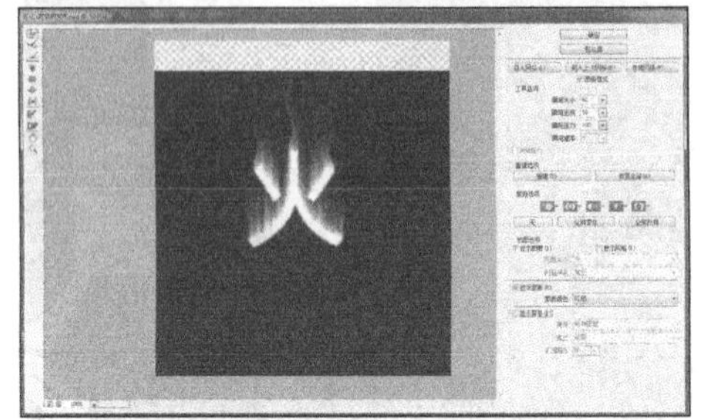

13 调整饱和度

按【Ctrl+U】组合键，对液化好的图层调整色相/饱和度，调成橙红色，参数如下图所示，单击【确定】按钮。

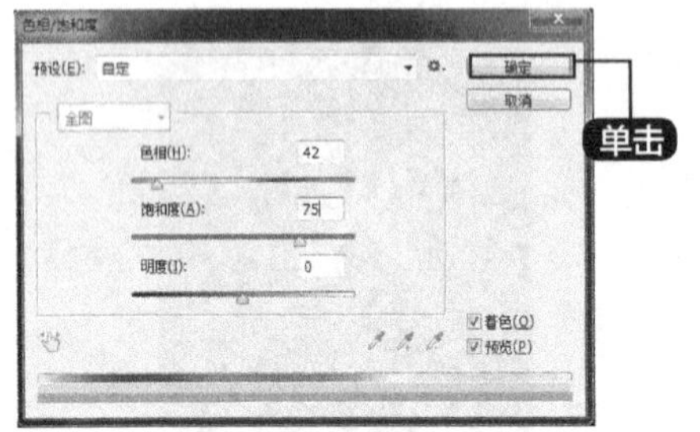

14 显示效果

效果如下图所示。

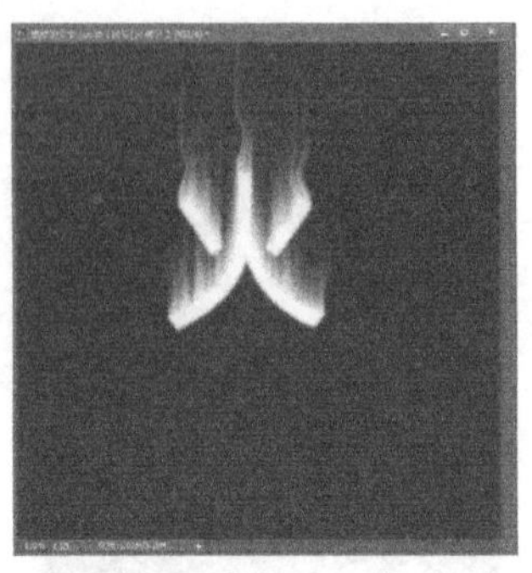

15 加强效果

选择【火 拷贝2】图层并将其复制为【火 拷贝3】图层，然后将【火 拷贝3】图层的【混合模式】设为“叠加”，从而加强火焰的效果。

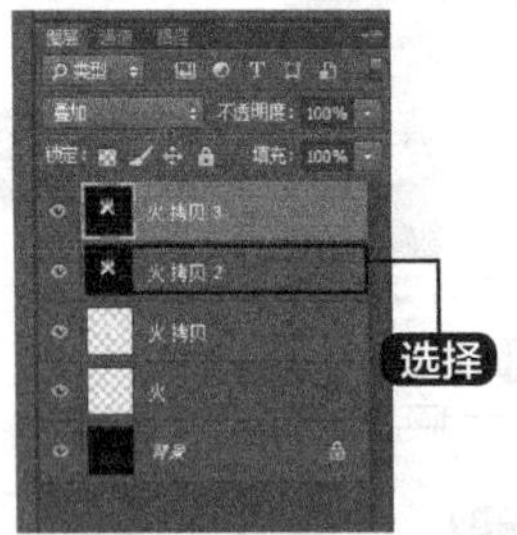

16 选择【高斯模糊】命令

选择【火 拷贝】图层，选择【滤镜】➤【模糊】➤【高斯模糊】命令。

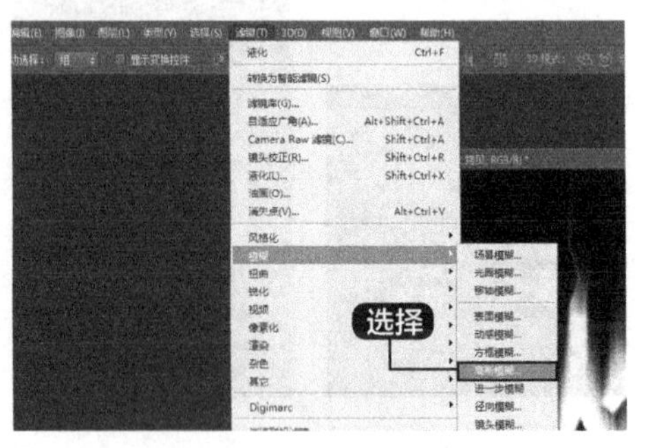

17 设置高斯模糊参数

弹出【高斯模糊】对话框，将【半径】设为“2.5像素”，单击【确定】按钮。

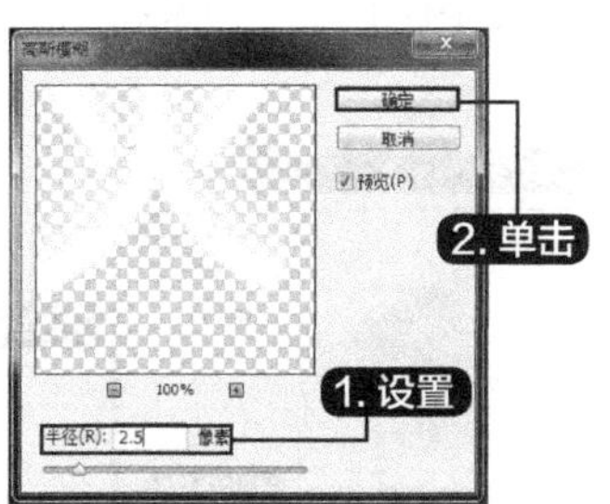

18 效果图

效果如下图所示。

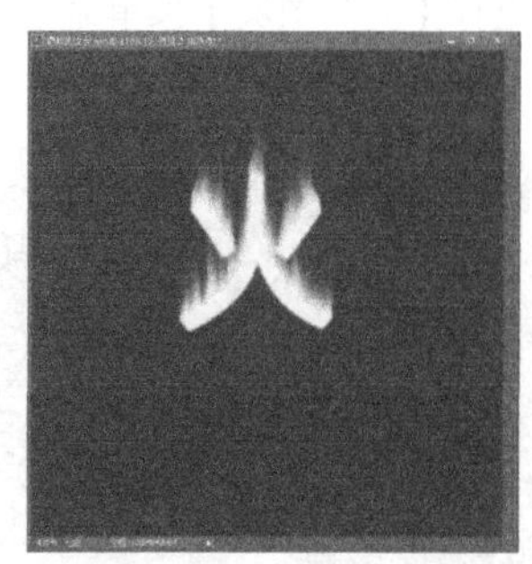

10.3 制作特效艺术字

本节视频教学时间 / 7分钟

使用Photoshop CC可以制作各种特效文字。下面列举一个简单的制作特效艺术字的操作实例，具体操作步骤如下。

1 新建文档

选择【文件】➤【新建】菜单命令，弹出【新建】对话框，设置如图所示的参数，单击【确定】按钮，新建一个空白文档。

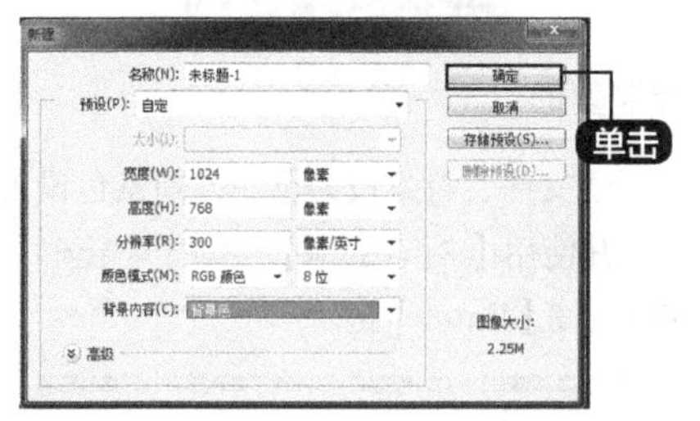

2 添加文字

使用【横排文字工具】添加文字“2015 梦幻生活”。

3 添加蒙版

单击【图层】面板下方的【添加图层蒙版】按钮， 为文字图层添加蒙版，并使用【画笔工具】涂抹蒙版，设置工具属性栏，【画笔大小】为“28”，【不透明度】为“78%”，得到如图所示的效果。

4 新建图层副本

在文字图层上单击鼠标右键，在弹出的快捷菜单中选择【复制图层】菜单命令，得到图层副本。

5 高斯模糊

选择图层副本，选择【滤镜】➤【模糊】➤【高斯模糊】菜单命令，弹出【高斯模糊】对话框，设置【半径】为“8.0像素”，单击【确定】按钮。

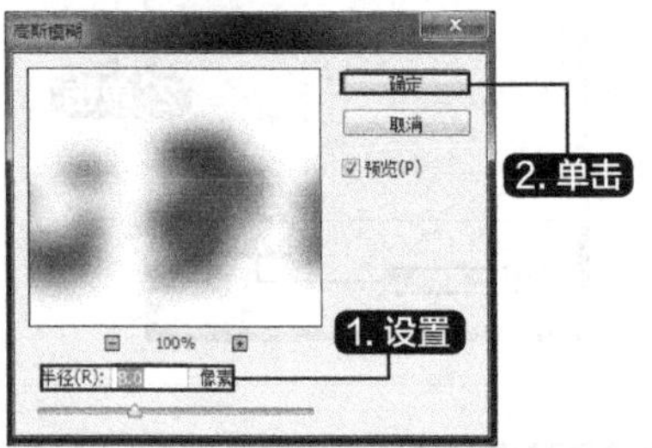

6 效果图

产生如图所示的文字效果。

7 设置画笔样式

选择【画笔工具】，在属性栏中设置【画笔样式】为“云彩样式”，【画笔大小】可自行调整。

8 绘制效果

新建图层，拖放到文字图层下方，使用【画笔工具】绘制云彩效果。

9 绘制菱形

新建文件，背景设为透明，前景色设置为黑色，并使用【钢笔工具】绘制一个菱形，绘制完成后按【Enter】键。

10 选择【定义画笔预设】命令

选择【编辑】➤【定义画笔预设】菜单命令。

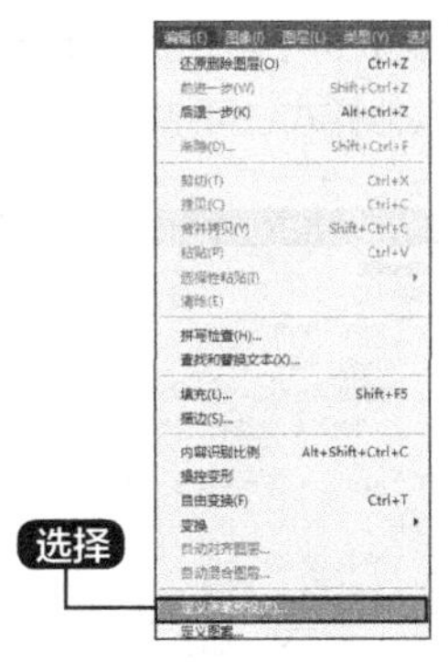

11 添加画笔

弹出【画笔名称】对话框，在【名称】文本框中输入自定义的名称，单击【确定】按钮，单击【画笔工具】，选择【窗口】➤【画笔预设】菜单命令，打开【画笔预设】面板，选择上一步中添加的新画笔。

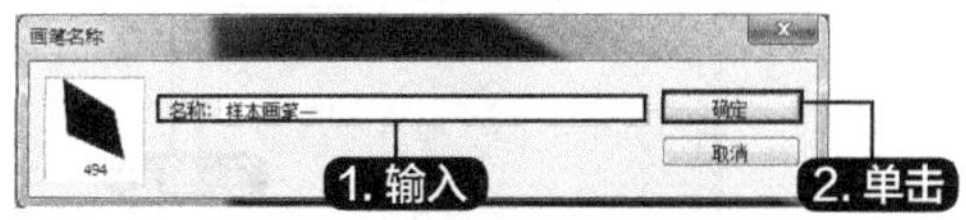

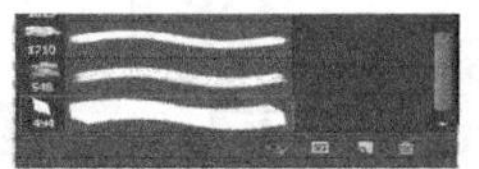

12 设置参数

打开【画笔】面板，单击选中【形状动态】复选框，设置右侧参数，如图所示，单击选中【散布】复选框，扩大散布值，并调整其他参数。

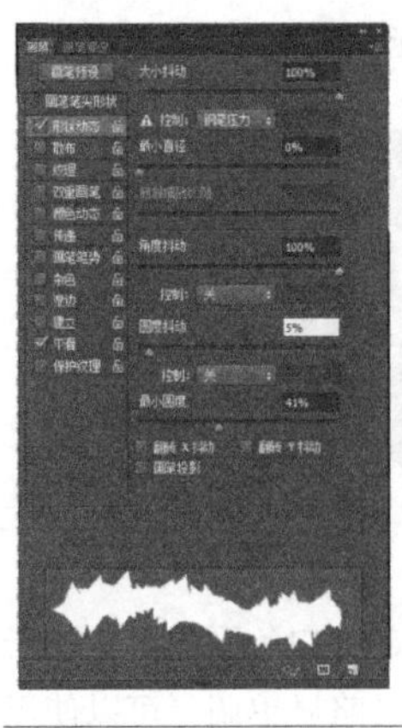

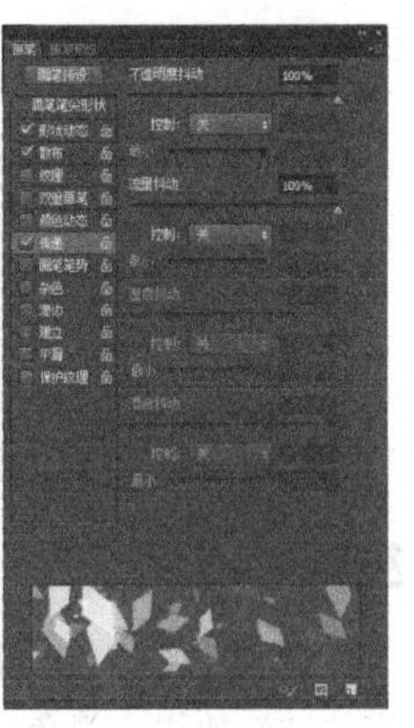

13 选中【传递】复选框

单击选中【传递】复选框，设置右侧参数，如下图所示。

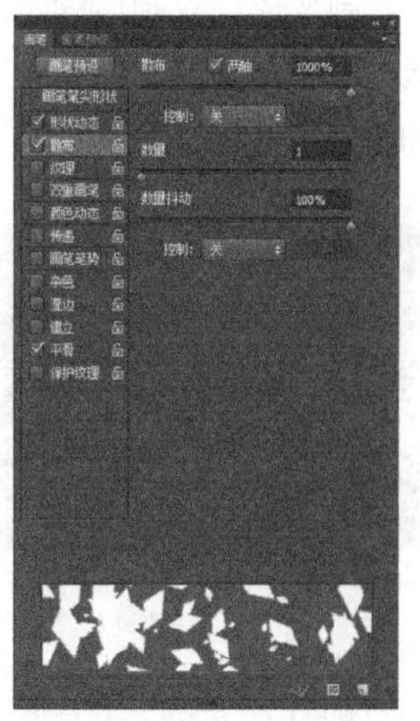

14 绘制布粒子

返回图形界面，新建图层，选择【画笔工具】，使用之前创建的画笔，在新图层中绘制散布粒子，如图所示。

15 高斯模糊

复制粒子图层，然后选择【滤镜】➤【模糊】➤【动感模糊】菜单命令，弹出【动感模糊】对话框，调整【角度】为“50°”，【距离】为“100像素”，单击【确定】按钮。

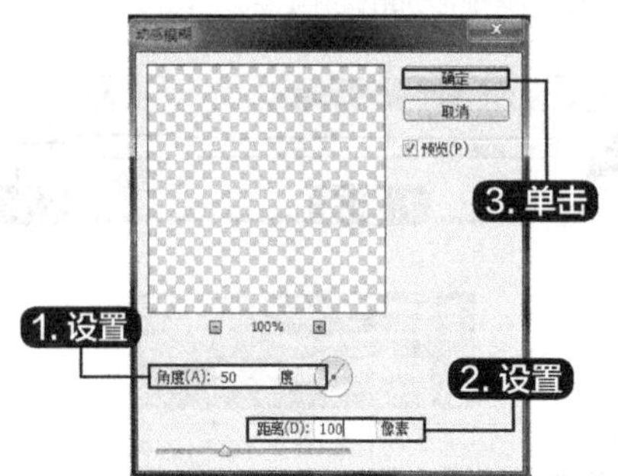

16 合并图层

合并文字图层及文字图层副本，双击合并后的新图层，弹出【图层样式】对话框，设置【斜面和浮雕】和【颜色叠加】样式，调整至满意为止，其他样式也可结合需要调整。

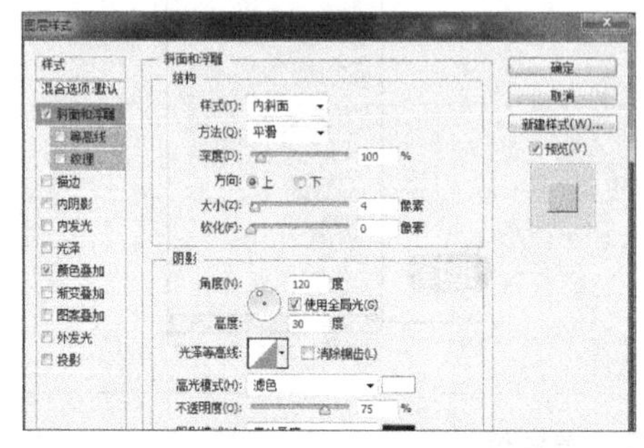

17 立体效果

按【Ctrl+Alt+T】组合键，对调整后的文字图层进行复制变形，复制后的新图层向右移动一个像素，多次复制移动后产生厚重的立体效果，如图所示。

18 绘制白色扩散光源效果

新建图层，选择【画笔工具】，属性栏选择【画笔样式】为“柔边圆”，【画笔大小】可自行调整，【颜色】设置为“白色”，在新图层上方绘制白色扩散光源效果。

19 变形

按【Ctrl+T】组合键，对图层执行变形操作，调整到如下图所示的位置，按【Enter】键。

20 涂抹

选择【涂抹工具】，将白色区域涂抹成云海的波浪效果。黑色背景略显单调，可以使用【星空画笔工具】将背景点缀为星空效果。

第11章

综合实战——照片处理

重点导读

本章视频教学时间：14分钟

本章主要学习如何综合运用各种工具来处理数码照片。

学习效果图

11.1 将旧照片翻新

本节视频教学时间 / 6分钟

家里总有一些爷爷奶奶或是父母的泛黄的老照片，大家可以通过Photoshop CC来修复这些老照片，作为礼物送给他们，他们一定会很高兴的。本实例主要使用【污点画笔修复工具】、【色彩平衡】和【曲线】命令等处理老照片。

1 打开素材

选择【文件】➤【打开】菜单命令，打开随书光盘中的“素材\ch11\旧照片.jpg”文件。

2 设置参数

选择【污点修复画笔工具】，并在参数设置栏中进行如下图所示的设置。

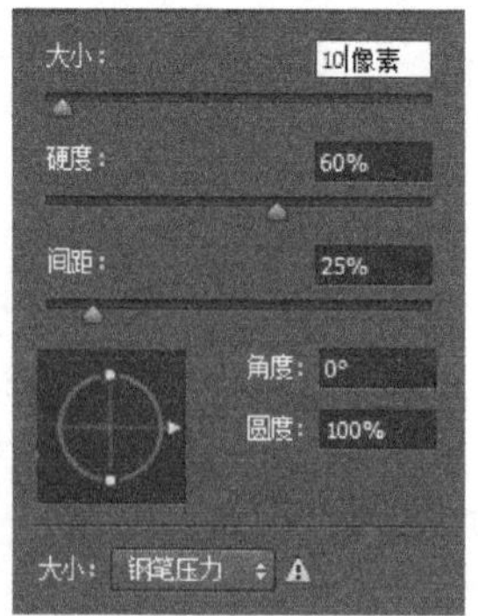

3 污点修复

将鼠标指针移到需要修复的位置，在需要修复的附近单击鼠标左键进行取样，然后在需要修复的位置单击鼠标即可修复划痕。

4 调整图像色彩

选择【图像】➤【调整】➤【色彩平衡】菜单命令，调整图像色彩。在弹出的【色彩平衡】对话框中的【色阶】选项中依次输入“0”“0”和“32”。单击【确定】按钮。

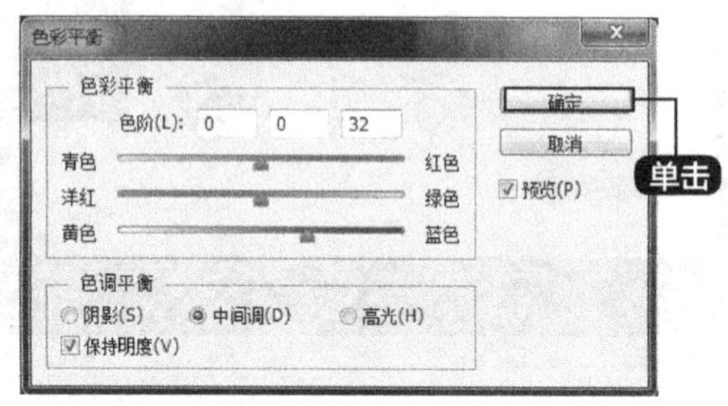

5 亮度/对比度

选择【图像】➤【调整】➤【亮度/对比度】菜单命令。在弹出的【亮度/对比度】对话框中，拖曳滑块来调整图像的亮度和对比度（或者设置【亮度】为“30”，【对比度】为“45”）。单击【确定】按钮。

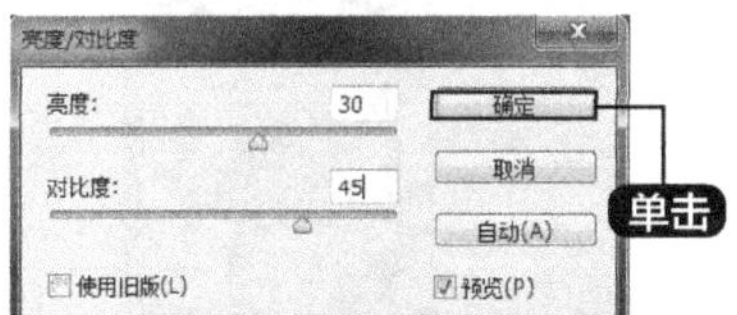

6 色相/饱和度

选择【图像】➤【调整】➤【色相/饱和度】菜单命令。在弹出的【色相/饱和度】对话框中，拖曳滑块来调整图像的饱和度（或者设置【饱和度】为“35”）。单击【确定】按钮。

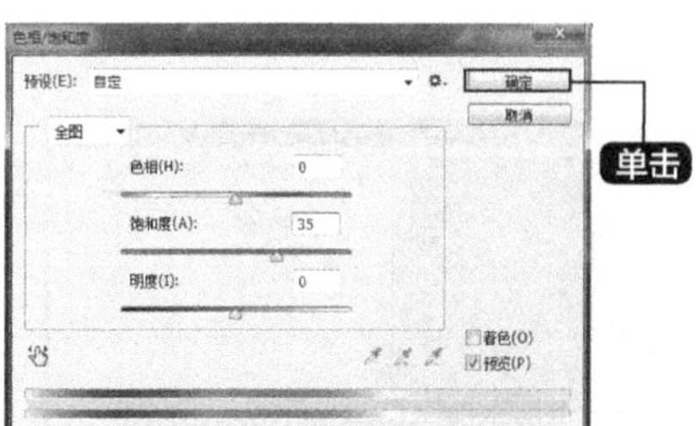

11.2 无损缩放照片大小

本节视频教学时间 / 2分钟 

有时候为了满足打印输出或存储的要求，需要适时地更改图片的像素大小。本实例主要使用【移动工具】和【图像大小】命令等更改图片的大小。

1 打开素材

打开随书光盘中的“素材\ch11\无损缩放照片大小.jpg”文件。选择【图像】➤【图像大小】菜单命令，弹出【图像大小】对话框。

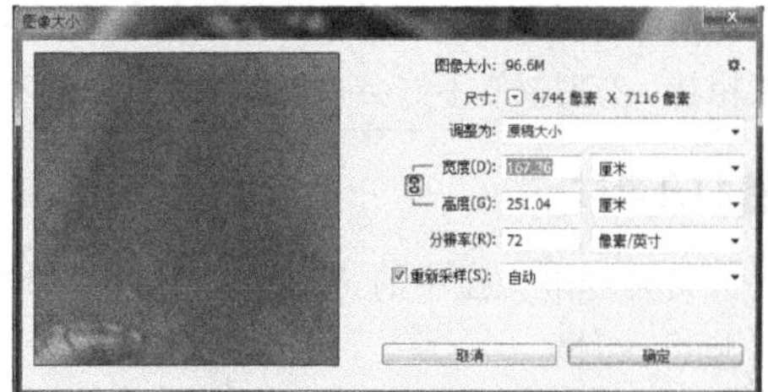

2 重新采样

在【图像大小】对话框中勾选【重新采样】复选框，设置插补方法为【两次立方（较平滑）（扩大）】。设置文档大小的单位为【百分比】，设置【宽度】为“110”、【高度】为“110”，即只把图像增大10%。单击【确定】按钮。

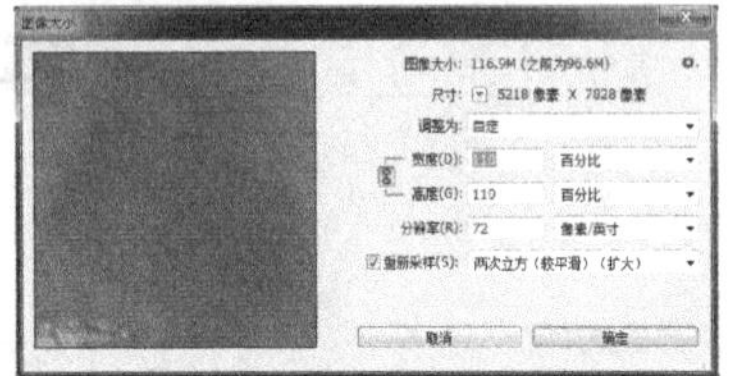

3 效果图

效果如下图所示。

4 缩小图像

重复上步操作，每操作一次，图像扩大10%，使用相同的方法可以缩小照片，设置【宽度】为“90”、【高度】为“90”即可。

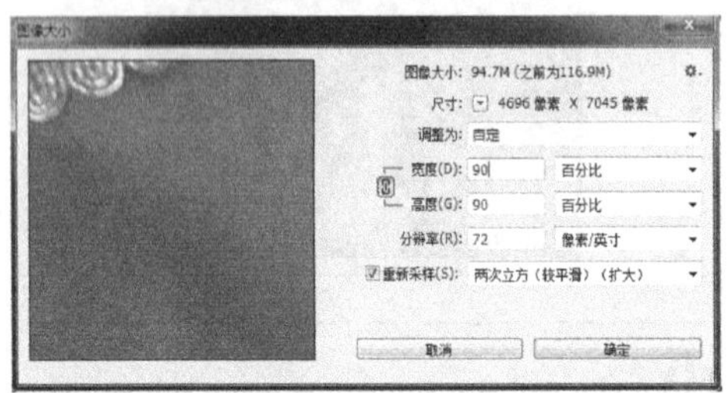

11.3 腿部瘦身

本节视频教学时间 / 3分钟

有时候拍出来的图片，模特很美，但是有些细节还不够完美，比如有些画面，模特的腿部显得很粗壮，有时候修不好会有损画质。本例带来精细的美腿教程，还原高品质图像。

1 打开素材

打开随书光盘中的“素材\ch11\腿部瘦身.jpg”文件。

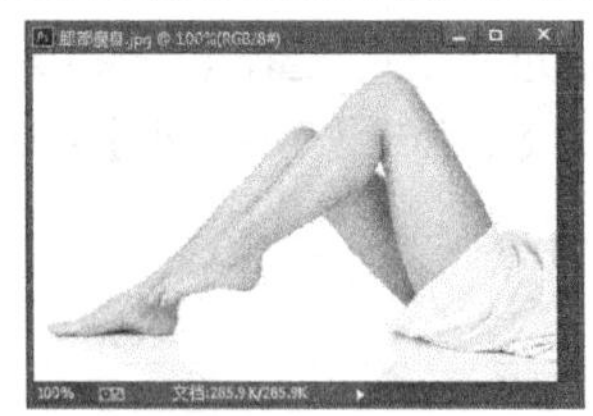

2 整体瘦腿

用“自由变换”的“变形”功能，向上提拉大腿，以达到瘦腿的效果，所以在用套索工具圈选大腿时，不要圈到腿的外部曲线。

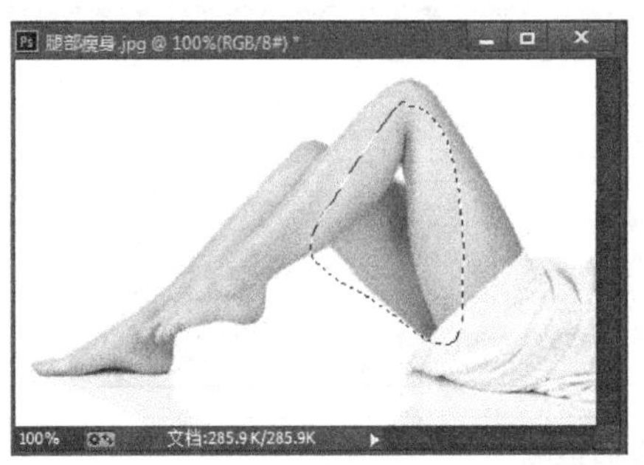

3 羽化

单击鼠标右键，选择【羽化】命令，设置【羽化半径】为“10像素”。

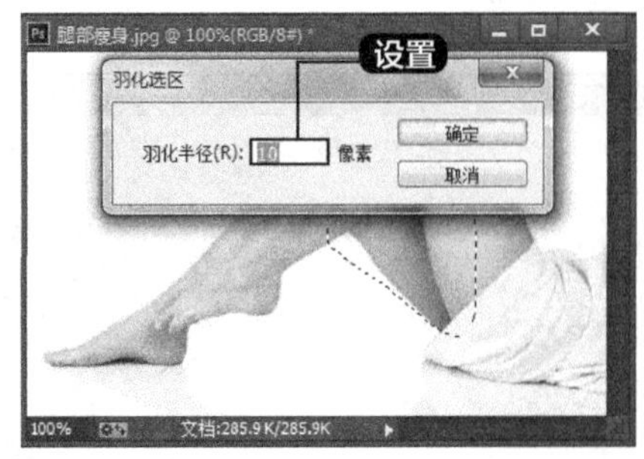

4 复制图层

按【Ctrl+J】键，复制图层，得到【图层1】，按【Ctrl+T】键，选择【自由变换】命令。

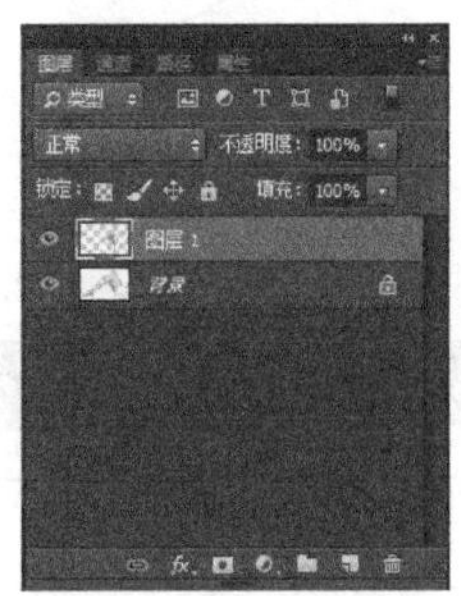

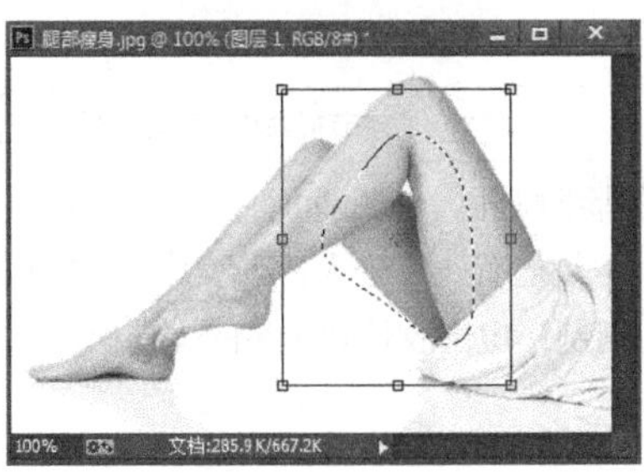

5 透视

单击鼠标右键，选择【透视】命令，按住鼠标左键向上推动曲线。

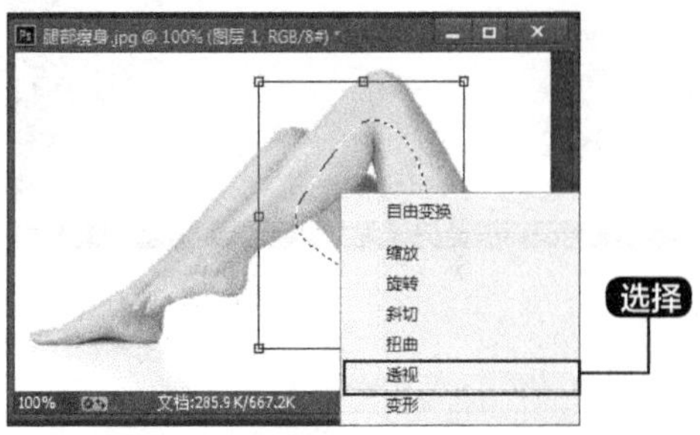

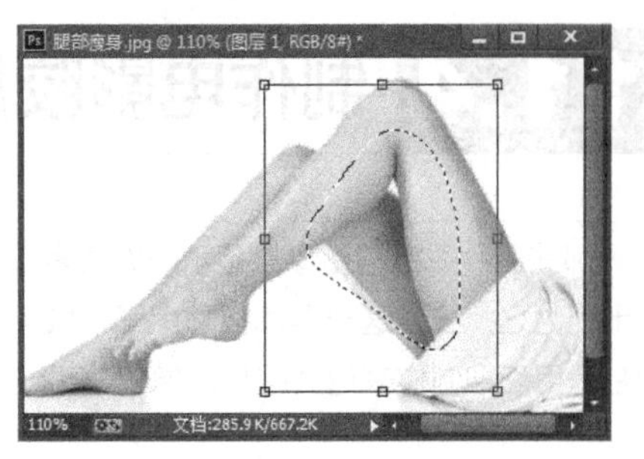

6 修复

按【Enter】键，完成瘦腿。放大图片，观察是否有穿帮，如果有，则使用【橡皮图章工具】进行修复。

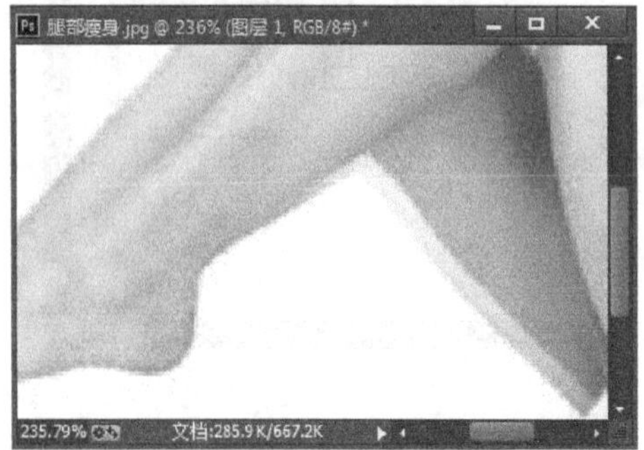

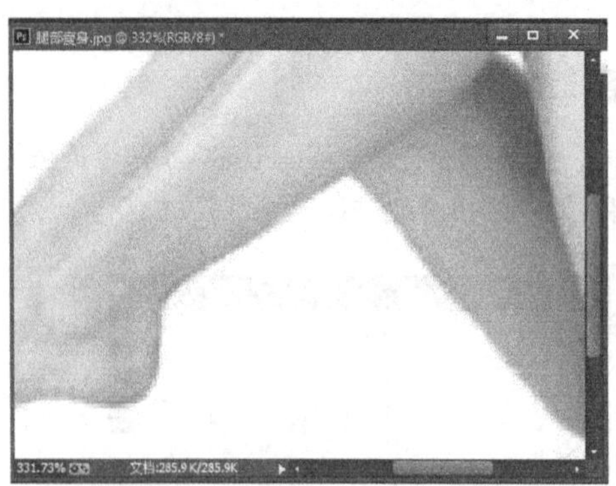

7 收缩大腿

合并图层，执行【滤镜液化】操作，用【褶皱工具】在左大腿上单击，收缩大腿。

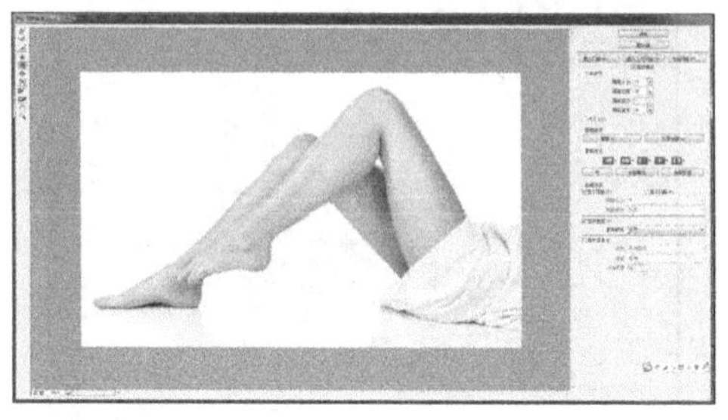

8 效果图

用【向前变形工具】调整两条大腿的曲线，让大腿的线条更匀称，调整臀部线条，让线条更饱满，最终效果如图所示。

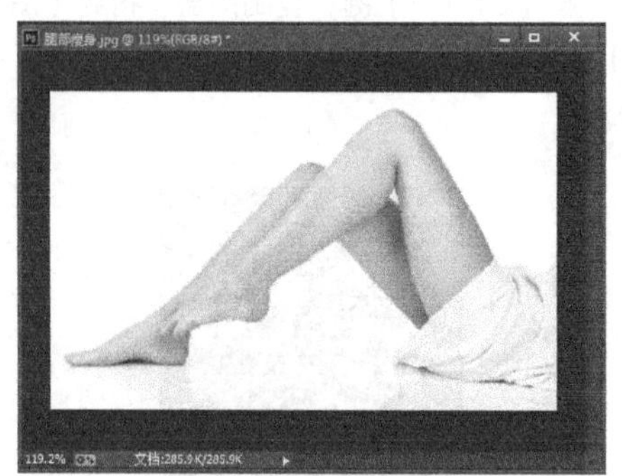

11.4 制作电影胶片效果

本节视频教学时间 / 3分钟

那些胶片质感的影像总是承载着太多难忘的回忆，它那细腻而优雅的画面，令一群数码时代的将士们为之疯狂，这一群体被贴上了“胶片控”的美名。但是还有一部分人苦于胶片制作的烦琐，于是运用后期制作来达到胶片成像的效果。下面来学习如何制作电影胶片味十足的文艺相片效果。

1 打开素材

打开随书光盘中的“素材\ch11\电影胶片效果.jpg”，复制背景图层。

2 选择绿色

选择【图像】➤【调整】➤【色相/饱和度】菜单命令，选择绿色，并用【吸管工具】选择树林部分的黄绿色，参照下图的“色相”“饱和度”和“明度”的参数进行调节。

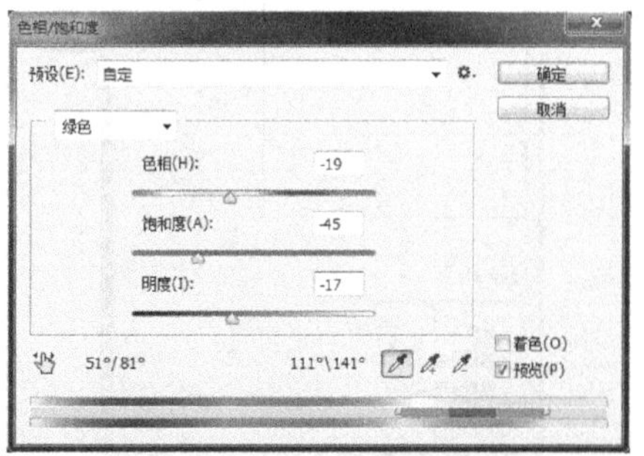

3 选择蓝色

选择【图像】➤【调整】➤【色相/饱和度】菜单命令，选择蓝色，并用【吸管工具】选择天空的蓝色，参照下图的“色相”“饱和度”和“明度”的参数进行调节。

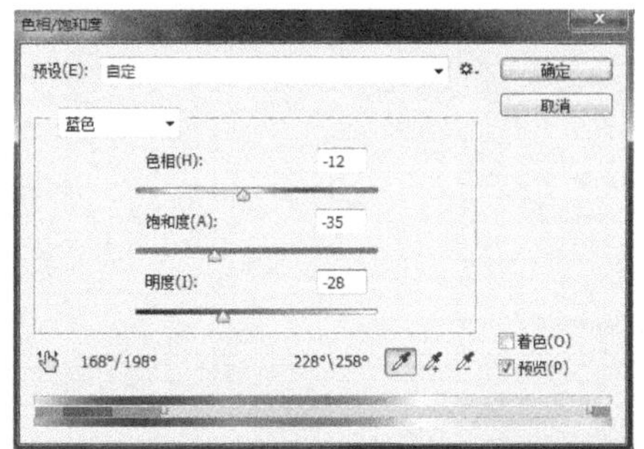

4 选择黄色滤镜

在【图层】面板上为图像添加【照片滤镜】效果，选择黄色的滤镜，效果如图所示。

5 添加杂色效果

选择【滤镜】➤【杂色】➤【添加杂色】菜单命令，添加杂色效果，如果有合适的划痕画笔，可以添加适当的划痕效果，最终效果如图所示。

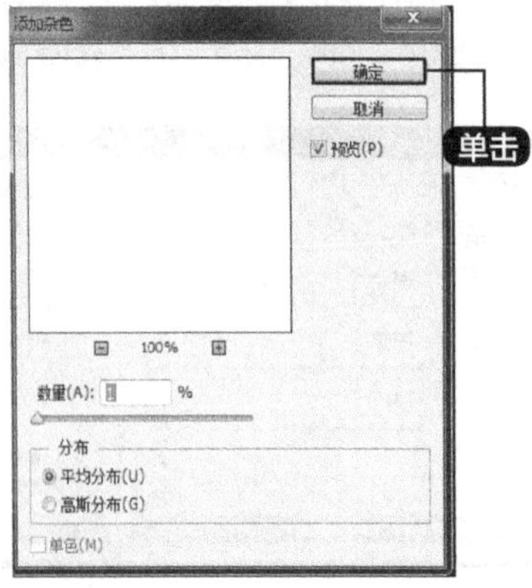

第12章

综合实战——平面设计

重点导读

本章视频教学时间：26分钟 

平面设计是以加强销售为目的所做的设计，也就是基于广告学与设计学，来替产品、品牌、活动等做广告。本章主要来学习如何使用Photoshop CC设计和制作平面广告。

学习效果图

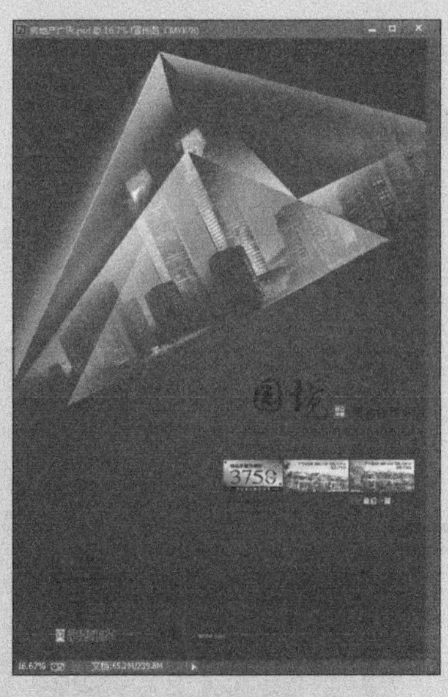

12.1 制作房地产广告

本节视频教学时间 / 13分钟 

本实例要求制作一个小区招贴，整体要求色彩神秘华丽，图片清晰。

通过本实例的学习，让读者学习如何运用Photoshop CC软件，来完成此类平面广告的绘制方法。下面将向读者详细介绍此平面广告效果的绘制过程。

1 设置标题

单击【文件】➤【新建】菜单命令。在弹出的【新建】对话框中设置名称为“房地产广告”。设置【宽度】为“28.9厘米”，【高度】为“42.4厘米”，【分辨率】为“300像素/英寸”，【颜色模式】为“CMYK模式”。单击【确定】按钮。

2 设置背景颜色

在工具箱中单击【设置背景色】。在【拾色器（背景色）】对话框中设置颜色（C:100，M:100，Y:64，K:49）。单击【确定】按钮，并按【Ctrl+Delete】组合键填充。

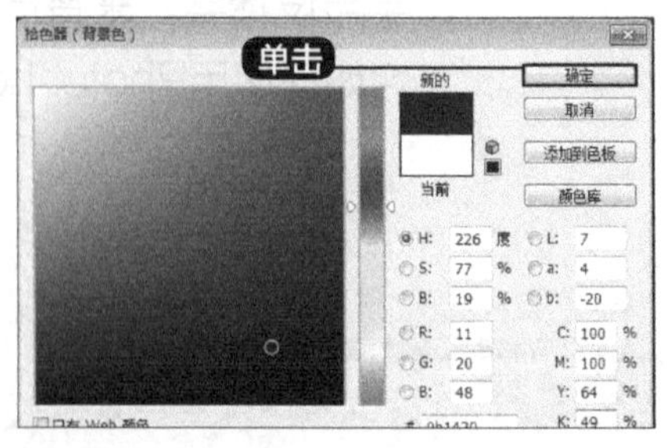

3 新建图层

在【图层】面板下方单击【创建新图层】按钮，来新建【图层1】。

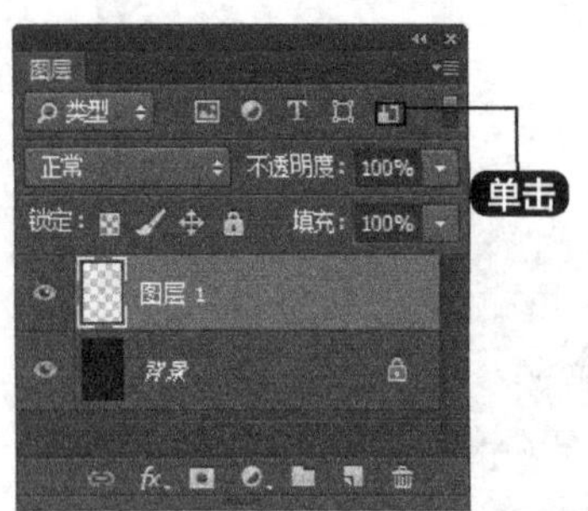

4 单击【点按可编辑渐变】按钮

单击工具箱中的【渐变工具】。单击工具选项栏中的【点按可编辑渐变】按钮。

5 添加色标

在弹出的【渐变编辑器】对话框中单击颜色条右端下方的【色标】按钮，添加3个白色色标，并且分别设置其不透明度为80、0、80，如图所示。单击【确定】按钮。

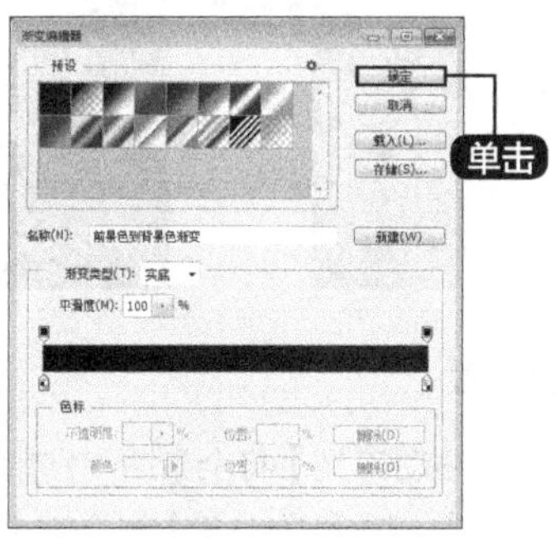

6 填充

单击工具栏中的【多边形套索工具】，在画面中使用鼠标绘制出一个三角形的选框。在画面中使用鼠标由左至右地拖曳来进行渐变填充，取消选区。

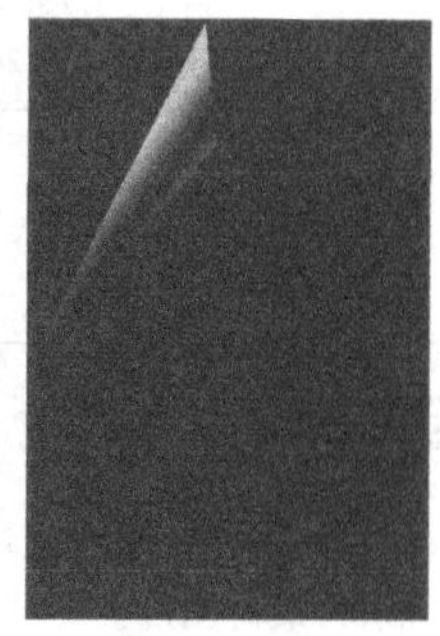

7 设置不透明值

将填充渐变的图层【不透明度】设置为“80%”，然后使用相同的方法绘制第2个三角形选区并填充渐变颜色。

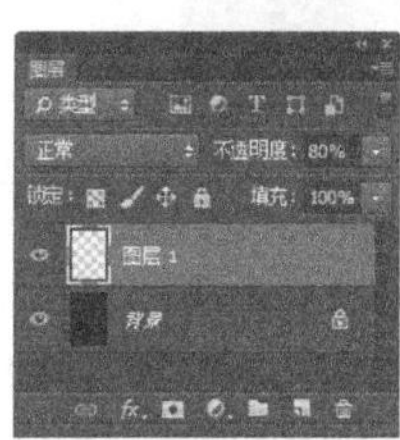

8 绘制三角形选区

使用相同的方法继续绘制三角形选区并填充渐变颜色。

9 效果图

使用相同的方法继续绘制三角形选区并填充渐变颜色，最终效果如图所示。

10 新建填充图层

在【图层】面板下方选择【背景图层】，然后单击【创建新的填充或调整图层】按钮来新建【图案】填充图层。

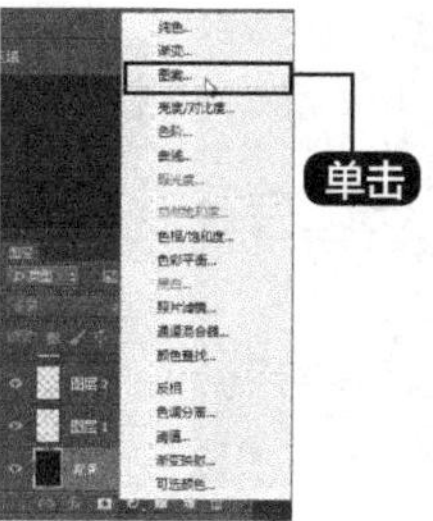

11 设置图案填充

打开【图案填充】对话框，进行如图所示的设置。

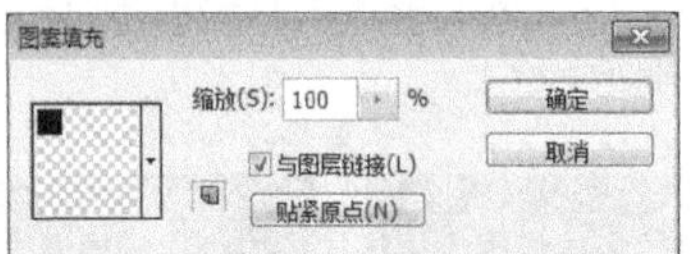

12 设置不透明值

单击【确定】按钮后将该填充图层的图层【不透明度】设置为“5%”。

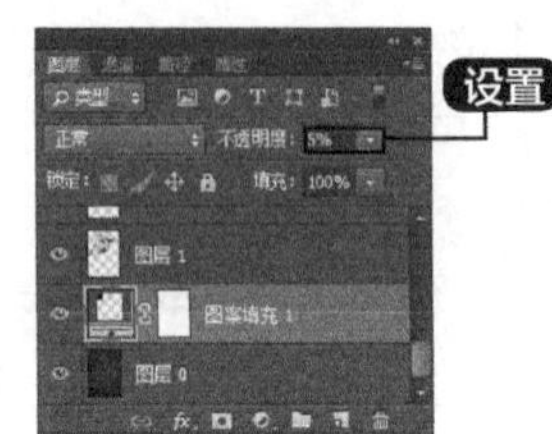

13 打开素材

打开随书光盘中的“素材\ch12\全景图.jpg”素材图片。

14 调整位置

使用【移动工具】将全景图和别墅素材图片拖入背景中，按【Ctrl+T】组合键执行【自由变换】命令，并调整到合适的位置。

15 融合全景和背景图片

在【图层】面板上为【全景图】添加一个矢量蒙版。设置前景色为黑色。在工具箱中选择【画笔工具】。将全景图素材放于背景图层上方，使用【画笔工具】在全景图图片边缘涂抹使之虚化，这样全景图片就和背景图片融合在一起了。

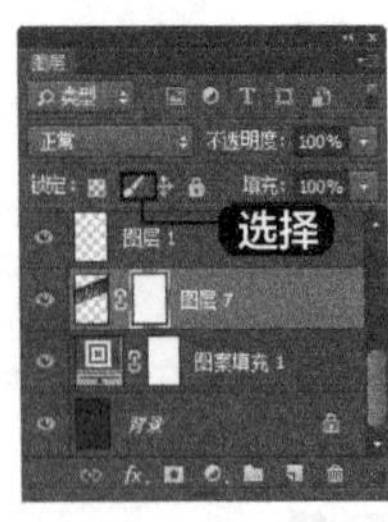

16 打开素材

打开随书光盘中的“素材\ch12\文字01.psd和文字02.psd”素材图片。

17 调整位置

使用【移动工具】将文字01.psd和文字02.psd素材图片拖入背景中，按【Ctrl+T】组合键执行【自由变换】命令调整到合适的位置。

18 调整位置

打开随书光盘中的“素材\ch12\标志2.psd”素材图片。使用【移动工具】将标志2.psd素材图片拖入背景中，然后按【Ctrl+T】组合键执行【自由变换】命令，并调整到合适的位置。

19 打开素材

打开随书光盘中的“素材\ch12\宣传图.psd、交通图.psd和公司地址.psd”素材图片。

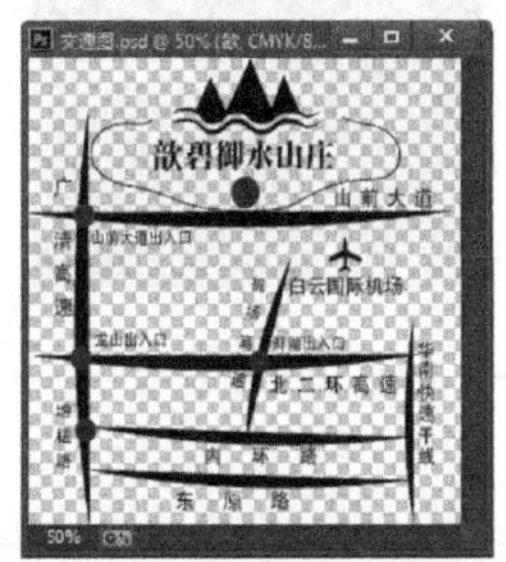

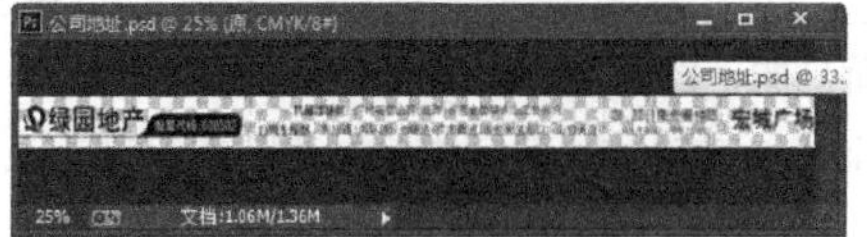

20 调整位置

使用【移动工具】将宣传图.psd、交通图.psd和公司地址.psd素材图片拖入背景中，然后按【Ctrl+T】组合键执行【自由变换】命令，并调整到合适的位置，至此一幅完整的房地产广告就做好了。

21 渐变填充

新建一个图层，单击工具栏中的【多边形套索工具】，在画面中使用鼠标绘制出一个三角形的选框。在画面中使用鼠标由上至下地拖曳来进行渐变填充，取消选区。

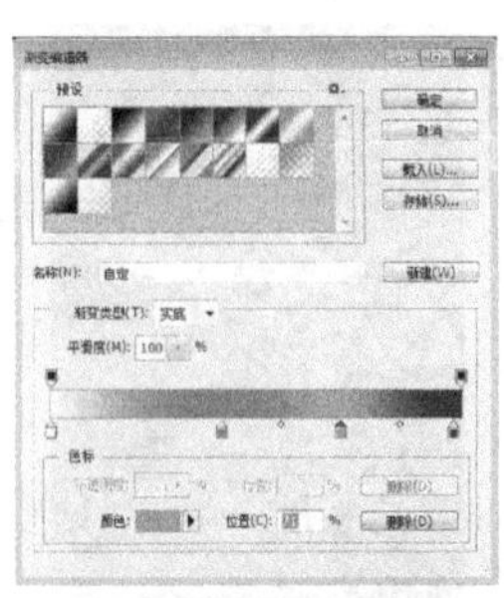

22 柔光

将填充渐变图层的【混合模式】设置为“柔光”。

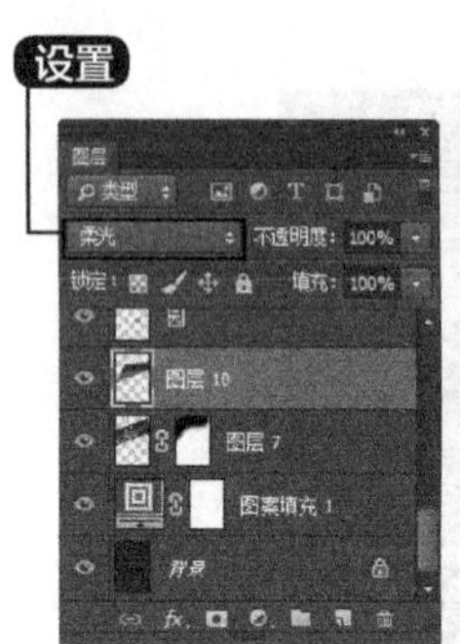

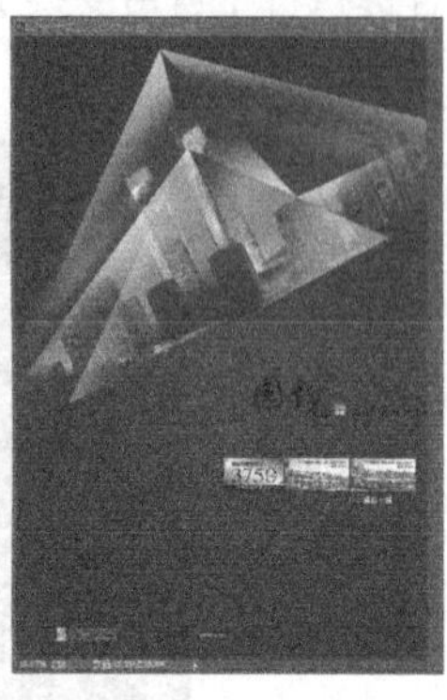

23 填充图层并设置不透明值

再次新建一个图层，单击工具栏中的【多边形套索工具】，在画面中使用鼠标绘制出一个三角形选框。在画面中使用鼠标由上至下地拖曳来进行白色到透明的渐变填充，取消选区，将该填充图层的【不透明度】设置为“50%”。

24 减淡

最后选择背景图层，然后单击【减淡工具】，调整合适的画笔大小，将背景图片中心的颜色减淡，产生由中心到边缘的明暗关系，最终效果如图所示。

12.2 制作美食宣传海报

本节视频教学时间 / 13分钟

本实例要求制作一个食品招贴，整体要求色彩清新亮丽，图片清晰。

通过本实例的学习，让读者学习如何运用Photoshop CC软件，来完成此类招贴的绘制方法。下面将向读者详细介绍此招贴效果的绘制过程。

1 新建文件

选择【文件】➤【新建】命令，新建一个【宽度】为“21厘米”、【高度】为“29.7厘米”、【分辨率】为“200像素/英寸”、【颜色模式】为“CMYK颜色”的空白文件。

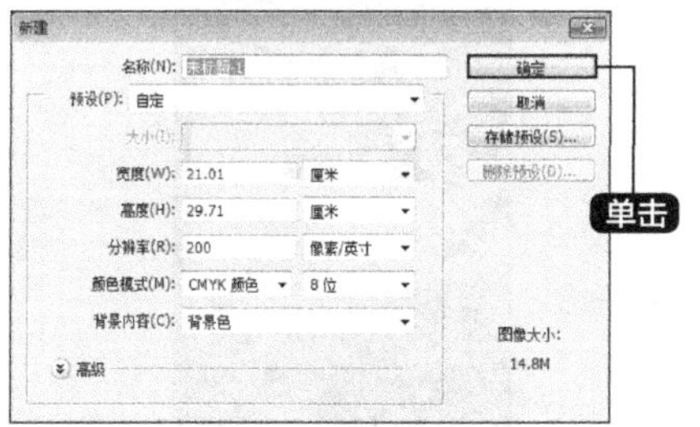

2 拖曳图片到画面

选择【文件】➤【打开】命令，打开随书光盘中的“素材\ch12\沙滩、椰树.jpg”素材图片。使用【移动工具】将其拖曳到画面中，并使用【自由变换】命令来调整其大小和位置。

3 调整其他图片

同理调整好椰树的图片，如图所示。

4 添加矢量蒙版

在【图层】面板上为“椰树”添加一个矢量蒙版，如图所示。

5 融合

设置前景色为黑色。然后在工具箱中选择【画笔工具】，使用【画笔工具】在椰树图片边缘涂抹使之虚化，这样别墅图片就和全景图片融合在一起了，效果如图所示。

6 拖曳图片到背景

选择【文件】➤【打开】命令，打开随书光盘中的“素材\ch12\沙拉、番茄面和冰淇淋2.psd”素材图片，使用【移动工具】将上述素材图片拖入背景中。

7 调整位置

然后按【Ctrl+T】组合键执行“自由变换”命令，并调整到合适的位置，效果如图所示。

8 设置字符

选择【文字工具】T，输入文字信息。在【字符】面板中设置“夏”字号为100号，“季新品”字号为60号，字体均为方正大黑简体，字体颜色为黑色。

9 栅格化

在文字图层的蓝色区域上单击鼠标右键，在弹出的快捷菜单中选择【删格化文字】命令，将文字删格化，如图所示。

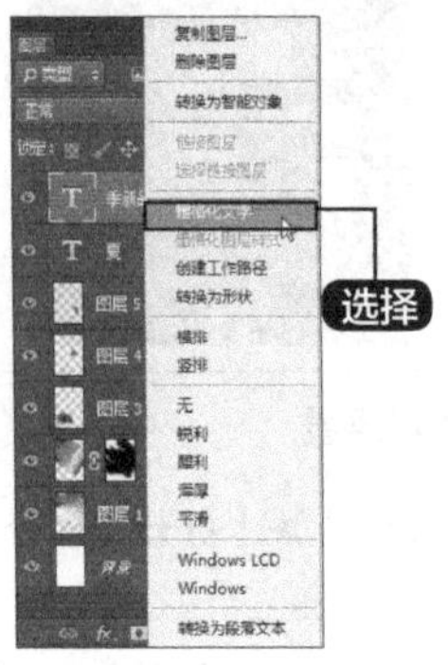

10 描边

在【图层】面板下单击【添加图层样式】按钮 fx，在下拉菜单中选择【描边】命令为文字描白色的边。

11 设置描边参数

【描边】命令的图层样式具体设置如图所示。

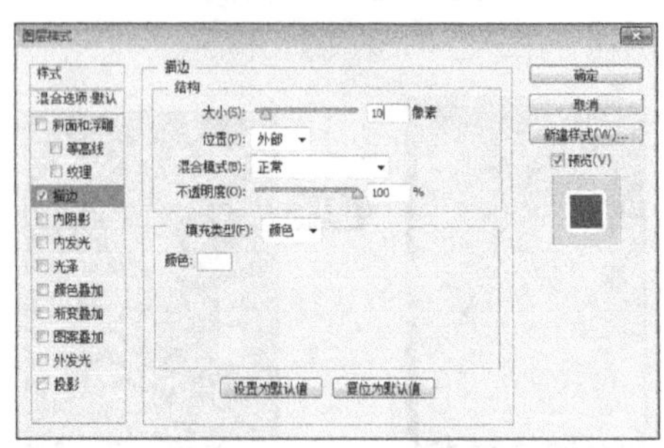

12 效果图

描边后的具体效果如图所示。

13 其他文字描边

同理为“季新品”绘制描边效果。只是描边【大小】为“8像素”，效果如图所示。

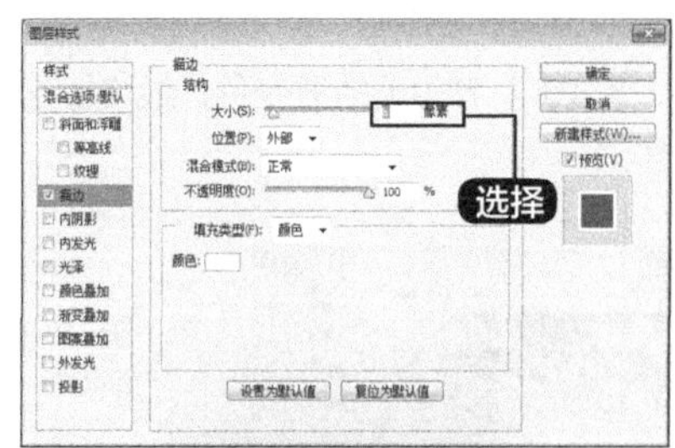

14 建立选区

按住【Ctrl】键在“夏”图层的“图层缩览图”上单击建立选区，如图所示。

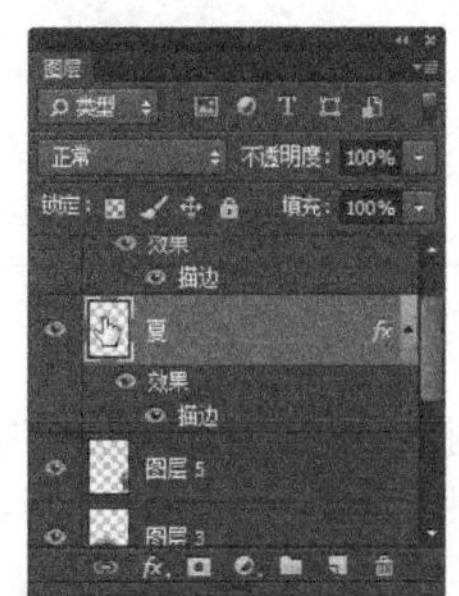

15 单击【点按可编辑渐变】按钮

选择工具箱中的【渐变工具】，单击工具选项栏中的【点按可编辑渐变】按钮。

16 设置渐变

在弹出的【渐变编辑器】对话框中单击颜色条右端下方的【色标】按钮，添加从绿色（C:81，M:4，Y:100，K:1）到黄色（C:0，M:0，Y:100，K:0）的渐变色，最终填充效果如图所示。

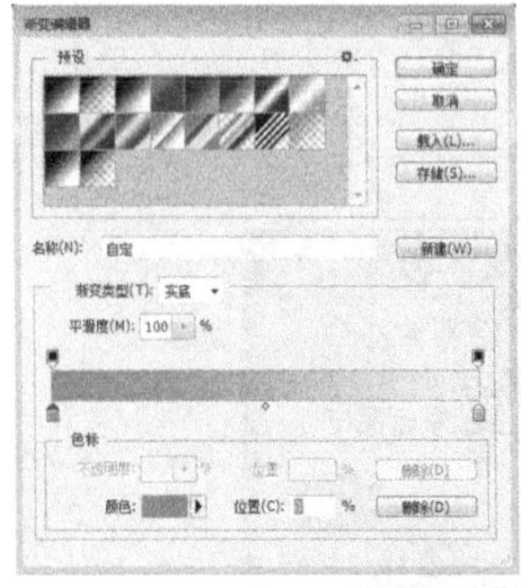

17 填充其他字

用同样的方式为“季新品”填充渐变色。在弹出的【渐变编辑器】对话框中单击颜色条右端下方的【色标】按钮，添加从浅蓝色（C:58，M:0，Y:11，K:0）到深蓝色（C:100，M:60 ，Y:0，K:0）的渐变，最终填充效果如下图所示。

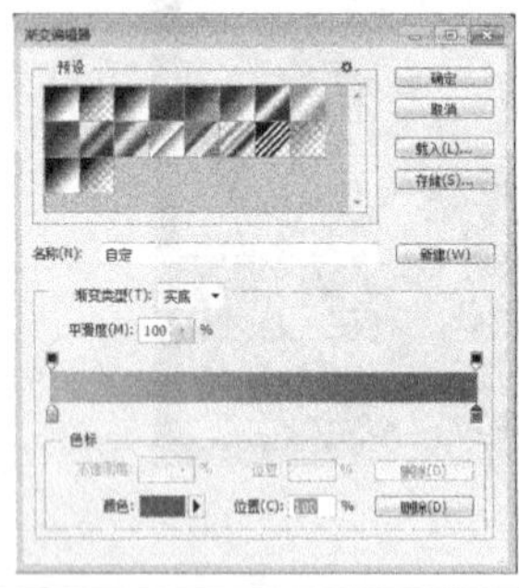

18 选择图层

按住【Shift】键在【图层】面板中同时选择“夏”和“季新品”两个图层。

19 调整文字位置

按【Ctrl+T】组合键来调整文字的位置，如图所示。

20 对齐

用【移动工具】将文字下方对齐，如图所示。

21 绘制底纹

选择【钢笔工具】来为文字绘制一个底纹，效果如图所示。

22 路径转化为选区

在【路径】面板上单击【将路径作为选区载入】按钮，将路径转化为选区，如图所示。

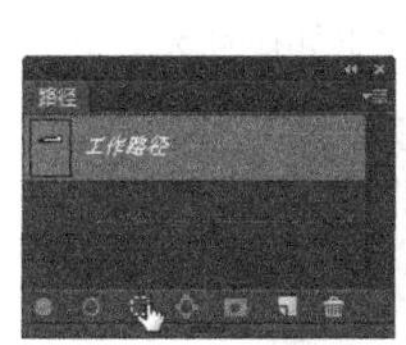

23 新建图层

新建图层，为选区填充从绿色（C:81，M:4，Y:100，K:1）到蓝色（C:100，M:60）的渐变色，如图所示。

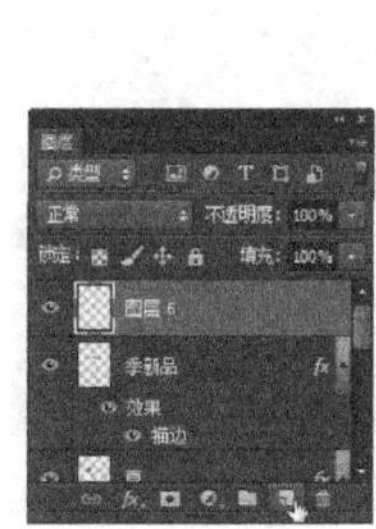

24 效果图

渐变填充后的效果如图所示。

25 设置不透明度

在【图层】面板上设置【不透明度】为“64%”，并将【图层6】调整到文字图层的下方，如图所示。

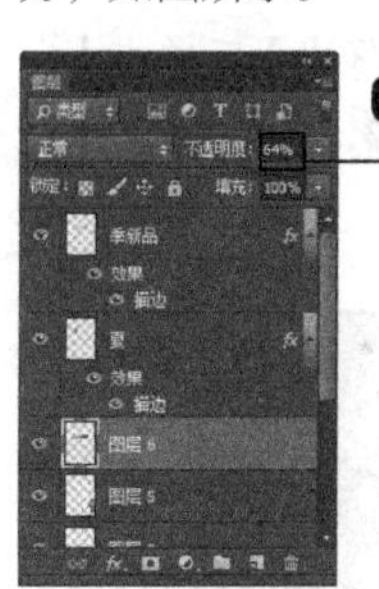

26 描边

为选区描边，选择【编辑】➤【描边】菜单命令，在打开的【描边】对话框中进行设置，效果如图所示。

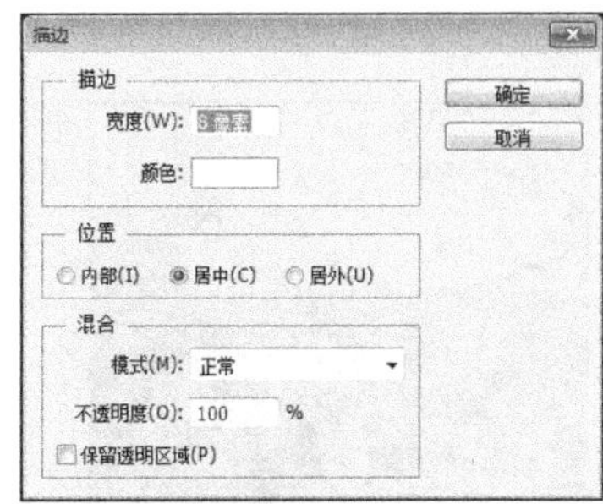

27 调整底纹外形

按住【Ctrl+T】组合键来调整底纹的外形，在调整的时候可按住【Alt】键来单独调整一个角的位置，效果如图所示。

28 打开素材

打开随书光盘中的“素材\ch12\标志、小雨伞.psd”素材文件，使用【移动工具】将“标志、小雨伞.psd”素材图片拖入背景中，然后按【Ctrl+T】组合键执行“自由变换”命令，并调整到合适的位置，效果如图所示。

29 选择自定义形状

设置前景色为白色，选择【自定形状工具】。在属性栏中选择【像素】后单击【自定义形状】拾色器按钮，在下拉框中选择“会话3”图案。

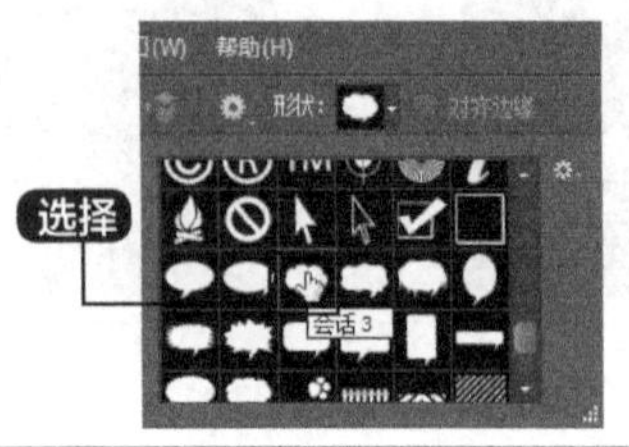

30 效果图

新建一个图层，在画面中用鼠标拖曳出“会话3”的形状，效果如图所示。

31 描边

选择【编辑】➤【描边】菜单命令，在打开的【描边】对话框中进行如图所示的设置，添加“8像素”的红色描边效果。

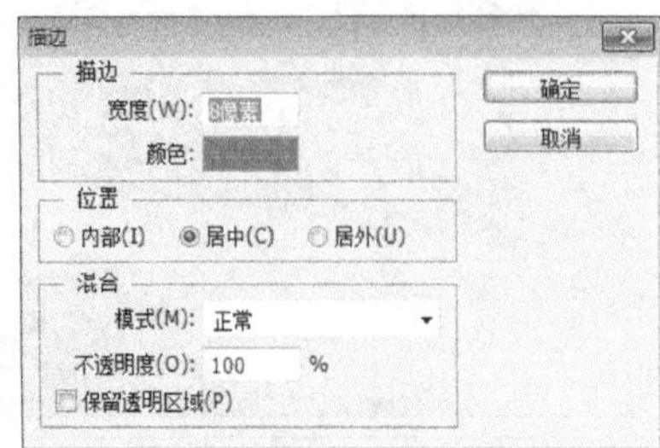

32 复制

在【图层】面板中将形状图层复制两个，并将复制的形状放置在不同的位置，效果如图所示。

34 描边

选择【编辑】➤【描边】菜单命令，在打开的【描边】对话框中添加“20像素”的红色描边效果。

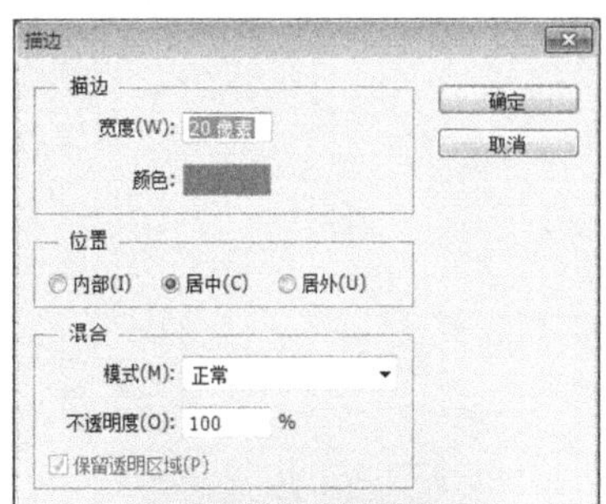

33 设置前景色

新建一个图层，选择【椭圆工具】在画面中绘制一个圆形，设置前景色为Y：100的黄色，按【Alt+Delete】组合键填充，效果如下图所示。

35 输入文字并设置样式

选择【文字工具】T，输入文字信息。在【字符】面板中设置“千味沙拉、火焰冰淇淋和番茄依面”文本的【字号】为“36”号，【字体】为“华文行楷”，【字体颜色】为“红色”。“新登场” 文本的【字号】为“48”号，【字体】为“方正粗倩”，【字体颜色】为“红色”，如下图所示。

36 效果图

综合调整各个位置，招贴就绘制完成了，如下图所示。

第13章

综合实战——视觉创意

重点导读

本章视频教学时间：22分钟 

本章将学习商品包装的相关知识，并通过一个糖果包装实例来深入学习如何使用Photoshop CC软件来进行商品包装设计。

学习效果图

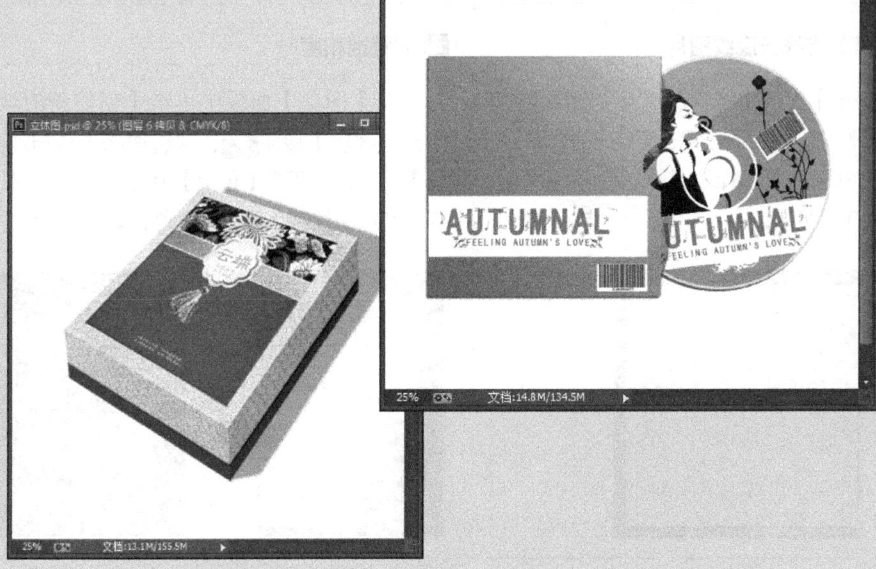

13.1 包装盒立体图的设计

本节视频教学时间 / 13分钟

本实例要求制作一个包装盒的立体图，整体要求色彩高贵大方，图片清晰，体现中国传统文化内涵。

通过本实例的学习，让读者学习如何运用Photoshop CC软件，来完成此类包装盒的绘制方法。下面将向读者详细介绍此包装盒效果的绘制过程。

1 新建文件

选择【文件】➤【新建】命令，创建一个【宽度】为“23.5厘米”、【高度】为“23.5厘米”、【分辨率】为“200像素/英寸”、【颜色模式】为“CMYK颜色”的空白文档。

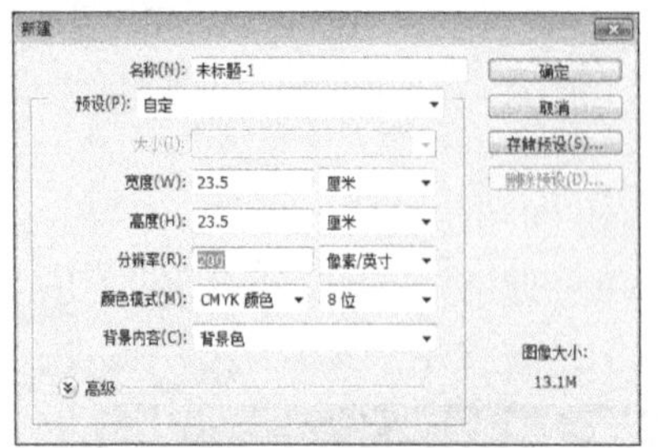

2 拖曳图片到画面

选择【文件】➤【打开】命令，打开随书光盘中的“素材\ch13\吉祥云.jpg”素材图片。使用【移动工具】将其拖曳到画面中，并使用【自由变换】命令来调整其大小和位置。

3 四方连续的吉祥云底纹图片

在【图层】面板中将“吉祥云”图层复制多个，并调整复制的图形位置，使其成为一个四方连续的吉祥云底纹图片效果，然后合并这几个图层，如下图所示。

4 调整饱和度

在【图层】面板中单击【创建新的填充或调整图层】按钮，然后选择【色相/饱和度】选项，并调整【色相】值为“+50”，使吉祥云底纹图片颜色成为金黄色，如下图所示。

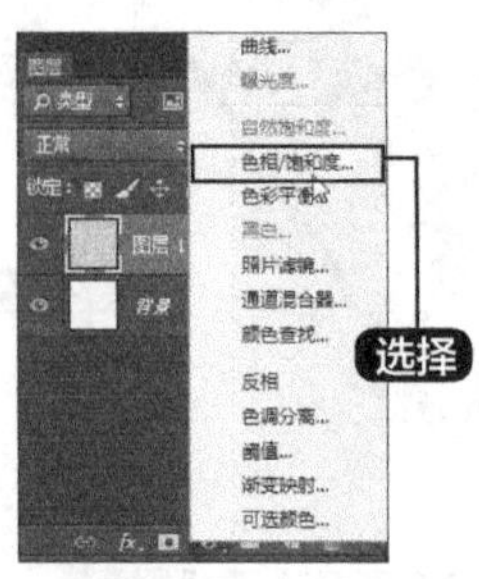

5 合并图层

调整后的效果如图所示，调整后合并调整图层和“吉祥云”图层。

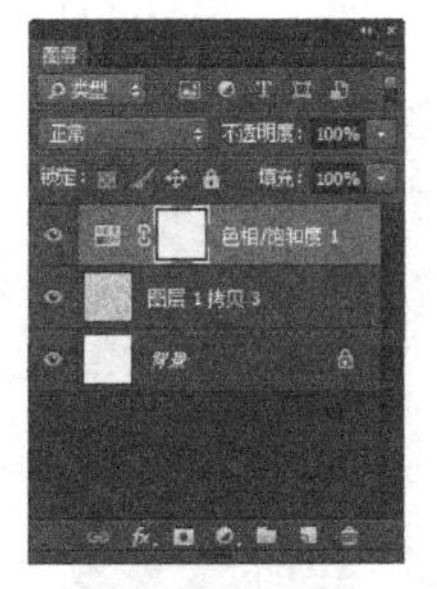

6 设置前景色

新建一个图层，然后单击【矩形选框工具】按钮，绘制一个矩形选框，然后设置前景色为红色。

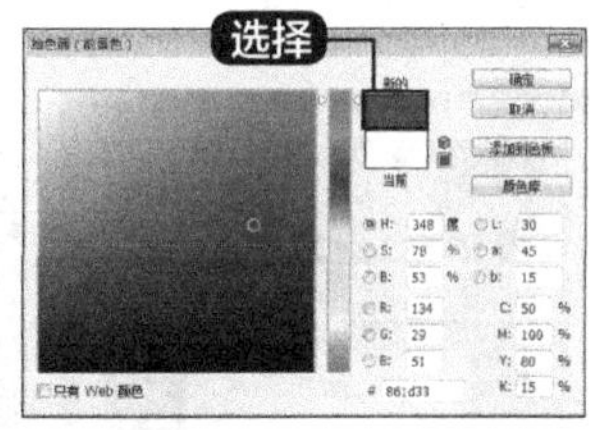

7 填充

在新建图层上为矩形填充红色，效果如图所示。

8 拖曳图片到画面

选择【文件】➤【打开】命令，打开随书光盘中的“素材\ch13\刺绣.jpg”素材图片。使用【矩形选框工具】创建一个自定图片大小的矩形选框，然后使用【移动工具】将其拖曳到画面中，并使用【自由变换】命令来调整其大小和位置。

9 创建图形

使用前面的方法创建刺绣图像下方的吉祥云长条状图形，如下图所示。

10 绘制矩形

使用【矩形选框工具】在吉祥云长条状图形中间绘制一条稍窄的矩形，上下各留一条细装饰边。

11 渐变

在【图层】面板中单击【创建新的填充或调整图层】按钮，然后选择【渐变…】选项，并设置【渐变颜色】为“铜色渐变”，并调整其他参数，如图所示。

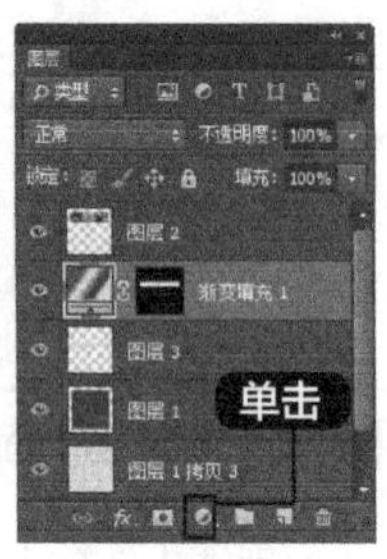

12 混合效果

调整后设置渐变图层的【混合模式】为“线性加深”，并设置图层【不透明度】为“70%”，达到混合效果。

13 选择形状

新建一个图层，放在图层最上方，然后单击【自定义形状工具】按钮，在属性栏中选择“像素”后单击【自定义形状拾色器】按钮，在下拉框中选择“花1”图案。

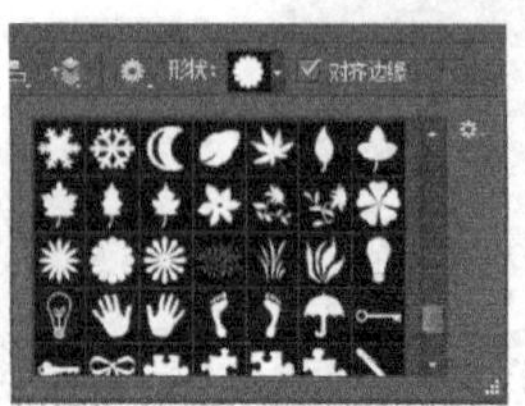

14 绘制花形

在新建图层上绘制一个花形。

15 建立选区

按住【Ctrl】键在“花型”图层的“图层缩览图”上单击建立选区，如图所示。

16 单击【点按可编辑渐变】按钮

选择工具箱中的【渐变工具】，单击工具选项栏中的【点按可编辑渐变】按钮。

17 添加渐变色

在弹出的【渐变编辑器】对话框中单击颜色条右端下方的【色标】按钮，添加从白色到灰色的渐变色，最终填充效果如图所示。

18 制作一个花形渐变边框

复制“花形”图层，然后缩小一点，为其填充【铜色渐变】效果，然后按住【Ctrl】键在“花形”图层的“图层缩览图”上单击建立选区，缩小选区后删除该选区内的图像制作一个花形渐变边框效果，如图所示。

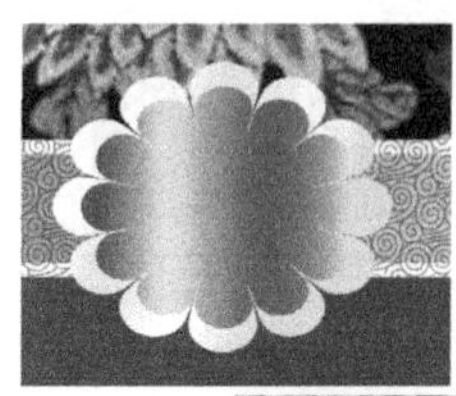

19 拖曳图片到画面

选择【打开】➤【打开】命令，打开随书光盘中的“素材\ch13\穗子.jpg”素材图片。使用【魔棒工具】创建一个穗子的选框，然后使用【移动工具】将其拖曳到画面中，并使用【自由变换】命令来调整其大小和位置。

20 设置文字

选择【文字工具】T，输入文字信息。在【字符】面板中设置“云端”文本的【字号】为“62”，【字体】为“Adobe楷体Std”，【字体颜色】为“咖啡色”。

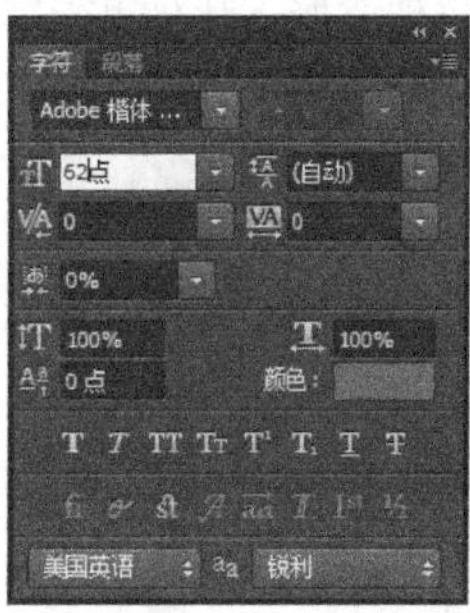

21 输入其他品牌的宣传信息

继续输入其他品牌的宣传信息，如图所示。

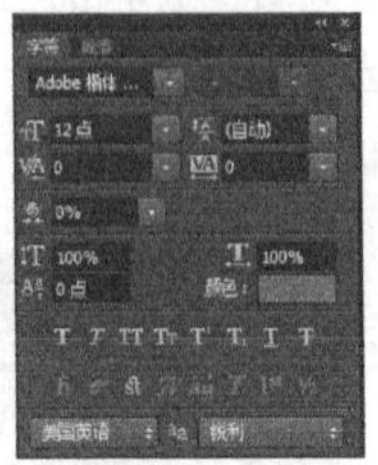

22 输入文字

在下方输入白色的广告语文字，这样包装盒的正面就完成了，效果如图所示。

23 立体效果

下面来制作月饼包装盒的立体效果，合并所有的图层得到一个【背景】图层，然后复制【背景】图层得到【背景 拷贝】图层，在这两个图层之间新建一个图层并填充白色作为背景颜色。

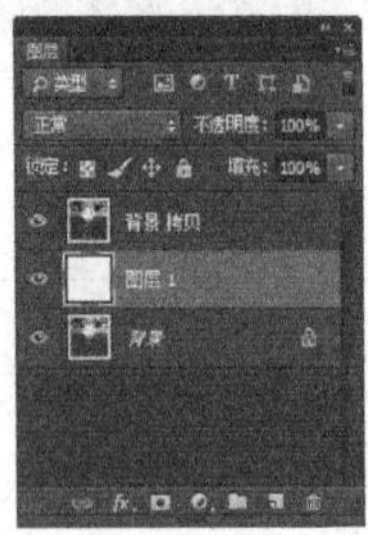

24 透视变形

选择【背景 拷贝】图层，然后按【Ctrl+T】组合键，使用【自由变形工具】对图像进行透视变形。

25 围合

使用前面的“吉祥云”图案，使用【自由变形工具】对图像进行透视变形，并对包装盒四周进行围合。

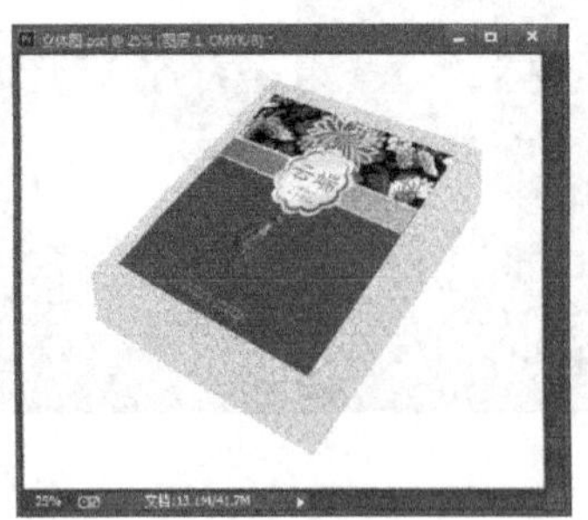

26 明暗立体效果

选择【图像】➤【调整】➤【亮度/对比度】菜单命令，对盒子边框进行调整，亮度和对比度值都降低，制作出明暗的立体效果。

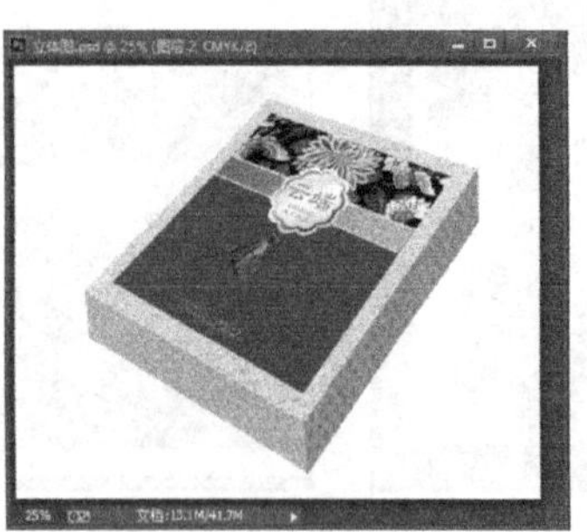

27 设置下部分透视

使用相同的方法创建月饼盒子的下部分透视效果，颜色为红色，如图所示。

28 羽化

使用【钢笔工具】创建如图所示的选区，然后设置【羽化半径】为“1像素”。

29 设置不透明度

为选区填充白色，然后设置图层的【不透明度】为“70%”，来表现侧面的受光效果。

30 创建侧面受光效果

使用相同的方法创建其他侧面的受光效果，如图所示。

31 创建背光效果

使用相同的方法创建侧面的背光效果，颜色为黑色，图层的【不透明度】为“25%”，效果如图所示。

32 设置投影选区效果

使用【钢笔工具】创建如图所示的包装盒投影选区，然后填充黑色，设置图层的【不透明度】为“25%”，为其添加半径值为5的【高斯模糊】滤镜效果，以达到真实的投影效果。

33 调整整体受光效果

最后使用【加深工具】和【减淡工具】调整月饼包装盒顶面的整体受光效果，最终效果如图所示。

13.2 光盘包装的设计

本节视频教学时间 / 9分钟

本实例学习使用【反选】命令、【椭圆选区工具】、【调整选区】命令和【填充工具】制作一张《Autumn》CD光盘设计效果。

第一步：制作光盘

1 创建文件

选择【文件】➤【新建】命令来新建一个名称为"《Autumn》CD光盘设计"、【大小】为"120毫米×120毫米"、【分辨率】为"200像素/英寸"、【颜色模式】为"CMYK颜色"的空白文档。

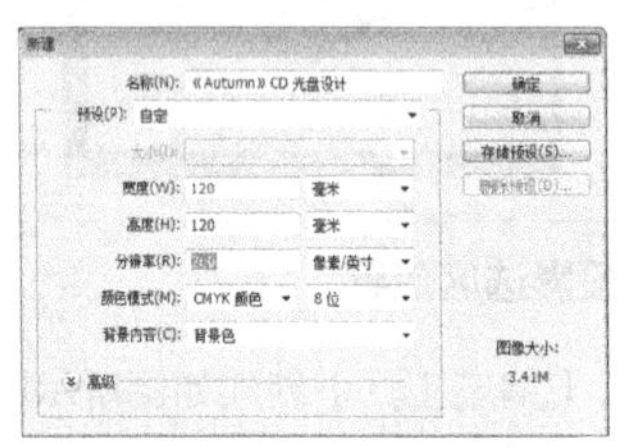

2 新建图层

在【图层】面板，单击【创建新图层】按钮，新建图层1。

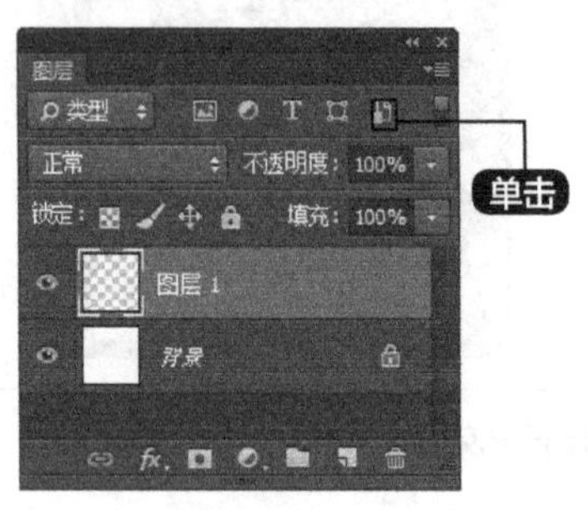

3 绘制正圆

选择【椭圆选框工具】，在画面中按住【Shift+Alt】组合键来绘制一个如图所示的正圆。

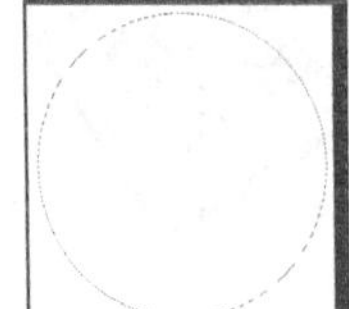

4 设置背景色

在工具箱中单击【设置背景色】按钮，在弹出的【拾色器（背景色）】对话框中设置背景色为灰色（C:0，M:0，Y:0，K:20）。

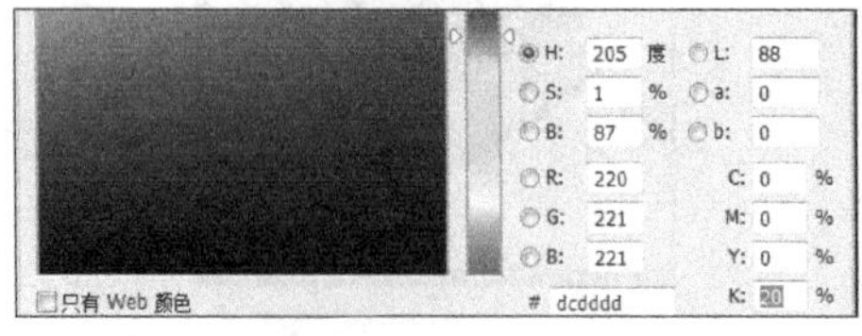

5 效果图

按【Ctrl+Delete】组合键填充，效果如图所示。

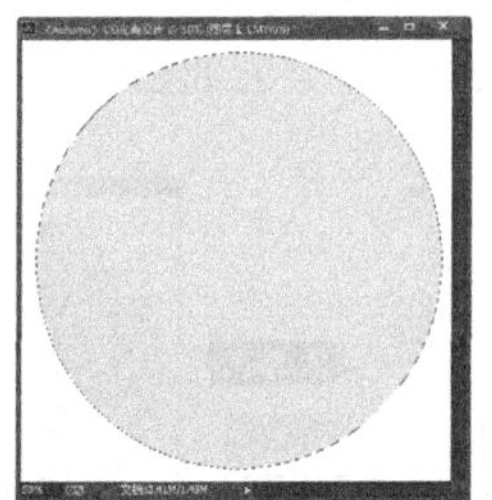

6 收缩

选择【选择】➤【修改】➤【收缩】命令，在【收缩选区】对话框中设置【收缩量】为“10像素”，再单击【确定】按钮。

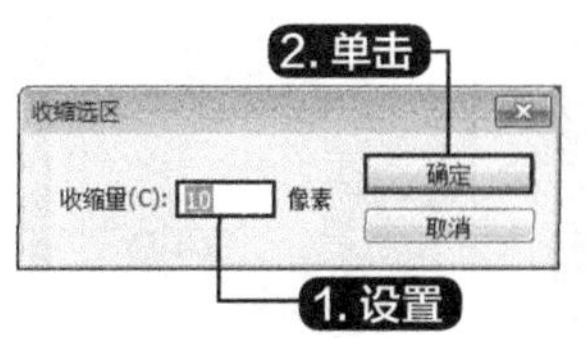

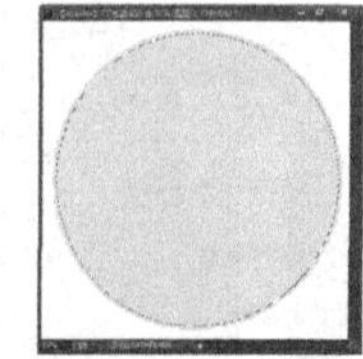

7 设置背景色

新建图层2，设置设置背景色为橘黄色（C:8，M:56，Y:100，K:1）。

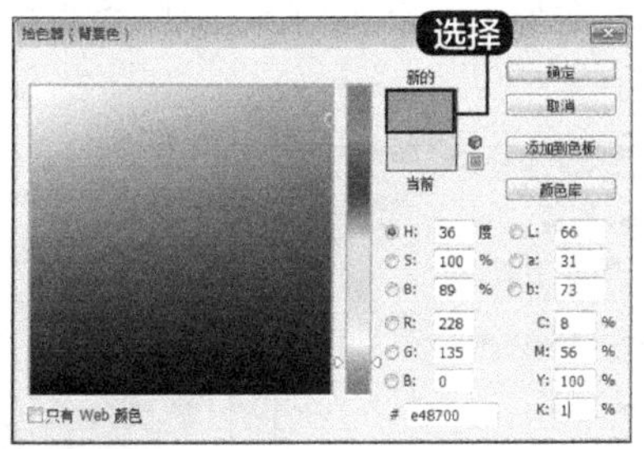

8 效果图

按【Ctrl+Delete】组合键填充，效果如图所示。

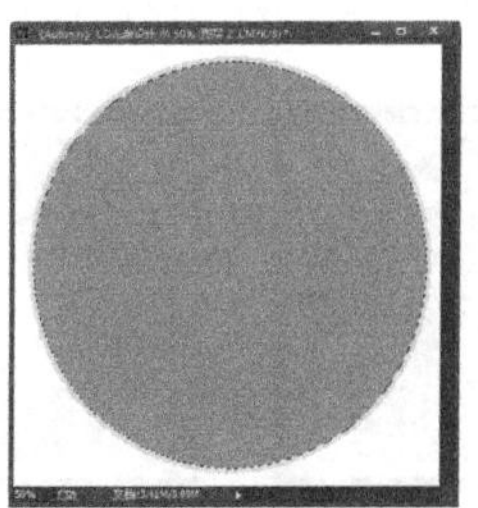

9 调整选区大小

选择【椭圆选框工具】 ，在选区内单击鼠标右键，在弹出的快捷菜单中选择【变换选区】命令，来调整选区的大小。

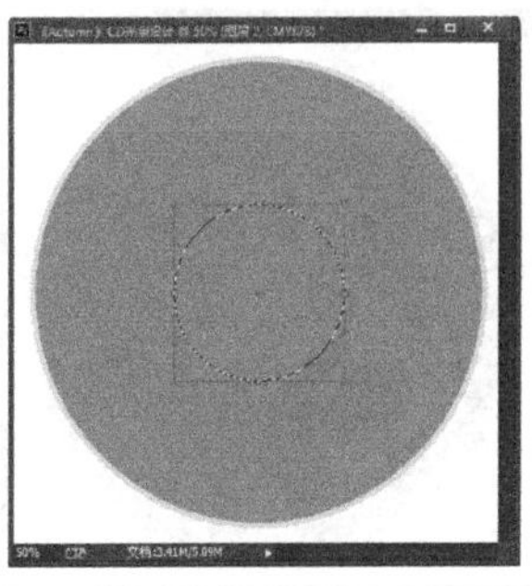

10 效果图

调整到适当大小后，按【Enter】键确定，效果如图所示。

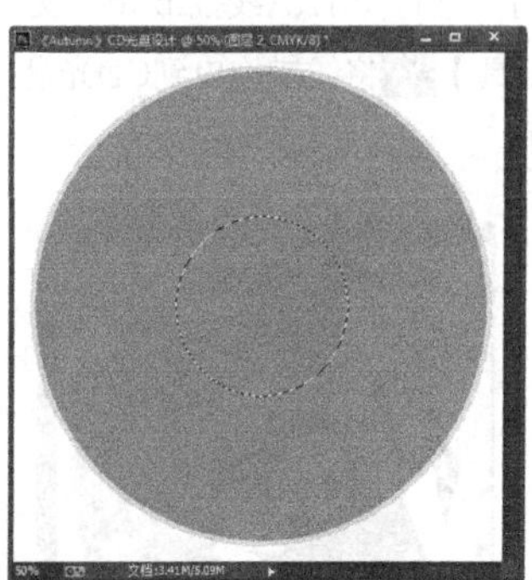

11 设置背景颜色

新建图层3，设置背景色为白色，按【Ctrl+Delete】组合键填充，效果如图所示。

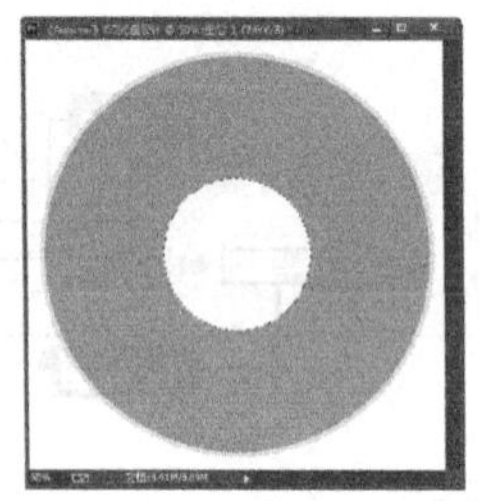

12 设置收缩量

选择【选择】➤【修改】➤【收缩】命令，在【收缩选区】对话框中设置【收缩量】为“10像素”，再单击【确定】按钮，并按【Delete】键删除选区内的内容，效果如图所示。

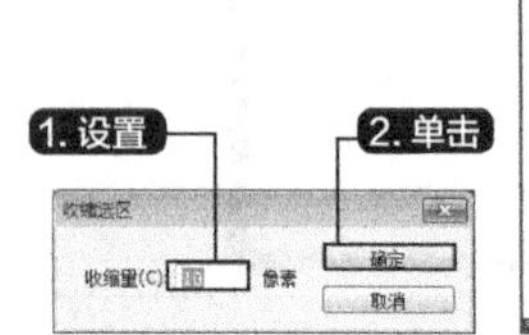

13 新建图层并填充

执行【变换选区】命令来缩小选区，新建图层4，并将选区填充为白色，效果如图所示。

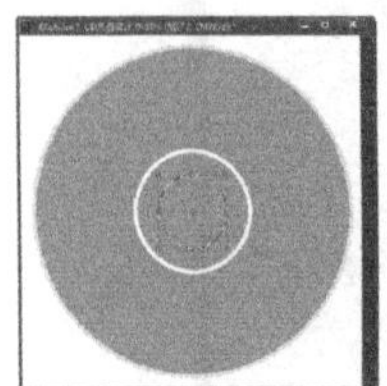

14 描边

再次缩小选区，选择【编辑】➤【描边】命令，来描一个灰色的边，具体设置如图所示。

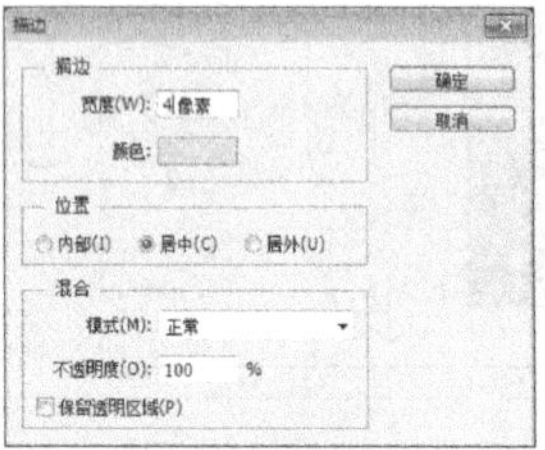

15 拖曳文件到画面

选择【文件】➤【打开】命令，打开随书光盘中的“素材\ch13\线描.psd”文件，使用【移动工具】将线描拖曳到CD光盘画面中，如图所示。

16 调整图层顺序

按住【Ctrl+T】组合键来调整大小和位置，并调整图层顺序，效果如图所示。

17 绘制矩形

新建图层6，选择【矩形工具】，在属性栏中单击【填充像素】按钮，在画面下方绘制一个矩形，效果如图所示。

18 设置字符参数

选择【文字工具】T，在【字符】面板中设置如图所示的各项参数，颜色设置为（C:22，M:64，Y:100，K:8），然后在画面中输入“AUTUMNAL”和“FEELING AUTUMN'S LOVE”，小字【字号】为“14点”，如图所示。

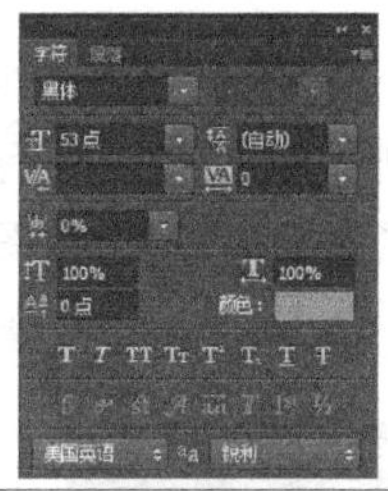

19 调整位置

按住【Alt】键在【图层】面板上同时选择“图层6”“文字图层”及两个“形状图层”，再按【Ctrl+T】组合键来调整位置，效果如图所示。

20 栅格化图层

选择矩形图层然后在右键菜单中选择【栅格化图层】，按住【Ctrl】键单击“图层2”前面的“图层缩览图”建立选区，如图所示。

21 反选

按【Ctrl+Shift+I】组合键执行【反选】命令，对图形进行反选。

22 删除多余部分

在矩形图层，按【Delete】键删除多余部分，再按【Ctrl+D】组合键取消选区。

23 效果图

继续添加素材文件，并调整大小和位置，最终效果如图所示。

第二步：制作光盘包装盒

1 合并复制图层

打开前面绘制的《Autumn》CD光盘设计图，选择【图像】➤【复制】命令对图像进行复制，合并复制图像中除了背景图层的其他图层。

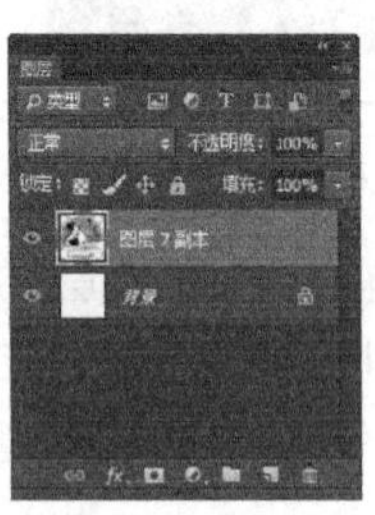

2 新建文件

选择【文件】 ➤【新建】命令，新建一个【大小】为“250毫米×250毫米”、【分辨率】为“200像素/英寸”、【颜色模式】为“CMYK颜色”的空白文档，如图所示。

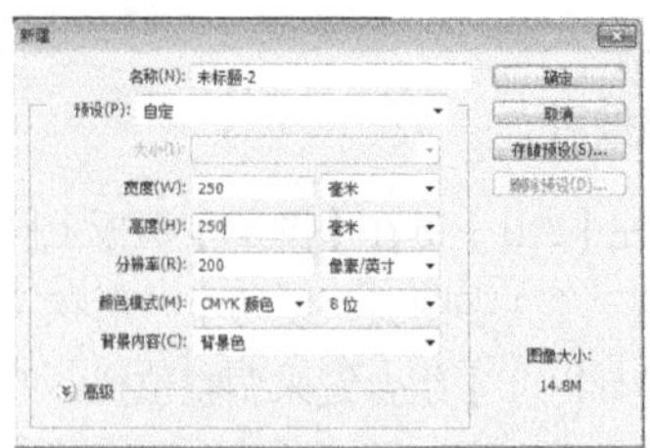

3 调整大小

将CD光盘的正面效果图像复制到新建文件中，调整到适当的大小，如图所示。

4 新建图层

制作出包装盒外形，新建一个图层，选择【矩形选框工具】，在光盘的左侧创建一个包装盒的外形矩形，然后填充和光盘一样的中黄色。

5 创建图形

使用创建CD光盘的方法创建光盘包装盒上的图形。

6 填充和羽化图形

新建一个图层，将绘制好的包装盒复制一个，使用黑色进行填充，对其应用半径值为3的羽化效果，将图层【不透明度】设置为“50%”，并调整图层位置，如下图所示。

7 创建投影外形

新建一个图层，选择【椭圆选框工具】，在光盘包装盒的右侧创建一个打开盒子的投影外形。

8 设置阴影

为选区填充黑色，更改不透明度为30%，这样阴影就做好了。

9 新建图层并设置阴影

新建一个图层，使用【矩形选框工具】绘制一个包装盒大小的矩形选框，然后填充黑色到透明的渐变填充，填充后设置图层的【不透明度】为“30%”，产生包装盒的整体受光效果，效果如下图所示。

10 整体受光效果

新建一个图层，同理使用【矩形选框工具】绘制一个包装盒大小的矩形选框，然后填充白色到透明的渐变填充，填充后设置图层的【不透明度】为“30%”，产生包装盒的整体受光效果，效果如下图所示。

11 效果图

最后添加光盘上的整体受光效果，制作方法和上面类似，最终效果如下图所示。

12 将图片复制到文件

打开随书光盘中的“素材\ch13\条形码.jpg”文件，将其复制到文件中，调整其大小和位置后，效果如下图所示。

13 保存

最后使用【椭圆选框工具】绘制包装的缺口选区，然后删除选区内的图像，完成所有操作后，对图像进行保存。

第14章 实战秘技

重点导读

本章视频教学时间：13分钟

Photoshop是设计行业的“全能型选手”。本章重点讲述Photoshop CC的一些自动化处理功能。

学习效果图

14.1 Photoshop CC自动化处理

本节视频教学时间 / 5分钟 

使用Photoshop CC的自动化命令可以对图像进行批处理、快速修剪并修齐照片、合并HDR、镜头校正等。

14.1.1 批处理

【批处理】命令可以对一个文件夹中的文件运行动作，对该文件夹中的所有图像文件进行编辑处理，从而实现操作自动化，显然，执行【批处理】命令将依赖于某个具体的动作。

在Photoshop CC窗口中选择【文件】➤【自动】➤【批处理】菜单命令，即可打开【批处理】对话框，其中有4个选项组，用来定义批处理时的具体方案。

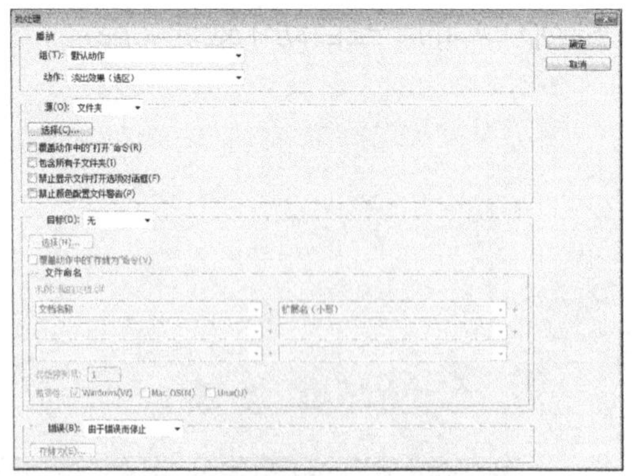

1.【播放】选项组

(1) 组：单击【组】下拉按钮，在弹出的下拉列表中显示当前【动作】面板中所载入的全部动作序列，用户可以自行选择。

(2) 动作：单击【动作】下拉按钮，在弹出的下拉列表中显示当前选定的动作序列中的全部动作，用户可以自行选择。

2.【源】选项组

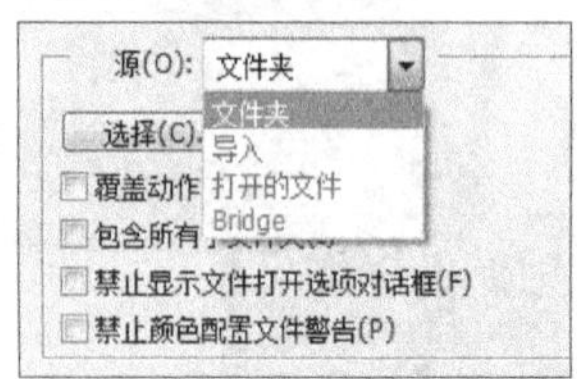

(1) 文件夹：用户对已存储在计算机中的文件播放动作，单击【选择】按钮可以查找并选择文件夹。

(2) 导入：用于对来自数码相机或扫描仪的图像导入和播放动作。

(3) 打开的文件：用于对所有已打开的文件播放动作。

(4) Bridge：用于对在Photoshop CC文件浏览器中选定的文件播放动作。

(5) 覆盖动作中的“打开”命令：如果想让动作中的【打开】命令引用批处理文件，而不是动作中指定的文件名，则选中【覆盖动作中的“打开”命令】复选框。如果选择此选项，则动作必须包含一个【打开】命令，因为【批处理】命令不会自动打开源文件，如果记录的动作是在打开的文件上操作的，或者动作包含所需要的特定文件的【打开】命令，则取消选择【覆盖动作中的“打开”命令】复选框。

(6) 包含所有子文件夹：选择【包含所有子文件夹】复选框，则处理文件夹中的所有文件，包含子文件夹中文件，否则仅处理指定文件夹中的文件。

(7) 禁止显示文件打开选项对话框：选择【禁止显示文件打开选项对话框】复选框，则批处理在进行下一个动作时不需要用户单击【确定】按钮。

(8) 禁止颜色配置文件警告：选择该选项，则关闭颜色方案信息的显示。

3.【目标】选项组

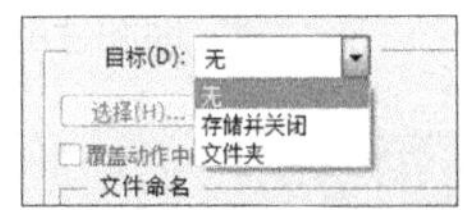

(1) 无：文件将保持打开而不存储更改（除非动作包括【存储】命令）。

(2) 存储并关闭：文件将存储在它们的当前位置，并覆盖原来的文件。

(3) 文件夹：处理过的文件将存储到另一指定位置，源文件不变，单击【选择】按钮，可以指定目标文件夹。

(4) 覆盖动作中的“存储为”命令：如果想让动作中的【存储为】命令引用批处理的文件，而不是动作中指定的文件名和位置，选择【覆盖动作中的“存储为”命令】复选框，如果选择此选项，则动作必须包含一个【存储为】命令，因为【批处理】命令不会自动存储源文件，如果动作包含它所需的特定文件的【存储为】命令，则取消选择【覆盖动作中的“存储为” 】复选框。

(5) 【文件命名】选区：如果选择【文件夹】作为目标，则指定文件命名规范并选择处理文件的文件兼容性选项。

对于【文件命名】，从下拉列表中选择元素，或在要组合为所有文件的默认名称的栏中输入文件，这些栏可以更改文件名各部分的顺序和格式，因为子文件夹中的文件有可能重名，所以每个文件必须至少有一个唯一的栏以防文件相互覆盖。

对于【兼容性】，则选取“Windows”。

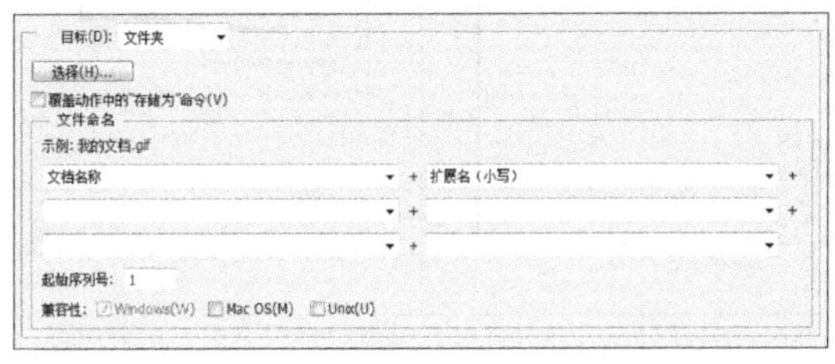

4.【错误】选项下拉列表

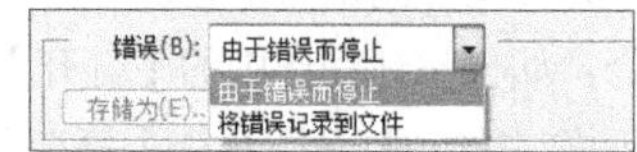

(1) 由于错误而停止：出错将停止处理，直到确认错误信息为止。

(2) 将错误记录到文件：将所有错误记录在一个指定的文本文件中而不停止处理，如果有错误记录到文件中，则在处理完毕后将出现一条信息，若要使用错误文件，需要单击【存储为】按钮，并重命名错误文件名。

下面以给多张图片添加木质相框为例，具体介绍如何使用【批处理】命令对图像进行批量处理。具体的操作步骤如下。

1 选择【木质画框】选项

打开【批处理】对话框，在其中单击【动作】下拉按钮，从弹出的下拉列表中选择【木质画框】选项。

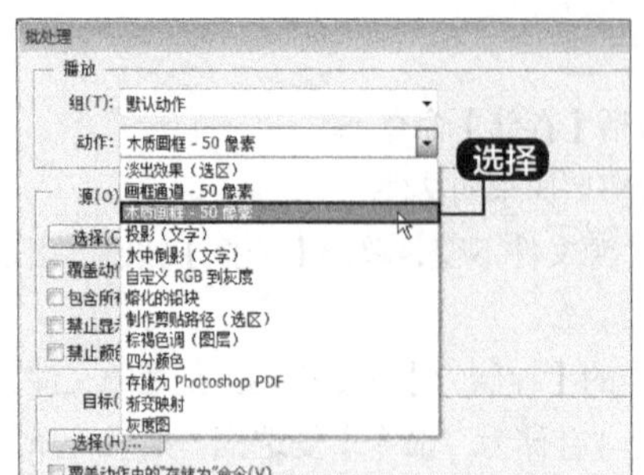

2 选择文件夹

单击【源】区域中的【选择】按钮，打开【浏览文件夹】对话框，在其中选择需要批处理图片的文件夹。

3 确定

单击【确定】按钮。

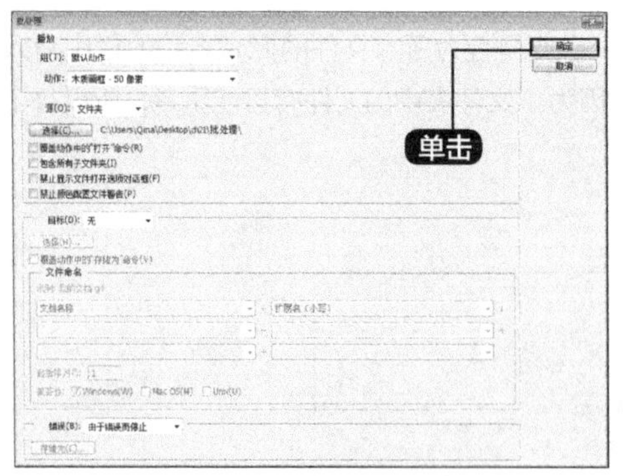

4 选择【文件夹】选项

单击【目标】下拉按钮，在弹出的下拉列表中选择【文件夹】选项。

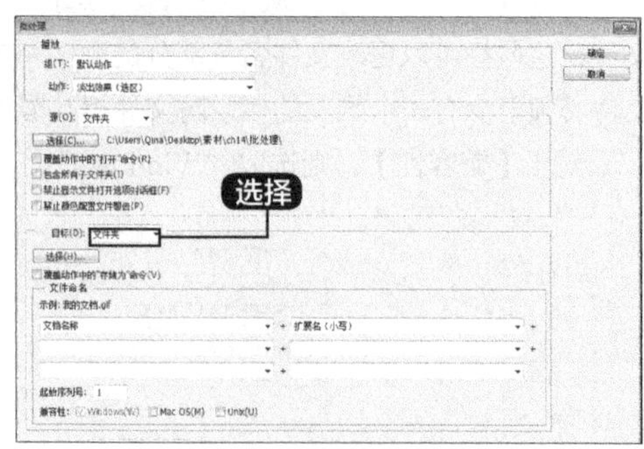

5 存储位置

单击【选择】按钮，打开【浏览文件夹】对话框，在其中选择批处理后的图像所保存的位置。

6 确定

单击【确定】按钮，返回【批处理】对话框。

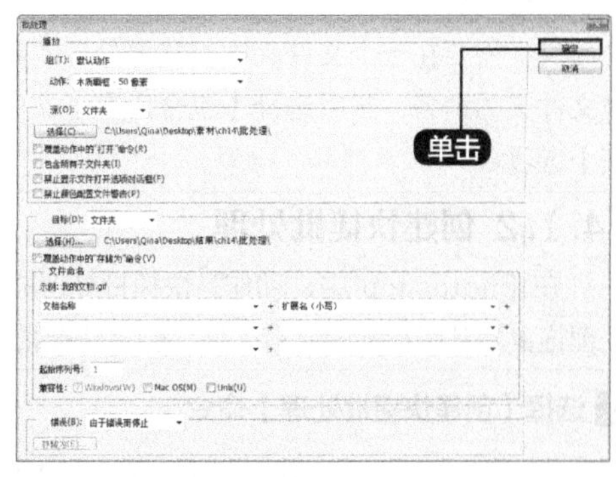

7 弹出提示框

单击【确定】按钮，在对图像应用【木质相框】动作的过程中会弹出【信息】提示框。

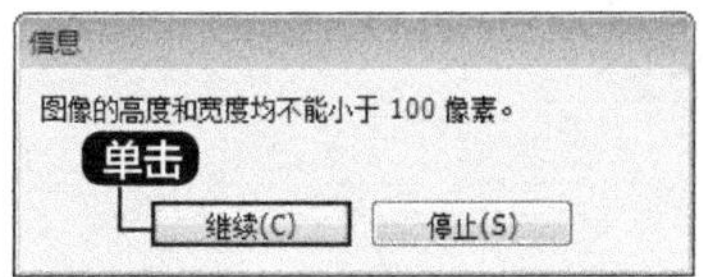

8 输入存储名称和格式

单击【继续】按钮，在对第一张图像添加好木质相框后，即可弹出【存储为】对话框，在其中输入文件名并设置文件的存储格式。

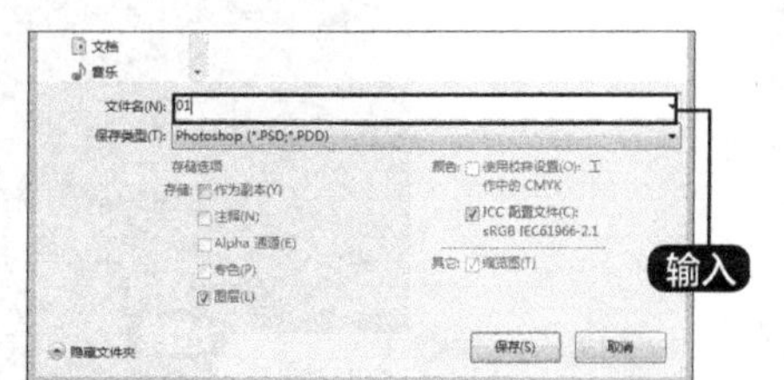

9 保存

单击【保存】按钮，即可弹出【Photoshop 格式选项】对话框。单击【确定】按钮即可。

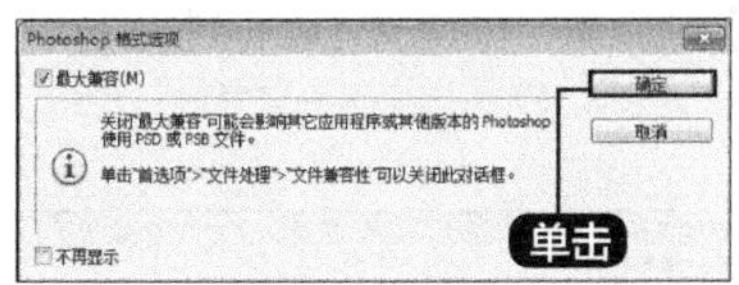

10 查看

在对所有的图像批处理完毕后，打开存储批处理后图像保存的位置，即可在该文件夹中查看处理后的图像。

11 多个动作批处理

另外，要想使用多个动作进行批处理，需要先创建一个播放所有其他动作的新动作，然后使用新动作进行批处理。要想批处理多个文件夹，需要在一个文件夹中创建要处理的其他文件夹的别名，然后选择【包含所有子文件夹】选项。

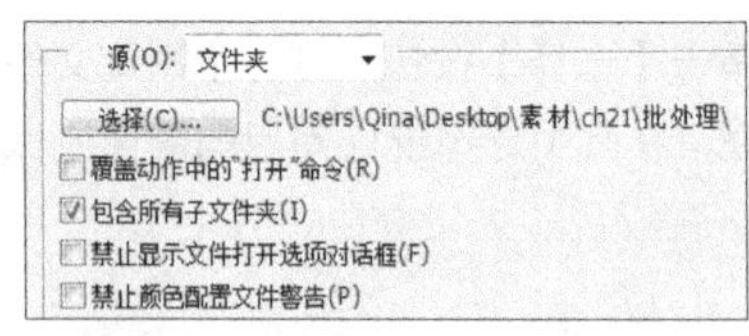

14.1.2 创建快捷批处理

在 Photoshop 中，动作是快捷批处理的基础，而快捷批处理是一些小的应用程序，可以自动处理拖曳到其图标上的所有文件。创建快捷批处理的具体操作步骤如下。

1 选择【创建快捷批处理】命令

在Photoshop CC窗口中选择【文件】➤【自动】➤【创建快捷批处理】菜单命令。

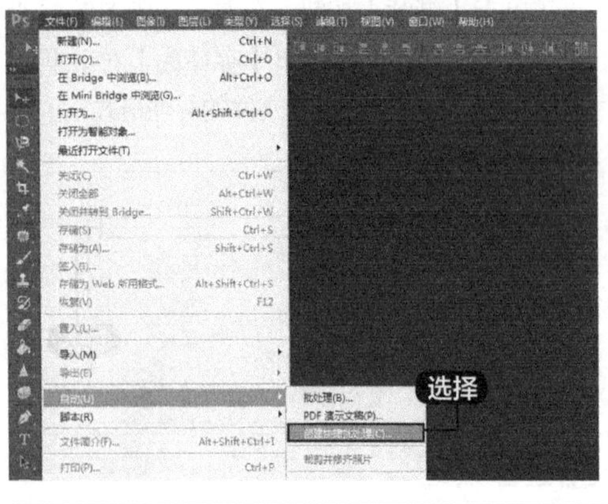

2 打开【批处理】对话框

打开【批处理】对话框，其中有4个选项组，用来定义批处理时的具体方案。

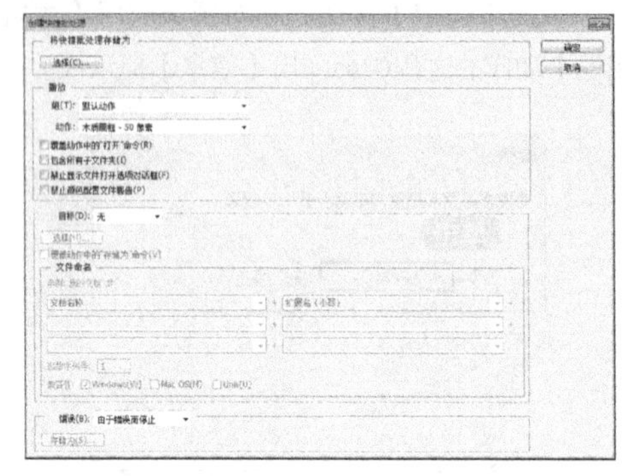

3 保存

单击【选择】按钮，打开【存储】对话框，在【保存在】下拉列表中选择创建的快捷批处理保存的位置，在【文件名】文本框中输入文件保存的名称，单击【格式】下拉按钮，在弹出的下拉列表中选择保存文件的格式。

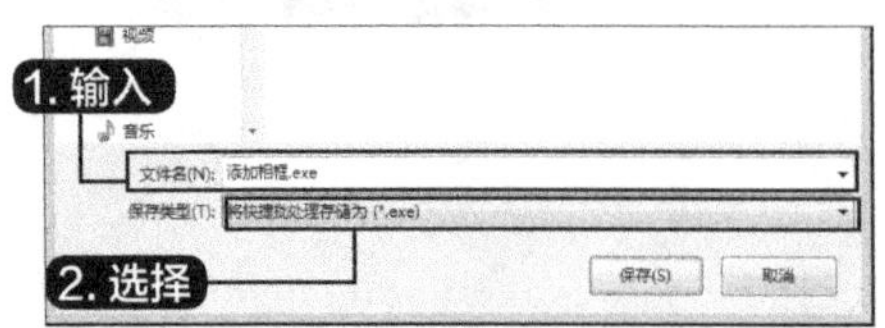

4 查看保存路径

单击【保存】对话框，返回【创建快捷批处理】对话框，在其中可以看到文件的保存路径。

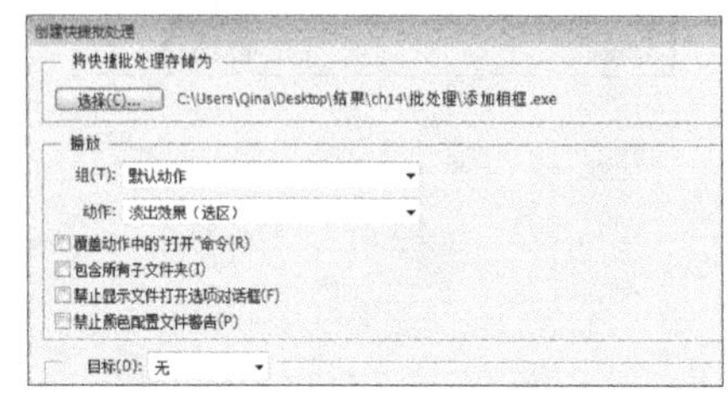

5 完成创建

单击【确定】按钮，完成创建快捷批处理的操作。打开文件保存的位置，即可在该文件中看到创建的快捷批处理文件。

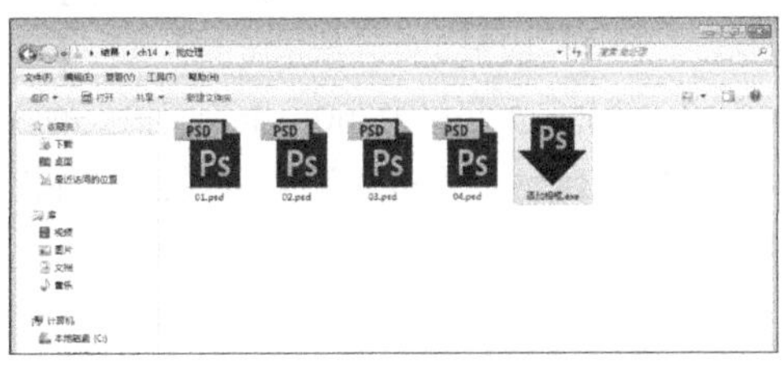

6 使用快捷批处理

在创建好快捷批处理之后，要想使用快捷批处理，只需在资源管理器中将图像文件或包含图像的文件夹拖曳到快捷处理程序图标上即可。如果当前没有运行Photoshop CC，快捷批处理将启动它。

14.1.3 裁剪并修齐照片

使用【裁剪并修齐照片】命令可以轻松地将图像从背景中提取为单独的图像文件，并自动将图像修剪整齐。

使用【裁剪并修齐照片】命令修剪并修齐倾斜照片的具体操作步骤如下。

1 打开文件

打开随书光盘中的“素材\ch14\01.jpg”文件。

2 选择【裁剪并修齐照片】命令

选择【文件】➤【自动】➤【裁剪并修齐照片】菜单命令。

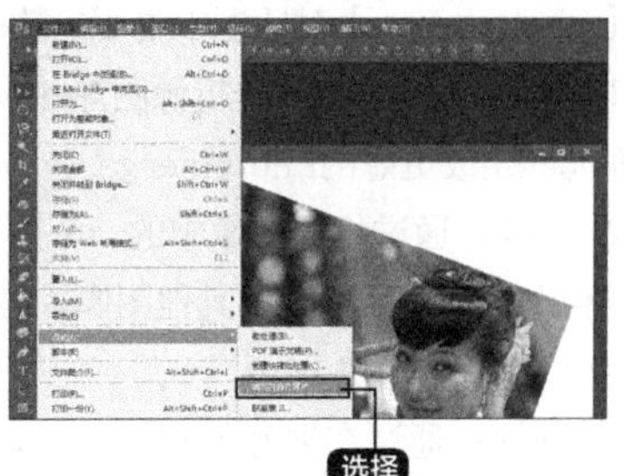

3 修正

将倾斜的照片修正。

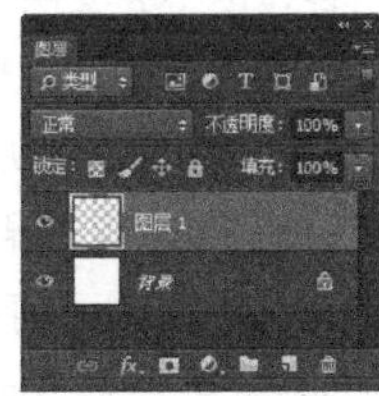

14.1.4 Photomerge

使用【Photomerge】命令可将多幅照片组合成一个连续的图像。例如，您可以拍摄5张重叠的城市地平线照片，然后将它们合并到一张全景图中。【Photomerge】命令能够汇集水平平铺和垂直平铺的照片。

要创建Photomerge合成图像，需要在Photoshop窗口中选择【文件】➤【自动】➤【Photomerge】菜单命令，打开【Photomerge】对话框。然后选取源文件并指定版面，选择【混合图像】选项。所选的选项取决于用户拍摄全景图的方式。例如，如果是为360° 全景图拍摄的图像，则推荐使用【球面】版面选项。该选项会缝合图像并变换它们，就像这些图像是映射到球体内部一样，从而模拟观看360° 全景图的感受。

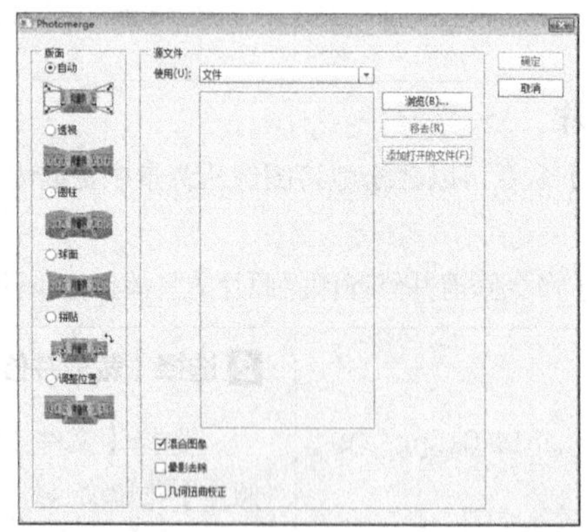

【Photomerge】对话框中主要参数的含义如下。

(1) 自动：Photoshop分析源图像并应用【透视】或【圆柱】和【球面】版面，具体取决于哪一种版面能够生成更好的Photomerge。

(2) 透视：通过将源图像中的一个图像（默认情况下为中间的图像）指定为参考图像来创建一致的复合图像。然后将变换其他图像（必要时，进行位置调整、伸展或斜切），以便匹配图层的重叠内容。

(3) 圆柱：通过在展开的圆柱上显示各个图像来减少在【透视】版面中会出现的【领结】扭曲。文件的重叠内容仍匹配，将参考图像居中放置，最适合于创建宽全景图。

(4) 球面：对齐并转换图像，使其映射球体内部。如果您拍摄了一组环绕360° 的图像，使用此选项可创建360° 全景图，也可以将【球面】与其他文件集搭配使用，产生完美的全景效果。

(5) 拼贴：对齐图层并匹配重叠内容，同时变换（旋转或缩放）任何源图层。

(6) 调整位置：对齐图层并匹配重叠内容，但不会变换（伸展或斜切）任何源图层。

(7) 【使用】下拉列表：有两个选项，一是【文件】，表示使用个别文件生成Photomerge合成图像；二是【文件夹】，表示使用存储在一个文件夹中的所有图像来创建Photomerge合成图像。

(8) 混合图像：找出图像间的最佳边界并根据这些边界创建接缝，以使图像的颜色相匹配。关闭【混合图像】功能时，将执行简单的矩形混合，如果要手动修饰混合蒙版，此操作将更为可取。

(9) 晕影去除：在由于镜头瑕疵或镜头遮光处理不当而导致边缘较暗的图像中去除晕影并执行

曝光度补偿。

⑽ 几何扭曲校正：补偿桶形、枕形或鱼眼失真。

使用【Photomerge】命令整合照片的具体操作步骤如下。

1 选择【文件夹】选项

选择【文件】➤【自动】➤【Photomerge】菜单命令，打开【Photomerge】对话框，单击【源文件】选项组中的【使用】下拉按钮，在弹出的下拉列表中选择【文件夹】选项。

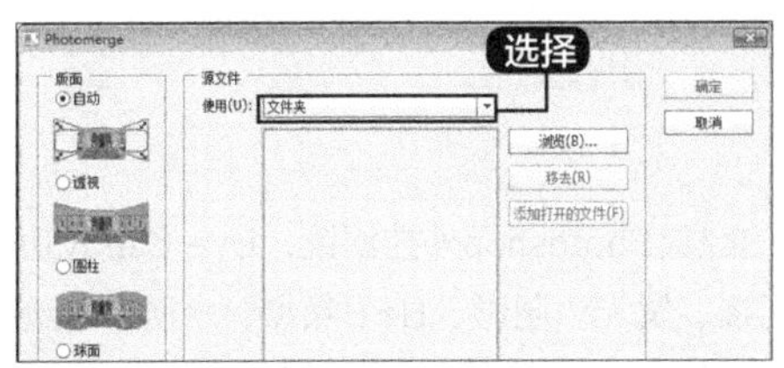

2 选择所存放的文件夹

单击【浏览】按钮，打开【选择文件夹】对话框，在其中选择需要整合的图片所存放的文件夹。

3 添加图片到对话框

单击【确定】按钮，即可将该文件夹的图片添加到【Photomerge】对话框之中。

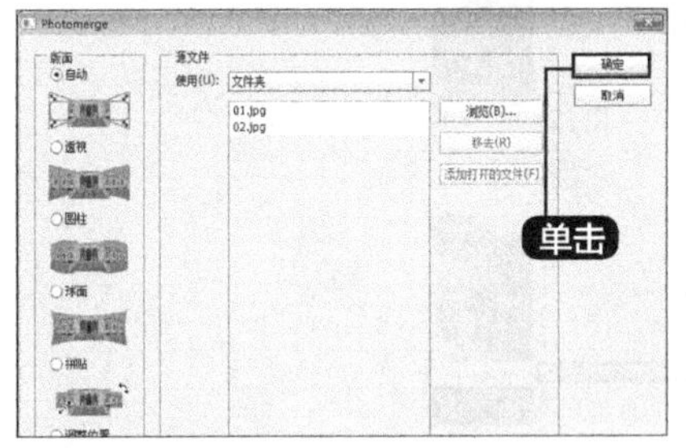

4 合成全景图

单击【确定】按钮，即可将这两张风景图整合成一个全景图。

14.2 外挂滤镜、笔刷和纹理的使用

本节视频教学时间 / 6分钟 

在Photoshop中，除了自带的滤镜、笔刷和纹理外，用户还可以使用其他外挂滤镜来实现更多、更精彩的效果。

14.2.1 外挂滤镜

Photoshop的外挂滤镜是由第三方软件销售公司创建的程序，工作在Photoshop内部环境中的外挂主要有5个方面的作用：优化印刷图象、优化Web图像、提高工作效率、提供创意滤镜和创建三维效果。有了外挂滤镜，用户就可以通过简单操作来实现惊人的效果。

外挂滤镜的安装方法很简单，用户只需要将下载的滤镜压缩文件解压，然后放在Photoshop CC安装程序的“Plug-ins”文件夹下即可。

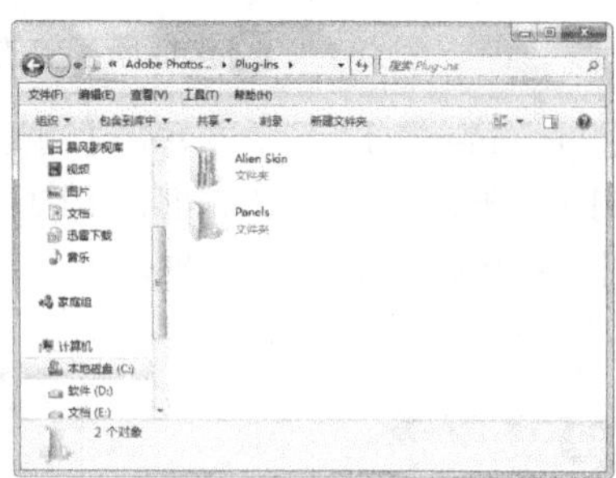

14.2.2 Eye Candy滤镜

Eye Candy是AlienSkin公司出口的一组极为强大的经典Photoshop外挂滤镜，Eye Candy功能千变万化，拥有极为丰富的特效，如反相、铬合金、闪耀、发光、阴影、HSB噪点、水滴、水迹、挖剪、玻璃、斜面、烟幕、漩涡、毛发、木纹、编织、星星、斜视、大理石、摇动、运动痕迹、溶化、火焰等。

将Eye Candy滤镜的文件夹解压到Photoshop CC安装程序的“Plug-ins”文件夹下，然后启动软件，选择【滤镜】➤【Alien Skin】➤【Eye Candy 7】菜单命令即可打开外挂滤镜。

下面以添加Eye Candy滤镜制作水珠效果为例进行讲解，具体操作步骤如下。

1 打开文件

打开随书光盘中的“素材\ch14\04.jpg”文件。

2 设置水珠效果

选择【滤镜】➤【Eye Candy】➤【水珠效果】菜单命令，在弹出的【水珠效果】对话框中进行设置。

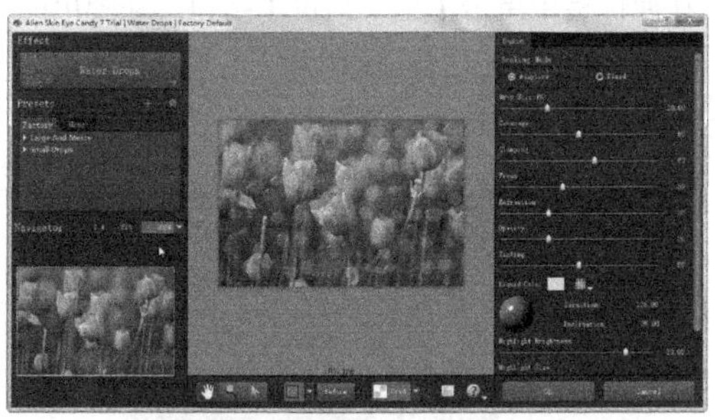

3 完成

单击【确定】按钮即可为图像添加水珠效果。

14.2.3 KPT滤镜

KPT滤镜是由MetaCreations公司创建的滤镜系列，它每一个新版本的推出都会给用户带来新的惊喜。最新版本的KPT 7.0包含9种滤镜，它们分别是KPT Channel Surfing、KPT Fluid、KPT FraxFlame II、KPT Gradient Lab、KPT Hyper Tilling、KPT Lightning、KPT Pyramid Paint、KPT Scatter。除了对以前版本滤镜的加强外，这个版本更侧重于模拟液体的运动效果，另外这一版本也加强了对其他图像处理软件的支持。

14.2.4 使用笔刷

笔刷是Photoshop中的一个工具之一，它是一些预设的图案，可以以画笔的形式直接使用。

1. 安装笔刷

除了系统自带的笔刷类型外，用户还可以下载一些喜欢的笔刷，然后将其安装。

在Photoshop 中，笔刷后缀名统一为“*.abr”。安装笔刷的方法很简单，用户只需要将下载的笔刷压缩文件解压，然后将其放到Photoshop安装程序的相应文件夹下即可，一般路径为“…\Presets（预设）\Brushes（画笔）”。

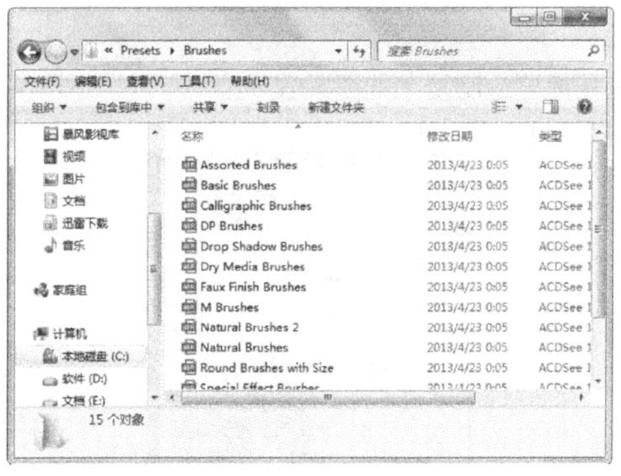

2. 使用笔刷绘制复杂的图案

笔刷安装完成后，用户即可使用笔刷绘制复杂的图案，具体操作步骤如下。

1 新建文件

启动Photoshop CC软件，选择【文件】➤【新建】菜单命令。弹出【新建】对话框，在【名称】文本框中输入“笔刷图案”，将【宽度】和【高度】分别设为“800像素”和“800像素”，单击【确定】按钮。

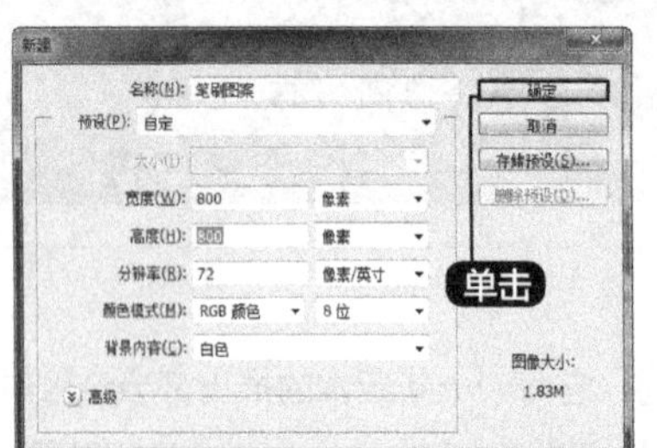

2 设置画笔

在工具栏中单击【画笔工具】按钮，然后在属性栏中单击【画笔预设】按钮，在弹出的面板中设置合适的笔触大小，在笔触样式中单击新添加的笔刷。

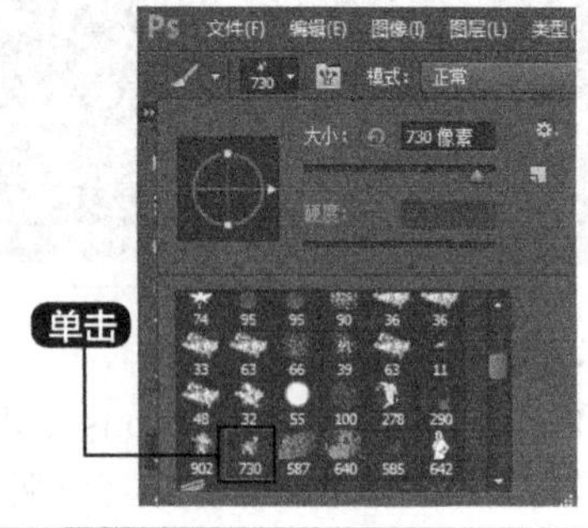

3 完成

在绘图区单击鼠标即可绘制图案。

4 设置笔触

单击鼠标右键，在弹出的面板中重新设置笔触的大小为“188像素”。

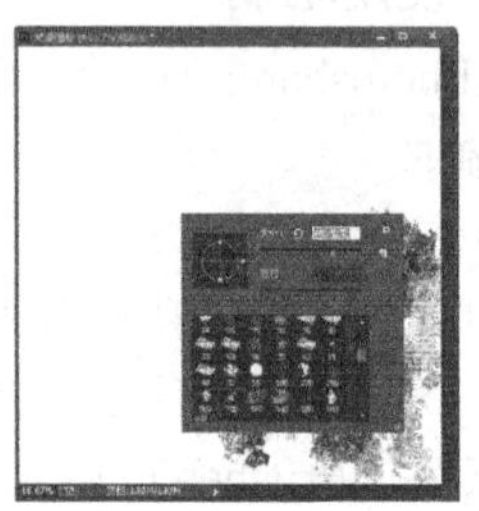

5 完成

在绘图区单击，即可利用笔刷绘制复杂的图案效果。

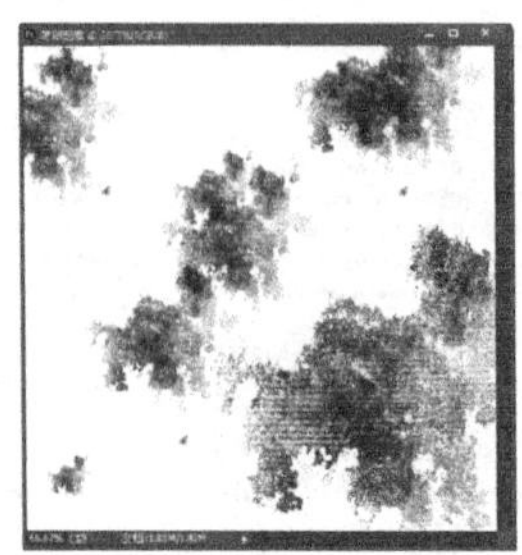

14.2.5 使用纹理

Photoshop使用【纹理】功能可以赋予图像一种深度或物质的外观，或添加一种有机外观。

1. 安装纹理

在Photoshop 中，纹理后缀名统一为“*.pat”。 安装纹理的方法和安装笔刷的方法类似，用户只需要将下载的纹理压缩文件解压，然后将其放到Photoshop安装程序的相应文件夹下即可，一般路径为“…\Presets（预设）\Patterns（纹理）”。

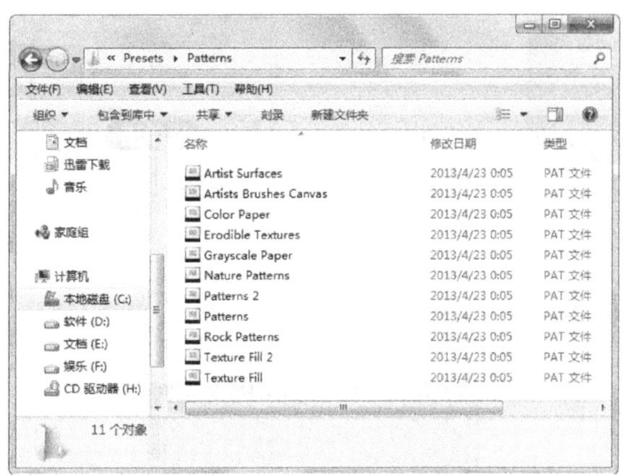

2. 使用纹理实现拼贴效果

纹理安装完成后，用户即可使用纹理实现拼贴效果，具体操作步骤如下。

1 打开文件

打开随书光盘中的“素材\ch14\03.jpg”文件。

2 新建图层

在【图层】面板中双击背景图层，弹出【新建图层】对话框，单击【确定】按钮。

■3 添加混合模式

选择【图层0】然后添加【混合模式】。

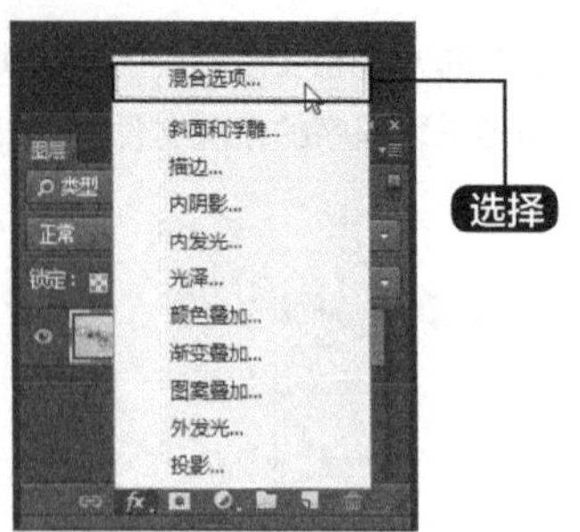

■4 安装纹理

弹出【图层样式】对话框，选中【图案叠加】复选框，然后单击【图案】右侧的下拉按钮，在弹出的下拉列表中选择新安装的纹理。

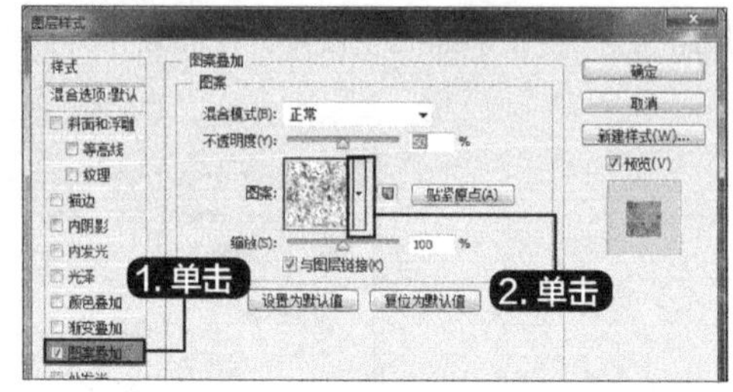

■5 效果图

单击【确定】按钮，图像被添加拼贴的纹理效果。

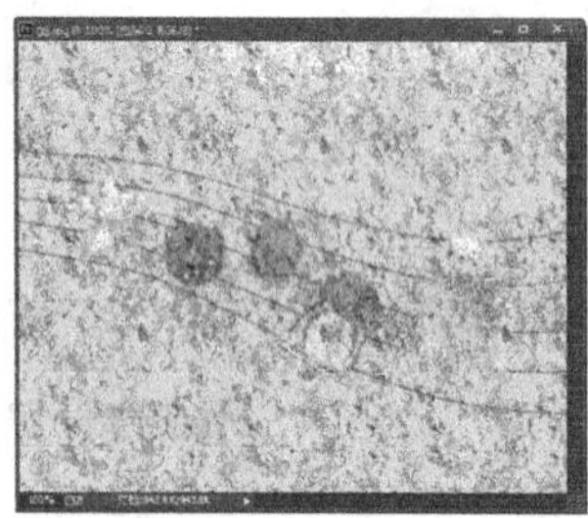

14.3 Photoshop在手机中的应用

本节视频教学时间 / 2分钟 

Adobe发布了手机版Photoshop Touch应用，支持iOS 6.0和Android 4.0以上版本系统，本节对iPhone手机上的Photoshop Touch应用做一个全面系统的功能试用与界面展示，可以体验到手机版Photoshop Touch的丰富工具、强大功能以及有趣的三维查看图层垒叠等酷炫视图。

14.3.1 图像的简单编辑操作

手机版Photoshop Touch的主要功能包括支持多图层、丰富工具（克隆印章、画笔、涂抹选区抠图、灵活选区）、色彩调整、特效滤镜、添加文字等，最大可支持1200万像素图片。该应用特别为手机屏幕做了优化，提高了手指选取精度。同时手机版Photoshop Touch内置Adobe Creative Cloud服务，可方便同步图片处理项目以及文件。

1. 手机版Photoshop Touch应用的初始界面

进入手机版Photoshop Touch应用，在没有打开具体的图片处理项目之前，可以看到初始界面底端的三个功能按钮以及界面右上方的两个功能菜单。下面一一介绍。

2. Creative Cloud、打开项目、分享

进入手机版Photoshop Touch初始界面后，可以看到界面底端有三个图标按钮，分别是Creative Cloud、打开项目、分享，单击它们可以看到更加详细的功能设置与选项。

3. 图片处理项目的“操作”与“设置”

手机版Photoshop Touch初始界面右上角有两个图标按钮，分别是图片处理项目的“操作”与“设置”菜单。

操作项目菜单包含删除、复制、移动、创建文件夹等选项。

4. 图片处理界面（底端）：选区、画笔、印章、图层等

⑴ 手机版Photoshop Touch图片处理界面

在手机版Photoshop Touch应用的图片处理界面底端，提供了熟悉和常用的选区、涂抹选区（抠图用）、画笔、印章等工具组。长按左下角的工具按钮即可看到这四组工具，长按不同的工具则可以调出每一类工具组中更加具体的子工具。

⑵ 支持多图层操作、三维视角查看图层

虽然是手机应用，但Photoshop Touch依然提供了多图层功能，单击图片处理界面右下角的图层按钮即可完成查看当前图层、关闭所选图层、添加图层、复制图层等操作，为复杂高级图片处理提供了更多方便。

5. 图片处理界面（顶端）：选区操作、调色、滤镜、其他等

(1) Photoshop Touch应用图片处理界面顶端功能菜单

在手机版Photoshop Touch应用图片处理界面的顶端从左到右排列着“Done（完成）”“选区操作”“色调调整”“fx特效滤镜”“&（其他功能）”以及“撤消操作”等图标按钮，单击它们可以看到更多丰富的选项。

(2) 特效滤镜

单击“fx”图标进入手机版Photoshop Touch应用的特效滤镜，下拉菜单中提供了4组特效，分别是基础、个性化、艺术、照片四类，每一组特效又提供了多个详细特效，比如大家熟悉的模糊、锐化、边缘、半调图案、水波、水彩画、旧照片、柔光等。用户可以根据自己的需要单击选择，进入每一个特效之后还有更加细致的参数可供调节。

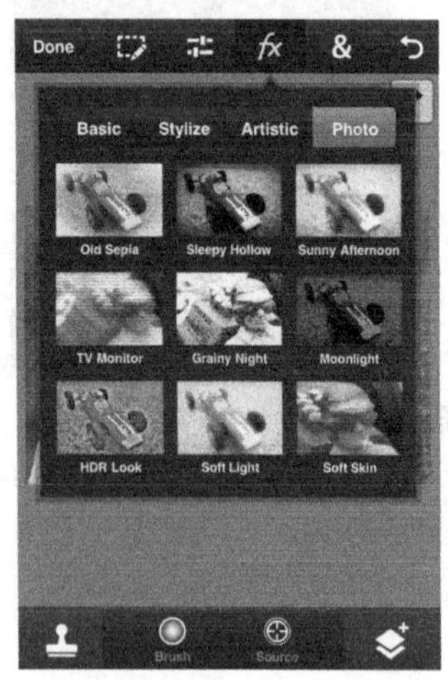

(3) 其他操作

单击“&”图标，可以看到手机版Photoshop Touch应用的更多操作，比如裁切图片、图像大小、旋转、文本、变换、扭曲、填充与描边、渐变、淡化、镜头光晕以及相机填充等。

14.3.2 制作特效

本实例讲述如何利用Photoshop Touch快速为人物制作特效，具体操作步骤如下。

1 打开图片

在手机中启动Photoshop Touch软件，选择【打开图片项目】中的Photo Library选项，从照片图库中选择需要处理的照片。

2 选择【老照片】效果

打开照片后单击“fx”图标进入手机版Photoshop Touch应用的特效滤镜，在下拉菜单中选择Photo【照片】特效，然后选择Old Sepia【旧照片】效果。

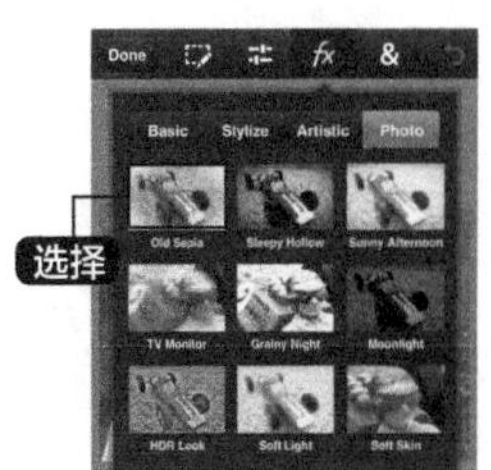

3 调整参数

进入Old Sepia【旧照片】特效之后，调节更加细致的参数。

4 选择【划痕】效果

单击完成按钮✓完成特效的添加，然后再次单击“fx”图标进入特效滤镜，在下拉菜单中选择Artistic【艺术效果】特效，然后选择Scratches【划痕】效果。

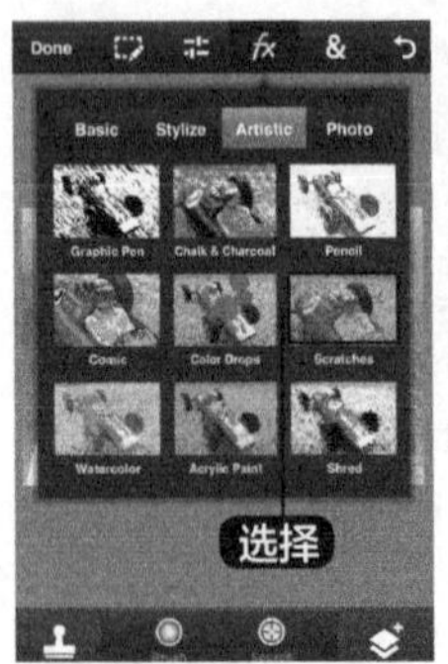

5 调整参数

进入Scratches【划痕】效果之后，调节更加细致的参数，调节完成后单击【完成】按钮进行保存即可。

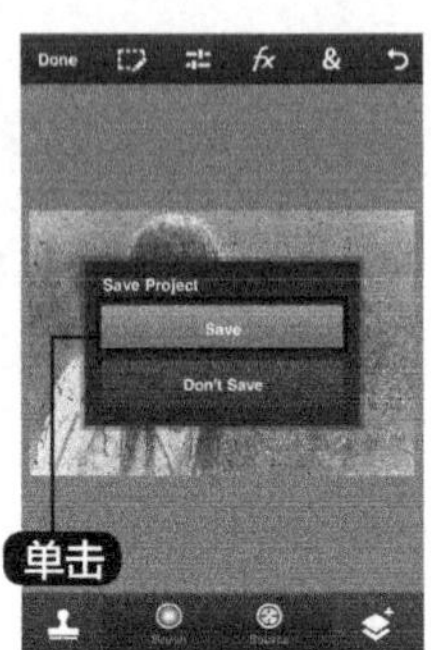